高职高专计算机类专业系列教材

网络综合布线技术与工程实训

主 编 赵 陇

副主编 朱 讯 董 进 李 晨

西安电子科技大学出版社

内 容 简 介

本书以项目化的方式介绍了综合布线系统的基本理论和常用的操作技能。书中融入了 AutoCAD 建筑平面设计技术，并结合 GB 50311—2016《综合布线系统工程设计规范》，从基本设计项目、家居综合布线、楼宇综合布线、园区综合布线等几方面介绍了综合布线的设计及施工操作，并介绍了综合布线工程测试与验收。其中各项目均包含若干任务，每项任务都结合工程案例和真实的设备、器材展开教学内容。

本书可作为高职高专院校计算机类相关专业或社会培训班的教材，也可作为希望进一步提升综合布线理论和实践技能的社会从业者的学习参考书。

图书在版编目(CIP)数据

网络综合布线技术与工程实训/赵陇主编. --西安：西安电子科技大学出版社，2023.9
ISBN 978 - 7 - 5606 - 6961 - 8

Ⅰ. ①网… Ⅱ. ①赵… Ⅲ. ①计算机网络—布线 Ⅳ. ①TP393.03

中国国家版本馆 CIP 数据核字(2023)第 145272 号

策 划 高 樱
责任编辑 高 樱
出版发行 西安电子科技大学出版社(西安市太白南路 2 号)
电 话 (029)88202421 88201467 邮 编 710071
网 址 www. xduph. com 电子邮箱 xdupfxb001@163.com
经 销 新华书店
印刷单位 广东虎彩云印刷有限公司
版 次 2023 年 9 月第 1 版 2023 年 9 月第 1 次印刷
开 本 787 毫米×1092 毫米 1/16 印张 18
字 数 424 千字
印 数 1～1000 册
定 价 49.00 元
ISBN 978 - 7 - 5606 - 6961 - 8/TP
XDUP 7263001 - 1

* * * 如有印装问题可调换 * * *

前　言

　　综合布线技术具有统一的工业标准和严格的施工规范，是一个集设计、施工、测试、验收于一体的完整体系，具有高度的灵活性和规范性。

　　本书以国家标准 GB 50311—2016《综合布线系统工程设计规范》作为指导性文件，以项目化的形式展开教学内容。全书包括 6 个项目。项目 1 为综合布线中的 AutoCAD 应用，以 AutoCAD 2020 为例介绍了 AutoCAD 的基本用法，重点讲解了综合布线设计中的 AutoCAD 制图。项目 2 为综合布线工程基本设计项目，首先介绍了 GB 50311—2016《综合布线系统工程设计规范》以及设计中所用到的名词术语和缩略词，然后围绕案例讲解了综合布线工程基本设计项目。项目 3 为家居综合布线设计与施工，以常见的家居弱电项目为例进行讲解，使学生对综合布线有一个初步认识，知道综合布线就在我们身边，并认识到综合布线的重要性，从而对综合布线产生浓厚兴趣。本项目重点讲解家居综合布线设计及常用弱电施工操作，要求学生能独立设计出家居弱电施工图，并掌握管槽施工技巧及信息插座的安装方法。项目 4 为楼宇综合布线设计与施工，在掌握 GB 50311—2016《综合布线系统工程设计规范》基本理论的前提下，以工程实训的形式介绍了在布线施工过程中必须掌握的操作技能并给出了相关的理论指导，突出了理论和实践并重的理念。本项目侧重于室内设计施工，详细讲解了施工操作方法及相关理论知识，给出了评分标准及实训报告模板，以方便教师教学。项目 5 为园区综合布线设计与施工，介绍了室外综合布线的设计要点，重点训练学生对光缆的施工能力。项目 6 为综合布线工程测试与验收，以业界广为认可的 FLUKE 为测试工具，重点讲解了 FLUKE 测试仪的使用方法及测试参数的分析方法，简单介绍了综合布线工程验收的内容、程序及方法。

　　与本书配套的在线开放课程已在"中国大学 MOOC"（https://www.icourse163.org/）上线，学习者登录网站搜索"综合布线技术"就可看到该课程。本书提供了教学课件、习题答案、案例素材等数字化学习资源，读者可登录上述网站进行资源的学习及获取，也可发送邮件至邮箱 664285470@qq.com 获取相关资源。

　　本书由赵陇担任主编，朱迅、董进、李晨担任副主编。其中，赵陇负责全书架构设计及内容统稿，并编写了项目 1～项目 4；朱迅编写了项目 5；董进编写了项目 6。江苏电子信息职业学院徐义晗教授审核了全书，并提出了许多宝贵意见。本书作为一本校企合作教材，其中的工程案例及部分实训项目由中邮建技术有限公司的李晨提供技术支持，突出了工程实践特色。

在编写本书的过程中，编者得到了中邮建技术有限公司、江苏诺顿网络科技有限公司等企业的大力支持，在这里一并表示诚挚的感谢。

由于编者水平有限，书中难免存在不足之处，恳请广大读者提出宝贵意见。

编　者

2023 年 5 月

目　录

项目1 综合布线中的 AutoCAD 应用

新一代信息技术是通信、计算机、互联网等技术的融合与发展，是经济发展的重要推动力，而网络综合布线作为计算机技术、通信技术、建筑技术紧密结合的产物，与建筑设计密不可分。综合布线作为建筑设计的一个重要环节，布线设置的合理性直接影响着建筑施工的质量和效益。随着建筑设计的智能化与信息化，综合布线系统智能化开发设计在建筑行业中早已实现，但是建筑设计的现状是多数建筑物的综合布线设计还是由人工完成的，不仅布线设计的过程比较复杂，而且工作量大，对建筑物综合布线的开展也存在着极大的不利因素和制约作用。而应用 CAD(计算机辅助设计)技术实现的综合布线系统，在进行建筑综合布线设计中不仅能够克服上述困难，还能够提供方便的开发设计环境，并且为综合布线设计的质量和效率提供保障。

网络综合布线系统是不需要电源就能正常工作的系统，一般不包括路由器、交换机等有源设备，所以我们将综合布线系统称为无源系统。在常用的建筑物电力系统和综合布线系统设计中，具体应用通常可分为两大模块，即强电工程设计和弱电工程设计。综合布线工程设计属于弱电工程设计的内容，可以使用 CAD 技术对各类弱电系统的工程原理图、系统图、施工图等进行设计，这也是智能建筑设计的基本方法和技术之一。

综合布线工程设计过程中使用的绘图软件中，最具代表性的是 AutoCAD。AutoCAD 是美国 Autodesk 公司开发的计算机辅助绘图软件，在综合布线设计中，该软件广泛用于综合布线工程系统图、信息管线路由图等突出表现综合布线细节的工程施工图的设计。由于 AutoCAD 操作相对较为复杂，本项目以 AutoCAD 2020 为例，主要介绍了 AutoCAD 常用的绘图命令和编辑命令以及建筑平面图的绘制方法，以此作为综合布线设计的开篇之旅。

任务 1.1 了解信息技术行业 CAD 应用

➡ 引言

网络综合布线属于弱电工程，其设计可分为方案设计和施工图设计两部分。方案设计的主要任务是按照用户网络建设的总体需求和投资规模，作出综合布线工程的总体规划；施工图设计则是根据网络建设需求，按照综合布线设计国家标准设计出综合布线施工方案，包括工程概况、布线路由、预埋管细则、电信间机柜布置、信息点分布、园区光缆路由等施工图纸设计。

综合布线设计须借助于绘图软件，本书选用 AutoCAD。AutoCAD 是一款优秀的绘图软件，它的用途非常广泛，尤其在建筑设计方面应用得更为普遍。在综合布线工程设计中 AutoCAD 广泛用于系统图、施工图等的设计。

➡ **学习目标**

(1) 了解综合布线技术的发展历史。

(2) 了解综合布线系统工程设计的主要内容。

(3) 了解信息技术 CAD 应用,掌握强电和弱电的区别,了解强弱电的工程设计。

➡ **任务书**

利用网络,选取以下某一主题撰写调研报告。

(1) 综合布线的发展历史及综合布线在我国的发展现状。

(2) 综合布线系统工程设计的主要内容(上网下载 GB 50311—2016《综合布线系统工程设计规范》)。

(3) CAD 技术在信息技术行业中的应用。

注:每 3～4 人为一个学习小组,合作完成理论学习及实操任务。

➡ **引导问题**

1. 公认的第一个真正意义上的计算机网络是_____,它也是现代网络和 Internet 的雏形。

2. 世界上第一座智能大厦诞生于美国。不同国家对智能大厦有不同的定义,我国认为,将楼宇自动化系统、办公自动化系统和通信自动化系统通过结构化布线系统和_____有效结合,便于集中统一管理,具备舒适、安全、节能、高效等特点的建筑物,称之为智能大厦(智能建筑)。

3. 世界上第一个综合布线标准是美国电子工业协会(EIA)和美国电信工业协会(TIA)制定的 ANSI/TIA/EIA568 标准,即_____。

4. 我国现行的综合布线国家标准是_____和 GB/T 50312—2016《综合布线系统工程验收规范》。

5. 我国现行的综合布线系统国家标准规定,综合布线系统工程设计宜按_____部分进行设计。

6. 弱电一般分为两类,一类是国家规定的安全电压等级和控制电压等低电压电能,另一类是载有语音、图像、数据、控制信号等信息的_____和网络应用系统。

7. 在进行综合布线图纸设计时,工程技术人员一般使用 AutoCAD 完成,AutoCAD 是一款优秀的绘图软件,可进行_____绘图和基本的三维绘图。

┌─────────────────────────────┐
│　　任务指导及相关知识点　　│
└─────────────────────────────┘

1.1.1　综合布线的发展历史

综合布线是计算机网络的基础架构,而计算机网络要追溯到 20 世纪 60 年代后期,当时由美国国防部提供经费,许多大学和公司参与,共同进行计算机网络的研究。1969 年投入运行了一个只有 4 个节点的实验网络 ARPANet,后来,越来越多的计算机接入 ARPANet,其范围从美国到欧洲,跨越了大半个地球。ARPANet 是被公认的第一个真正意义上的计算机网络,是现代网络和 Internet 的雏形。随着计算机网络技术的发展,以及计算机网络技术和通信技术的不断融合，作为计算机网络基础架构的综合布线越来越受到人们的关注。

早期的网络布线，如电话网、计算机局域网都是各自独立的，各系统分别由不同的厂商设计和安装，传统布线采用不同的缆线和不同的终端插座，而且这些不同布线的插头、插座及配线架均无法互相兼容。办公布局及环境改变的情况也时有发生，更换设备时就必须重新布线，这样会因增加新电缆而留下不用的旧电缆，时间一长，就会导致建筑物内的缆线杂乱，埋下很大的事故隐患，也使得维护不便，想要进行各种缆线的敷设改造也十分困难。为此，布线标准化的工作被提上了日程。

1984 年 1 月，美国哈特福特(Hartford)市将一幢旧金融大楼进行改造，名为 City place building。通过将大楼的空调、电梯、消防设备等与计算机通信系统相连，为大楼用户提供计算机和通信服务，这就是世界上公认的第一幢智能大厦，也是综合布线系统的起源。对于智能大厦(智能建筑)，不同国家对此有不同的定义。我国认为，将楼宇自动化系统、办公自动化系统和通信自动化系统通过结构化布线系统和计算机网络有效结合，便于集中统一管理，具备舒适、安全、节能、高效等特点的建筑物，就称之为智能大厦(智能建筑)。

1991 年 7 月，美国电信工业协会(TIA)和美国电子工业协会(EIA)联合推出了 ANSI/TIA/EIA 568《商业建筑物电信布线标准》，该标准的目的是提供商用建筑通信缆线和连接硬件设计与安装的通用准则。到 1995 年年底，ANSI/TIA/EIA 568 标准正式更新为 ANSI/TIA/EIA 568A 标准，同时，国际标准化组织(ISO)也推出了相应布线标准 ISO/IEC 11801 标准。到 2002 年 6 月，ANSI/TIA/EIA 568A 标准已正式演变为 ANSI/TIA/EIA 568B 标准，新的标准对综合布线的总体要求、双绞线布线组件、光纤布线组件等作出了详细的规定。ANSI/TIA/EIA 568B 标准在 2009 年被 ANSI/TIA - 568C 标准替代，这是目前美国最新的综合布线系统标准。

综合布线是 20 世纪 90 年代初进入我国的，随着我国经济的发展，信息布线的市场需求越来越大，为了规范综合布线市场，我国也制定了相应的标准。

2000 年，国家推出了 GB/T 50311—2000《建筑与建筑群综合布线系统工程设计规范》和 GB/T 50312—2000《建筑与建筑群综合布线系统工程验收规范》。2007 年，国家又推出了 GB 50311—2007《综合布线系统工程设计规范》和 GB/T 50312—2007《综合布线系统工程验收规范》，原先的 GB/T 50311—2000《建筑与建筑群综合布线系统工程设计规范》和 GB/T 50312—2000《建筑与建筑群综合布线系统工程验收规范》同时废止。这两个标准的出台对综合布线系统工程的设计、施工、管理及验收提出了具体的要求和规定，促进了综合布线在中国的标准化和正规化。

2016 年，国家重新修订了综合布线标准，于 2016 年 8 月 26 日发布了 GB 50311—2016《综合布线系统工程设计规范》和 GB/T 50312—2016《综合布线系统工程验收规范》，并于 2017 年 4 月 1 日正式实施，原有标准自行废止。

1.1.2   综合布线系统工程设计主要内容

按照 GB 50311—2016《综合布线系统工程设计规范》国家标准系统配置设计规定，综合布线系统工程设计宜按照工作区子系统、配线子系统、干线子系统、建筑群子系统、入口设施、管理系统等 6 部分进行。为了方便教学和理解，结合实际工程的安装施工和步骤，将综

合布线系统工程分解为以下 7 个子系统进行介绍(如图 1-1 所示),其设计应符合下列规定:

(1) 工作区子系统。一个独立的需要设置终端设备(TE)的区域宜划分为一个工作区。工作区应包括信息插座模块(TO)、终端设备处的连接缆线及适配器。

(2) 配线子系统。配线子系统应由工作区内的信息插座模块、信息插座模块至电信间配线设备(FD)的水平缆线、电信间的配线设备及设备缆线和跳线等组成。

(3) 干线子系统。干线子系统应由设备间至电信间的主干缆线、安装在设备间的建筑物配线设备(BD)及设备缆线和跳线组成。

(4) 建筑群子系统。建筑群子系统应由连接多个建筑物之间的主干缆线、建筑群配线设备(CD)及设备缆线和跳线组成。

(5) 设备间子系统(在管理系统和安装工艺要求中有所阐述)。设备间应为在每栋建筑物的适当地点进行配线管理、网络管理和信息交换的场地。综合布线系统设备间宜安装建筑物配线设备、建筑群配线设备、以太网交换机、电话交换机以及计算机网络设备。入口设施也可安装在设备间。

(6) 进线间子系统(对应国标中的入口设施)。进线间应为建筑物外部信息通信网络管线的入口部位,并可作为入口设施的安装场地。

(7) 管理间子系统(对应国标中的管理系统)。管理间也叫作电信间或弱电间,是配线子系统和干线子系统的连接管理系统,一般设置在楼层的中间位置,主要安装建筑物楼层配线设备。当信息点比较多时,可以设置多个管理间。

为了便于理解并和以往的教材对应,我们把国标中的管理系统集中在管理间进行讲解。管理系统对工作区、电信间、设备间、进线间、布线环境中的配线设备、缆线、信息模块等设施按一定的模式进行标识、记录和管理。

综合布线系统工程宜采用计算机进行文档的记录和保存,简单且规模较小的综合布线系统工程可按图纸资料等纸质文档进行管理。各配线设备宜采用统一的色标区别各类业务与用途,缆线两端应标明相同的标识符以便区分。

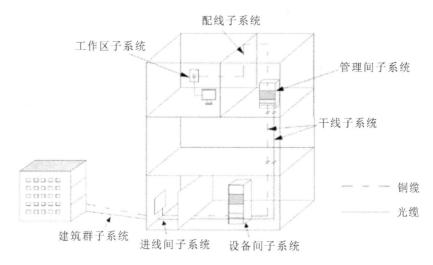

图 1-1　综合布线系统结构

1.1.3 CAD 技术应用现状

在全球经济飞速发展的大背景下，电子技术日新月异，计算机也成为日常不可或缺的工具。在此基础上计算机辅助设计(CAD)技术有了大规模的发展。CAD 技术是利用计算机及其图形设备帮助设计人员进行设计的一项技术，该技术可以对工程和产品进行分析计算、几何建模、图形绘制、仿真等，它是技术创新与计算机系统相结合的产物。采用 CAD 技术进行产品设计不但可以实现设计自动化，降低产品成本，提高企业及其产品在市场上的竞争能力，还可以缩短产品的开发周期，提高劳动生产率。

计算机辅助建筑设计(Computer Aided Architecture Design, CAAD)是 CAD 在建筑方面的应用，它为建筑设计带来了一场真正的革命。随着 CAAD 软件从最初的二维通用绘图软件发展到如今的三维建筑模型软件，CAAD 技术已开始被广泛采用，这不但可以提高设计质量，缩短工程周期，还可以节约 2% 至 5% 的建设投资，大大地提高了基本建设的投资效益。CAD 技术除了在建筑、机械方面的应用，在电子、电气、轻工、纺织等多个领域和行业也已经有了广泛的使用，这使得传统行业的设计和制造无论在形式上还是思想上都发生了根本变化。

目前，我国从国外引进的 CAD 软件有数十种，国内的一些科研机构、高校和软件公司也都立足于国内开发出了自己的 CAD 软件，并投放市场。但对于很多工程设计和施工人员来说，CAD 系统只是摆脱传统手工制图的工具，很多 CAD 系统深层次的功能还没有得到充分应用，因此使用 CAD 技术进行产品设计、仿真和计算的比例还需要进一步提高。

AutoCAD 是由美国 Autodesk 公司出品的一款计算机辅助设计软件，可以用于二维制图和基本三维设计，通过它无须懂得编程即可自动制图，因此它在全球被广泛使用，可以用于土木建筑、装饰装潢、工业制图、工程制图、电子工业、服装加工等领域，是目前国际上使用最多的 CAD 软件。CAD 技术的使用在生产中带来了巨大的社会效益和经济效益，在制造业和信息化产业领域已经发挥出十分重要的作用。

1.1.4 信息技术行业 CAD 应用

信息技术产业又称信息产业，它是运用信息手段和技术，收集、整理、储存和传递信息情报，并提供相应的信息手段、信息技术等服务的产业。信息技术产业包含从事信息的生产、流通和销售信息以及利用信息提供服务的产业部门。

信息技术产业是一门新兴的产业。它建立在现代科学理论和科学技术基础之上，采用了先进的通信技术，是一门带有高科技性质的服务性产业。信息技术产业的发展对整个国民经济的发展意义重大，信息产业通过它的活动使经济信息的传递更加及时、准确、全面，有利于各产业提高劳动生产率；信息技术产业加速了科学技术的传递速度，缩短了科学技术从创制到应用于生产领域的距离；信息技术产业的发展推动了技术密集型产业的发展，有利于国民经济结构上的调整。正是由于这些优点，计算机技术产生以来，信息技术便有了突飞猛进的进步。它的应用已经渗透到社会的各行各业、各个角落，极大地提高了社会生产力水平，为人们的工作、学习和生活带来了前所未有的便利和实惠。虽然当今的信息技术已经给人们带来了极大的便利，但技术前进的脚步是不会停止的。在面向 21 世纪的技术变革中，信息技术的发展方向将是智能化。

CAD 技术在信息技术行业中的应用也很广泛,与传统的机械行业和建筑行业相比,其应用有许多相同之处,又存在一些不同,例如和综合布线相关的建筑设计就包括强电工程设计和弱电工程设计两大模块。

1. 强电和弱电

在信息技术领域,一般来说强电的处理对象是能源(电力),弱电的处理对象主要是信息。强电工程主要包括居民用电、动力用电、商业用电、景观照明用电、办公用电等,一般为 380/220 V 的电能。这些强电施工的工作人员必须持有国家颁发的"电工操作证"上岗,对于施工企业也必须有相关的资质证书。弱电工程则包括电视工程、通信工程、消防工程、安保工程、影像工程和为上述工程服务的综合布线工程等。

强电和弱电从概念上讲是容易区别的,主要区别是二者的用途不同。强电用作动力能源,把电力、照明用的电能称为强电;弱电用于信息传递,把传播信号、进行信息交换的电能称为弱电。例如家庭电路就分为强电和弱电两种。在电力系统中,36 V 以下的电压称为安全电压,1 kV 以下的电压称为低压,1 kV 以上的电压称为高压。直接供电给用户的线路称为配电线路,如用户电压为 380/220 V,则称为低压配电线路,也就是家庭装修中所说的强电。家用电器中的照明灯具、电热水器、取暖器、冰箱、空调、电视机、音响设备等用电器均为强电电器设备。

强电与弱电也是相对的概念,不能单纯地以电压大小来界定两者的关系(如果非要指定用电压区分,则通常是把 36 V(人体安全电压)以上划定为强电,36 V(人体安全电压)以下划定为弱电),两者既有联系又有区别,一般区分原则是:强电的处理对象是能源(电力),其特点是电压高、电流大、功率大、频率低,主要考虑的问题是减少损耗、提高效率;弱电的处理对象主要是信息,即信息的传送和控制,其特点是电压低、电流小、功率小、频率高,主要考虑的是信息传送的效果问题,如信息传送的保真度、速度、广度、可靠性等。

强电和弱电的大致区别如下:

(1) 频率不同。强电的频率一般是 50 Hz(赫),称为"工频",即工业用电的频率;弱电的频率往往是高频或特高频,以 kHz(千赫)、MHz(兆赫)计。

(2) 传输方式不同。强电以输电线路传输,为有线传输。弱电的传输则分为有线与无线两种。利用通信缆线作为传输介质的称为有线传输,利用无线电波作为传输介质的称为无线传输。

(3) 功率、电压及电流大小不同。强电功率以 kW(千瓦)、MW(兆瓦)计,电压以 V(伏)、kV(千伏)计,电流以 A(安)、kA(千安)计;弱电功率以 W(瓦)、mW(毫瓦)计,电压以 V(伏)、mV(毫伏)计,电流以 mA(毫安)、μA(微安)计,因而弱电电路可以用印刷电路或集成电路构成。

2. 强电工程设计

强电工程设计首先要满足建筑中用户用电的需求。电力系统能满足电力设备所有的负荷,系统能安全、可靠、持续地供电。其次,使用方便。线路设计要简洁、合理,没有不必要的电气设备;加入或者减去部分电气设备,不会对整个供电系统造成影响,在出现故障时能很快缩小故障范围,方便维修;整个线路能方便改造升级。再次,操作安全。施工操作人员进行线路维护时能有安全、可靠的操作环境,人身安全能得到保证。最后,经济性高。

通常来说，安全可靠与降低设计成本是对立的，因此要在满足安全可靠的前提下追求降低设计成本。

我们利用 CAD 技术可进行各类强电系统工程系统图和施工图的设计，设计中通常包括以下系统模块：

（1）变配电系统设计。在对电气工程进行设计时，必须合理安排变配电室，确保在后续的施工中，施工单位能够顺利按照设计图纸进行相应的施工。除此之外，在电气工程的安装过程中，还必须要确保工程设计符合施工用电负荷标准，进而确保建筑工程的实际用电需求能够得到满足。

（2）供电及照明系统设计。光源的选择及照明配电线路敷设都属于供电及照明系统设计的范畴。在建筑电气工程照明系统设计中，要尽可能地完善对节能灯的设计，有效地践行我国可持续发展的战略思想，以达到节能减排的目的。节能环保是电气照明施工的基本要求。由于照明系统使用周期长、电力耗损大，所使用的电器首选节能电器。有些施工单位人为降低电气施工成本，但是增加了能耗，这些行为必须坚决杜绝。

（3）防雷接地系统设计。近年来，对现代高层建筑的防雷设计，除了采用避雷针和避雷带等传统方法之外，还出现了消雷器和放射性避雷针。新出现的这两种防雷设计尽管在工程上被实际运用，但在理论上却受到争议。现代高层建筑的重中之重是做好金属管线的接地工作，因为现代高层建筑所采用的钢筋混凝土剪力墙与楼板的连接是非常可靠的。现代高层建筑的防雷接地、电气设备的防雷接地、电气设备的保护接地和工作接地以及弱电设备的接地均共用接地装置，也就是利用建筑物的结构基础钢筋网作为共用接地体，其接地电阻不得大于 $1\ \Omega$。值得注意的是，综合布线系统应采用共用接地的接地系统，如单独设置接地体时，接地电阻不应大于 $4\ \Omega$。

3. 弱电工程设计

智能建筑中的弱电主要有两类：一类是国家标准规定的安全电压等级及控制电压等低电压电能，有交流与直流之分，交流电压在 36 V 以下，直流电压在 24 V 以下，如 24 V 直流控制电源或应急照明灯备用电源；另一类是载有语音、图像、数据、控制信号等信息的综合布线系统和网络应用系统，如语音通信系统、闭路电视系统、计算机网络系统等。

弱电工程是一个复杂的系统集成工程，常见的建筑弱电系统有火灾自动报警与灭火控制系统、通信系统、有线电视和卫星电视接收系统、扩声和影像系统、安保系统、建筑物自动化系统、综合布线系统等。不同使用功能的建筑所包含的弱电系统不完全相同，但是从宏观上看弱电工程主要围绕三项功能开展建设：

（1）安全性如防盗报警系统、门禁控制系统、火灾报警系统、应急广播系统等。

（2）舒适性如有线电视系统、多媒体影像系统、背景音乐系统、智能停车场系统等。

（3）方便性如办公自动化系统、计算机网络系统、通信智能化系统、综合布线系统等。

利用 CAD 技术可进行以上各类弱电系统工程原理图、系统图、施工图等的设计，这是智能建筑设计的基本方法和技术。

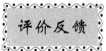

评价反馈

各小组委派 1 名代表展示并介绍任务的完成情况，后完成评价反馈表 1-1。

表 1 - 1　评 价 反 馈 表

序号	评价项目	自我评价	小组评价	教师评价	综合评价
1	学习准备				
2	引导问题填写				
3	知识点掌握情况				
4	查阅资料知识扩展情况				
5	任务书完成质量				
6	回答问题的准确度				
7	参与讨论的主动性				
8	小组间的沟通协作情况				
9	贡献度				
	总　　评				

注：评价档次统一采用 A(优秀)、B(良好)、C(合格)、D(努力)。

如图 1-2 所示为某高校机房综合布线设计图，采用传统明装线槽布线，缆线分别汇聚到一号和五号机柜配线架，机柜置于架空屏蔽地板之上。

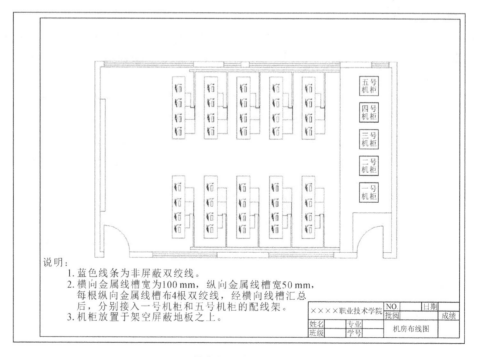

图 1 - 2　某高校机房综合布线设计图

思考与练习

一、选择题

1. 综合布线接地电阻应小于（　　）。

A. 30 Ω　　　　　B. 20 Ω　　　　　C. 5 Ω　　　　　D. 1 Ω

2. 弱电工程的电压一般不高于（　　）。

A. 26 V　　　　　B. 36 V　　　　　C. 220 V　　　　　D. 380 V

3. 利用 AutoCAD 可进行综合布线（　　）的设计。

A. 系统图　　　　B. 施工图　　　　C. 原理图　　　　D. 拓扑图

4. 综合布线的标准中，属于北美标准的是（　　）。

A. TIA/EIA 568　　　　　　　　　B. GB/T 50311—2000

C. EN 50173　　　　　　　　　　 D. ISO/IEC 11801

5. 综合布线系统工程设计的标准中，属于中国现行标准的是（　　）。

A. GB/T 50311—2000　　　　　　B. GB 50311—2007

C. GB 50311—2016　　　　　　　 D. GB 50312—2007

二、思考题

1. 在新的国标中加入进线间子系统（入口设施）的目的是什么？

2. 综合布线系统与传统布线系统的区别是什么？

任务 1.2　AutoCAD 基本操作

➡ 引言

综合布线系统图、施工图等一般使用 AutoCAD 软件进行绘制。这里以 AutoCAD 2020 为例，从基本操作开始，重点讲解二维建筑图形常用绘图命令及编辑命令，图纸文字及尺寸标注等知识。知识内容不求大而全，以实用够用为主，在学习完成之后，学习者应能够绘制综合布线系统图、施工图等常用图纸。

➡ 学习目标

（1）认识 AutoCAD 2020 的工作界面。

（2）掌握绘图环境的设置。

（3）掌握 AutoCAD 2020 的基本操作。

（4）掌握直角坐标系和极坐标系的使用方法，灵活运用坐标系输入点的坐标。

（5）会进行视图的调整。

➡ 任务书

（1）设置 AutoCAD 2020 的工作界面及绘图环境（如图 1-3 所示），掌握图形文件的基本操作。

（2）利用坐标点绘制指定长度和角度的直线（如图 1-4 所示）；进行视图的缩放操作。

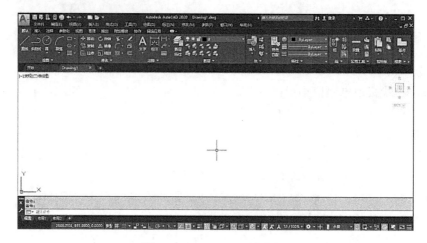

图 1 - 3　AutoCAD 工作界面

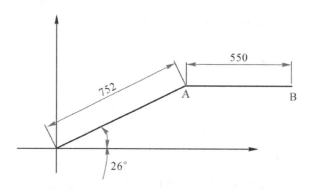

图 1 - 4　指定长度和角度的直线

➡ **引导问题**

1. 启动 AutoCAD 2020 最常用的 2 种方法：

（1）从开始菜单启动。

（2）从＿＿＿＿＿启动，即双击桌面 **A** 图标。

2. 退出 AutoCAD 2020 最常用的 3 种方法：

（1）单击 AutoCAD 标题栏右上角的 **X** 按钮。

（2）选择＿＿＿＿＿命令。

（3）单击标题栏左边的 **A** 按钮，在弹出的快捷菜单中选择"退出 AutoCAD 2020"。

3. 在绘制图形前可根据图纸的规格设置绘图范围，即＿＿＿＿＿，也可在命令行中输入"limits"命令执行。

4. 设置绘图区颜色、光标大小、字体等，可在菜单栏的工具菜单中选择＿＿＿＿＿命令进行设置。

5. 新建图形文件有 3 种方法：

（1）选择"文件/新建"命令。

（2）单击快速访问工具栏中的"新建"按钮 ▢ 。

（3）直接在命令行中输入_____命令。

6．关闭图形文件有 3 种方法：

（1）选择"文件/关闭"命令。

（2）单击绘图区右上方的"关闭"按钮 ✖ 。

（3）在命令行中输入_____命令。

7．AutoCAD 的图形绘制是通过坐标对点精确定位的。坐标系主要分为世界坐标系（WCS）和_____（UCS）；系统默认的坐标系就是世界坐标系（WCS），其中 UCS 在绘制三维对象时非常有用。

8．绝对坐标是以坐标系原点作为基准点，坐标系原点坐标为_____。

9．相对坐标以_____作为输入坐标点的参考点，取它的位移增量，形式为 ΔX、ΔY，输入方法为（@ΔX，ΔY）。"@"表示输入的是相对坐标。

10．缩放视图命令为_____。

> ### 任务指导及相关知识点

1.2.1　认识 AutoCAD 2020

AutoCAD 是一款强大的计算机辅助设计工具软件，具有强大的二维、三维绘图功能，灵活方便的编辑修改功能，规范的文件管理功能，人性化的界面设计等特点。AutoCAD 有多种版本，下面以 AutoCAD 2020 为例来说明 AutoCAD 的基本操作以及坐标系等相关知识。

1. 启动 AutoCAD 2020

将 AutoCAD 2020 安装完成后，就可以启动该软件进行绘图操作了，以下是 2 种启动 AutoCAD 2020 的方法。

（1）从桌面图标启动：双击桌面上的 Ａ 图标，启动 AutoCAD 2020。

（2）从开始菜单启动：单击 Windows 窗口左下角的 ▦ 按钮，在弹出的"开始"菜单中选择"AutoCAD 2020－简体中文（Simplified Chinese）"，即可启动 AutoCAD 2020。

2. 退出 AutoCAD 2020

在完成图形的绘制及编辑后，要退出 AutoCAD 程序，可以使用以下 3 种方法退出：

（1）单击 AutoCAD 标题栏右上角的 ✖ 按钮，退出 AutoCAD 2020。

（2）选择"文件/退出"命令，退出 AutoCAD 2020。

（3）单击标题栏左边的 Ａ 按钮，在弹出的快捷菜单中选择"退出 AutoCAD 2020"。

3. AutoCAD 2020 工作界面

启动 AutoCAD 2020 后，将打开如图 1-5 所示的工作界面，该界面包括标题栏、菜单栏、功能区、绘图区、命令行、状态栏、十字光标等。下面对工作界面的各部分进行详细介绍。

图 1-5　AutoCAD 2020 工作界面

1）标题栏

在标题栏中可以看到当前图形文件的标题，最右边是最小化、最大化和关闭按钮，还有"菜单浏览器"按钮 ▲、快速访问工具栏 █ █ █ █ █ █ █ █ █ █ █、搜索栏 █ ▲、登录到 Autodesk 账户按钮 █ 登录 █ 以及帮助按钮 █ 。

快速访问工具栏中放置了常用命令的按钮，默认状态下，系统提供了"新建"按钮 █、"打开"按钮 █、"保存"按钮 █、"另存为"按钮 █、"打印"按钮 █、"放弃"按钮 █ 和"重做"按钮 █。

在搜索栏中输入想要查找的主题关键字，再按 Enter 键，则会弹出"AutoDesk AutoCAD 2020－帮助"对话框，显示与关键字相关的帮助主题，用户可选中所需要的主题进行阅读。

2）菜单栏

如图 1-6 所示，菜单栏位于标题栏下部，可以通过快速工具栏旁边的下三角 █ 选择显示或隐藏菜单栏。该菜单栏共有 12 个菜单项，选择其中任意一个菜单命令，都会弹出一个下拉菜单，这些菜单几乎包括了 AutoCAD 的所有命令，用户可以从中选择相应的命令进行操作。

图 1-6　菜单栏

3）功能区

功能区可以通过选择"工具"→"选项板"→"功能区"命令打开。如图 1-7 所示，功能区由选项卡组成，不同的选项卡下又集成了多个面板，不同的面板上放置了大量的某一类型的工具按钮。

图 1-7　功能区

其中默认功能区包括了常用的绘图、修改、注释等命令。后面的操作主要就在默认功能区中进行。

4）绘图区

绘图区就是屏幕上的一大片空白区域，是用户进行绘图的区域。用户所进行的操作过程以及绘制完成的图形都会直观地反映在绘图区中。

5）命令行

命令行提示区是用于接收用户命令以及显示各种提示信息的地方，默认情况下，命令行提示区在窗口下方，由输入行和提示行组成，如图 1-8 所示。用户通过在输入行中输入命令，命令不区分大小写；提示行提示用户输入的命令以及相关信息。用户选择菜单或者执行功能区命令的过程也将在命令行提示区显示。

图 1-8 命令行提示区

6）状态栏

状态栏位于 AutoCAD 2020 工作界面的底部，主要显示辅助绘图的几个功能按钮及一些常用的工具按钮，如图 1-9 所示。

图 1-9 状态栏

7）十字光标

十字光标用于定位点、选择和绘制对象，由鼠标进行控制。十字光标的大小默认为屏幕大小的 5%。

1.2.2 AutoCAD 2020 的基本操作

1. 新建图形文件

启动 AutoCAD 2020 之后，系统自动打开一个默认名称为 Drawing1 的图形文件。在绘制图形时，需要新建图形文件。新建图形文件命令的调用方法有如下 3 种：

（1）选择"文件"→"新建"命令。

（2）单击快速访问工具栏中的"新建"命令按钮。

（3）直接在命令行中输入"new"命令。

执行以上任意一种操作后将打开"选择样板"对话框，保持默认选择的 acadiso.dwt 样板文件，单击"打开"按钮即可新建图形文件。当然用户也可以选择其他样板文件。

2. 保存图形文件

保存图形文件是为了防止绘制的图形文件丢失，保存图形文件的方法主要有以下 3 种：

（1）选择"文件"→"保存"命令。

（2）单击快速访问工具栏中的"保存"按钮 ![保存图标]。

（3）直接在命令行中输入"save"命令。

执行上述任一方法后，会打开"图形另存为"对话框，如图1-10所示。输入保存文件的名称及路径，选择相应的文件类型，单击"保存"按钮即可。

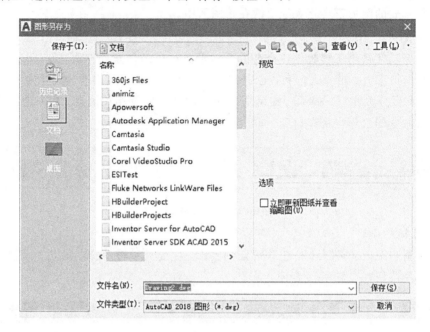

图1-10　"图形另存为"对话框

以下是AutoCAD 2020为用户提供的几种文件的保存类型：

- dwg：AutoCAD默认的文件格式。
- dws：二维矢量图形格式，用于在互联网上发布AutoCAD图形。
- dwt：AutoCAD样板文件，新建图形文件后，可基于该样板文件创建图形文件。
- dxf：文本或二进制文件格式，可在其他CAD程序中读取该图形文件的信息。

3. 打开图形文件

如需对电脑中已有的图形文件进行编辑，则首先必须将其打开。打开图形文件的命令主要有以下3种调用方法：

（1）选择"文件"→"打开"命令。

（2）单击快速访问工具栏中的"打开"按钮 ![打开图标]。

（3）直接在命令行中输入"open"命令。

4. 关闭图形文件

关闭AutoCAD图形文件和退出AutoCAD软件不同，关闭图形文件只是关闭当前编辑的图形文件，而不会退出AutoCAD软件。关闭图形文件的方法主要有以下3种：

（1）选择"文件/关闭"命令。

（2）单击绘图区右上方的"关闭"按钮 ![关闭图标]。

（3）直接在命令行中输入"close"命令。

1.2.3　调整视图的显示

在绘制图形时，有时需要放大视图以方便绘制建筑图形的细节，绘制完毕后又需缩小视图以查看整体效果。缩放视图命令主要有以下 3 种调用方法：

（1）选择"视图"→"缩放"命令，在弹出的子菜单中选择相应的命令。

（2）单击"缩放"工具栏中相应的视图缩放按钮。

（3）在命令行中输入"ZOOM"命令。

在不同的情况下可采用不同的方法缩放视图，以下为几种常用的视图调整方式：

（1）全部缩放：在绘图区域内显示全部图形。

（2）范围缩放：将当前窗口中的所有图形尽可能大地显示在屏幕上。

（3）窗口缩放：设置该选项后可以用鼠标光标拖曳出一个矩形区域，释放鼠标后该区域内的图形便以最大化显示。

（4）比例缩放：根据输入的比例进行缩放。有 3 种输入比例值的方式：直接输入数值，表示相对于图形界限进行缩放；在输入的比例值后面加 X，表示相对于当前视图进行缩放；在输入的比例值后面加 XP，表示相对于图纸空间单位进行缩放。在实际应用中常用第二种方式。

1.2.4　平移视图

在绘图过程中经常会遇到需要察看、绘制、修改的图像位于显示区外的情况，此时就需要将显示的视图进行平移。

单击"标准"工具栏中的"实时平移"按钮，或选择"视图"→"平移"→"实时"命令；或在命令行中输入"PAN"，按 Enter 键，则光标变成手形，拖动鼠标，就可以对图形对象进行实时移动；或者长按鼠标中键滚轮移动鼠标，即可移动视图。

1.2.5　目标对象的选择

1. 点选方式

点选方式为默认的选择对象方式。将鼠标光标移到被选择对象上用左键单击，即可选中该对象，此时目标对象会亮显，并会出现一些小方块，表示已经被选中，如图 1 - 11、图 1 - 12 所示。

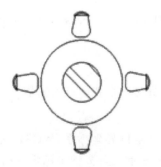

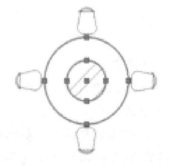

图 1 - 11　选择图形前的效果　　　　　图 1 - 12　选择图形后的效果

2. 窗口选择

利用窗口方式选择图形对象,是指通过指定矩形框的两个角点来选择图形对象的方法。先在左上方单击鼠标左键指定矩形框的一个角点,然后在右下方指定矩形框的另一个角点,这样,在矩形框内的图形对象将被选择,如图1-13、图1-14所示。

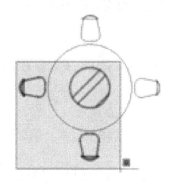 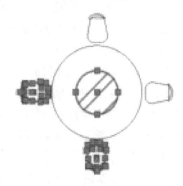

图1-13　窗口方式选择图形　　　　图1-14　窗口方式选择图形后的效果

3. 窗交选择

先在右下方单击鼠标左键指定矩形框的一个角点,然后在左上方指定矩形框的另一个角点。与矩形框相交和被矩形框包围的图形都会被选择(这是与窗口选择的不同之处),如图1-15、图1-16所示。

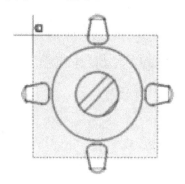 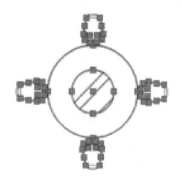

图1-15　窗交方式选择图形　　　　图1-16　窗交方式选择图形后的效果

1.2.6　利用平面坐标系绘图

坐标系是确定图形位置最基本的手段,任何物体在空间中的位置都可以通过一个坐标系来定位。

1. 坐标系的分类

根据绘制图形对象的不同,坐标系可以分为世界坐标系和用户坐标系。

1) 世界坐标系

在进入 AutoCAD 绘图区时,系统默认的坐标系是世界坐标系(WCS)。在世界坐标系中,X 轴是水平的,Y 轴是垂直的,Z 轴垂直于 XY 平面。当 Z 轴坐标为 0 时,XY 平面就是要进行绘图的二维平面,它的原点是 X 轴和 Y 轴的交点(0,0)。

2）用户坐标系

用户坐标系(UCS)是一种可自定义的坐标系，可以修改坐标系的原点和轴方向，即 X、Y、Z 轴以及原点方向都可以移动和选择。用户坐标系在绘制三维图形对象时非常有用，在此不再赘述。

2. 坐标的输入

坐标的表示有两种方法：直角坐标和极坐标。根据参考点的位置，又可分为绝对坐标和相对坐标。

1）绝对直角坐标

绝对直角坐标是以坐标系原点(0，0)作为基准点来定位其他所有的点，用户可以通过输入(X，Y)坐标来确定点在坐标系中的位置。其中，X 值表示此点在 X 方向上的投影到原点间的距离，Y 值表示此点在 Y 方向上的投影到原点的距离，如图 1-17 所示中 A 点的绝对直角坐标为(60，60)。

2）相对直角坐标

相对直角坐标的输入方法是以前一点作为参考点，然后输入相对位移的值来确定点。相对直角坐标与坐标系的原点无关，只相对于参考点进行位移，其输入方法是在绝对直角坐标前添加"@"符号。例如，图 1-17 中 B 点的坐标点相对于 A 点在 X 轴上向右平移了 80 个单位，B 点的相对直角坐标为(@80，0)。

3）绝对极坐标

极坐标用距离和角度来定位点。输入绝对极坐标的方法是"距离＜角度"。如图 1-18 所示的 A 点，其距离坐标原点的长度为 752，角度为 26°，则其绝对极坐标是"752＜26"。

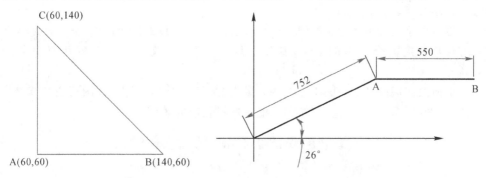

图 1-17　直角坐标输入　　　　　图 1-18　极坐标输入

4）相对极坐标

相对极坐标的距离是指定点到参照点的距离，而且应该在相对极坐标值前加上"@"符号。如图 1-18 所示的图形中的 A 点基础上指定 B 点的极坐标，其相对极坐标是"@550＜0"。

注意：一般定位点时，是通过移动光标指定方向，然后直接输入距离，这种方法在绘图时较为方便，称为直接距离输入法。

5）动态输入

动态输入方法是指在图形绘制时的动态文本框中输入坐标值，而不必在命令行中进行输入。这样可以大大地提高绘图的工作效率。打开和关闭动态输入可以单击状态栏上的 ![按钮] 按钮进行切换。

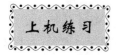

1. 完成 AutoCAD 2020 绘图环境的设置。

不同的用户对绘图区显示有不同的要求，选择"工具"→"选项"命令，可弹出"选项"对话框，再选择"显示"选项卡，如图 1-19 所示。

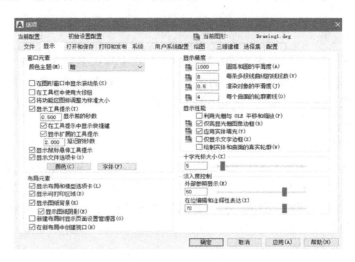

图 1-19　显示选项卡

通过更改选项卡中的选项设置可以改变 AutoCAD 的显示，如窗口元素、布局元素、显示精度、显示性能、十字光标的大小等。

（1）更改十字光标的大小。如图 1-19 所示，AutoCAD 2020 的十字光标的大小值默认为 5，代表其长度为全屏幕的 5%，拖动滑块，可改变有效值，其范围从全屏幕的 1% 到 100%。

（2）更改绘图区颜色。在图 1-19 中，单击"颜色"按钮，可弹出"图形窗口颜色"对话框，如图 1-20 所示，在"颜色"下拉列表框中选择相应的颜色。

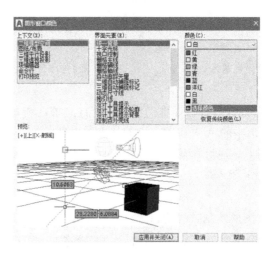

图 1-20　设置绘图区颜色

（3）设置绘图单位。选择"格式"→"单位"命令，打开图形单位对话框，如图 1 - 21 所示。设置长度类型及精度，长度类型一般设置为小数，精度设置为 0.00。注意这里不要勾选顺时针选项，在 AutoCAD 中，默认逆时针为正方向，顺时针为负方向。

图 1 - 21　图形单位

　　（4）设置图形界限。AutoCAD 默认的图形界限为 A3 幅面，即宽为 420 mm，高为 297 mm。我们可以将其改为 A4 幅面大小：宽为 297 mm，高为 210 mm。

　　选择"格式"→"图形界限"命令，在命令行中设置第一个角点的坐标为（0，0），另一个角点的坐标为（297，210）。

　　2. 绘制如图 1 - 18 所示的线段。

　　绘制线段的操作步骤如下：

　　（1）选择直线命令，执行该命令，在命令提示行"指定第一点："后输入"0，0"，指定直线的起点。

　　（2）在命令提示行"指定下一点或【放弃（U）】："后输入"752＜26"，指定直线下一点 A 的极坐标。

　　（3）在命令提示行"指定下一点【退出（E）放弃（U）】："后输入"@550＜0"，指定 B 的极坐标。

　　（4）在命令提示行"指定下一点【退出（E）放弃（U）】："后按 Enter 键，结束直线命令。

　　3. 绘制如图 1 - 22 所示的等腰三角形，底边长为 400，底角为 45°。

绘制等腰三角形的操作步骤如下：

　　（1）选择直线命令，执行该命令，在命令提示行"指定第一点："后输入"100，100"，指定直线的起点。

　　（2）在命令提示行"指定下一点【退出（E）放弃（U）】："后输入"@400，0"。

　　（3）在命令提示行"指定下一点【退出（E）放弃（U）】："后输入"@－200，200"。

图 1 - 22　等腰三角形

　　（4）在命令提示行"指定下一点【关闭（C）退出（X）放弃（U）】："后输入"C"，结束绘制。

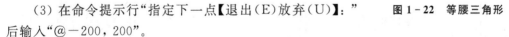

评价反馈

　　各小组委派 1 名代表展示并介绍任务的完成情况，然后完成评价反馈表 1 - 2。

表 1－2　评价反馈表

序号	评价项目	自我评价	小组评价	教师评价	综合评价
1	学习准备				
2	引导问题填写				
3	考勤情况				
4	听课情况				
5	知识点掌握情况				
6	任务书完成质量				
7	参与讨论的主动性				
8	回答问题的准确度				
9	任务创新扩展情况				
10	材料(作业)上交情况				
	总　评				

注：评价档次统一采用 A(优秀)、B(良好)、C(合格)、D(努力)。

工程案例

某家居布线示意图如图 1－23 所示。此处网络信息点可以理解为信息插座模块，关于综合布线设计内容，将会在后面逐渐学习到。

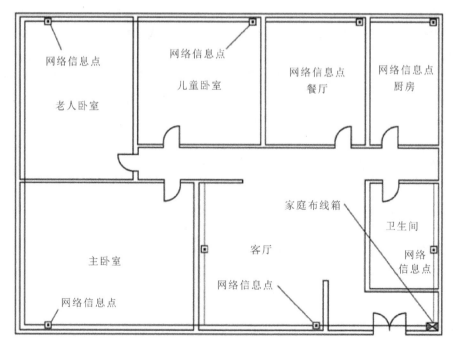

图 1－23　家居布线示意图

思考与练习

一、填空题

1.（@X，Y)中的"@"表示输入的为_____坐标值。

2.设置图形界限的命令是_____。

3.缩放视图的命令是_____。

二、上机操作

利用直线命令绘制如图 1-24 所示的矩形和三角形。

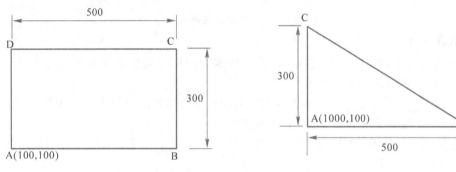

图 1-24   矩形和三角形

任务 1.3   AutoCAD 基本绘图命令

➡ **引言**

任何复杂的图形都是由直线、圆、圆弧等基本图形组合而成的，这些基本的二维图形形状简单、容易创建，掌握其绘制方法是学习 AutoCAD 的基础。下面将具体讲解使用直线、构造线、圆、圆弧等命令绘制图形的方法。

➡ **学习目标**

（1）掌握利用辅助功能绘图的技巧。

（2）能够利用直线类命令、圆和圆弧类命令、多边形命令、点命令等绘制基本建筑图形。

➡ **任务书**

利用绘图命令绘制如图 1-25 所示的基本建筑图形。

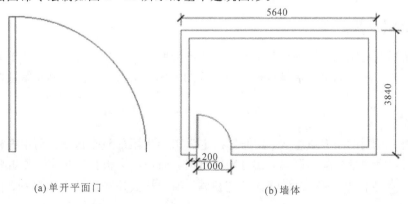

(a)单开平面门   (b)墙体

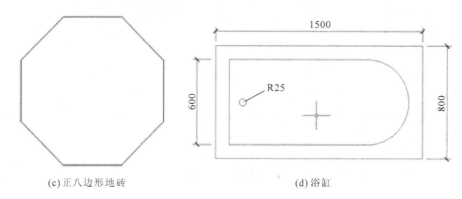

(c) 正八边形地砖　　　　　　　　　(d) 浴缸

图 1 - 25　基本建筑图形

➡ 引导问题

1. 栅格由规则的点的矩阵组成，延伸到指定为图形界限的整个区域。打印时，栅格_____被打印出来。(填"能"或"不能")

2. _____是在创建或修改对象时，按预先设定的角度增量来追踪特殊点，即捕捉相对于初始点，且满足指定的极轴角的目标点。

3. 为提高绘图的精确度，AutoCAD 提供了_____功能，可以快速准确地用鼠标在屏幕上捕捉某个特殊点。

4. _____模式主要用于绘制水平线和垂直线，可单击状态栏上的 ⌐ 按钮或按_____键打开该功能。

5. 绘制点包括绘制单点、多点、_____和定距等分点。

6. AutoCAD 2020 中常用的直线类型有直线、射线、_____、多线等。

7. 绘制_____是创建无限长的线，在图形绘制中它也常用作绘图辅助线来确定一些特殊的点或边界。

8. _____命令常用来绘制墙体，其中两线之间的距离表示墙的厚度。

9. 在建筑绘图过程中，弧形对象通常用来绘制装饰图案、建筑部件、家具等，它主要包括圆、圆弧、_____、圆环、样条曲线等。

10. 使用 AutoCAD 2020 绘制多边形时，主要使用_____和正多边形命令。

任务指导及相关知识点

1.3.1　绘图辅助工具

要快速顺利地完成图形的绘制工作，有时要借助一些工具，比如用于准确确定绘图位置的精确定位工具和调整图形显示范围与方式的显示工具等。下面简单介绍这两种辅助绘图工具。

1. 栅格

栅格由有规则的小方块组成，延伸到指定为图形界限的整个区域。利用栅格可以对齐对象并直观显示对象之间的距离，在打印图纸时，栅格不会被打印出来。单击状态栏上的"栅格"按钮 ▦ 或按 F7 键可以打开或关闭栅格。捕捉模式用于限制十字光标，使其按照用户定义的间距移动。

　　根据绘图工作的需要，可以对栅格的参数进行设置，如栅格间的距离等。其方法是在状态栏的"栅格"按钮上单击鼠标右键，选择"网格设置"，打开"草图设置"对话框，如图 1－26 所示。"草图设置"对话框也可以通过"工具"菜单里的"绘图设置"打开。启用栅格后的效果如图 1－27 所示。

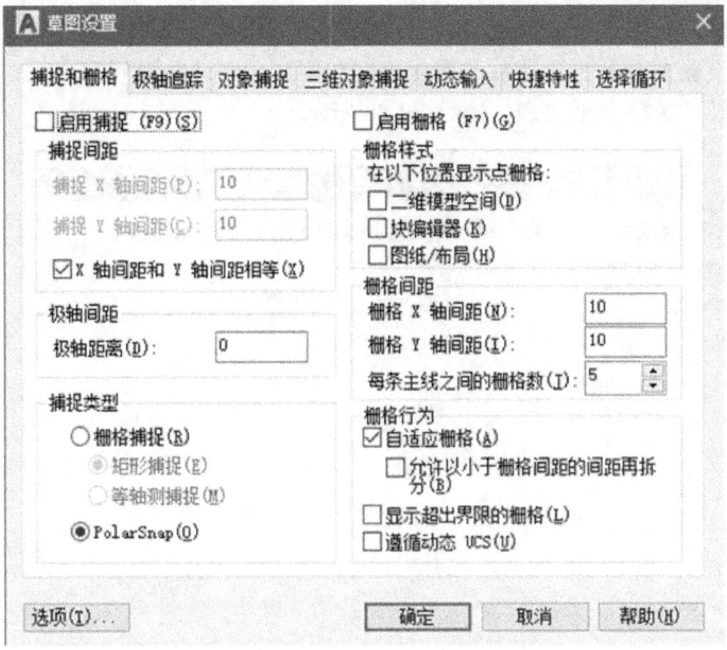

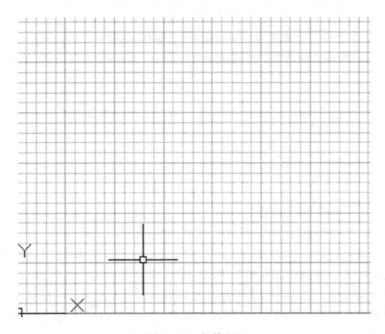

图 1－26　草图设置－捕捉与栅格

图 1－27　栅格显示

2．极轴追踪

使用极轴追踪功能，可以在绘图区中根据用户指定的极轴角度，绘制具有一定角度的直线。单击状态栏中的"极轴追踪"按钮 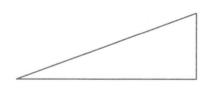，可打开或关闭极轴功能。

打开极轴功能后，再执行命令，并且在绘图区指定图形的第一点后，将十字光标移动到指定的极轴角度附近时，会出现极轴追踪线，此时可以通过输入线条的长度来绘制直线，也可以通过捕捉与其他线条的交点来绘制直线。

极轴追踪设置主要是设置追踪的增量角度和附加角。这些设置可以通过"草图设置"对话框的"极轴追踪"选项卡来实现，如图 1－28 所示。

图 1－28　草图设置－极轴追踪选项卡

【**案例 1－1**】　使用直线命令，绘制底端直角边长度为 50、角度为 20°的直角三角形，如图 1－29 所示。

图 1－29　直角三角形

绘制直角三角形的操作步骤如下：

（1）选择"工具/绘图设置"，打开"草图设置"对话框。

（2）选择"极轴追踪"选项卡，选中"启用极轴追踪"，在"极轴角设置"栏的"增量角"下拉列表框中选择"10"，设置极轴角度为"10"。

（3）选择直线命令，在绘图区单击鼠标左键，指定直线起点，将鼠标向左移动，捕捉 180°的极轴追踪线，在命令提示行"指定下一点或［放弃（U）］："后输入"50"，绘制水平直线。按回车键结束命令。

（4）再次选择直线命令，以所画直线的左端点为起始点，缓慢向上移动，当移动到 20°角的位置时，出现极轴追踪线。光标沿极轴追踪线移动，当移动到直线右端点时，向下移动，会出现 90°角的追踪线，如图 1-30 所示。单击鼠标，连接直线右端点，完成三角形的绘制。

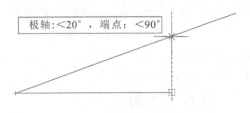

图 1-30　利用极轴追踪绘制图形

3. 对象捕捉

为了提高绘图的准确度，AutoCAD 提供了对象捕捉功能，这样可以快速、准确地绘制图形。对象捕捉是指用鼠标在屏幕上捕捉某个特殊点时，能将该点的精确位置显示并确定下来。

通过"草图设置"对话框的"对象捕捉"选项卡可进行捕捉方式的设置，如图 1-31 所示。单击状态栏上的"对象捕捉"按钮 或按 F3 键可以打开或关闭对象捕捉。

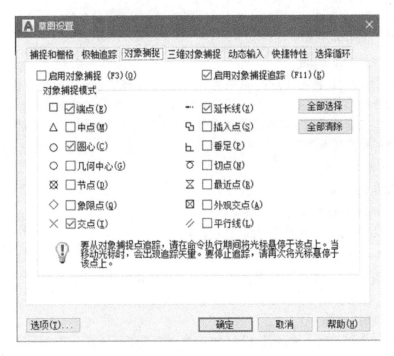

图 1-31　草图设置—对象捕捉选项卡

4. 正交模式

正交模式主要用于绘制水平线和垂直线，即在命令的执行过程中，光标只能沿 X 轴或 Y 轴移动。单击状态栏上的"正交模式"按钮 或按 F8 键可以打开或关闭正交模式。

1.3.2　二维图形常用绘图命令

1. 绘制线段对象

在 AutoCAD 2020 中，线段对象主要包括直线、射线、构造线、多线、多段线等。线段对象是建筑图形的主要组成部分，大部分图形都由线段对象组成。

1）绘制直线

执行绘制直线命令有 3 种方式：

(1) 在菜单栏中选择"绘图"→"直线"命令。

(2) 单击"绘图"面板上的"直线"按钮 。

(3) 在命令行中输入"line"命令后按回车键。

直线画完后，直线命令并没有结束。结束命令可以直接按 Enter 键，或按 Esc 键，或者单击鼠标右键，按"确认"按钮退出。这几种结束命令的方式对于其他命令也同样适用。

2）绘制射线

执行绘制射线命令有 3 种方式：

(1) 在菜单栏中选择"绘图"→"射线"命令。

(2) 单击"绘图"面板上的"射线"按钮 。

(3) 在命令行中输入"ray"命令后按回车键。

【案例 1-2】　以坐标(100，100)为起点，绘制角度为 30°的射线。

绘制射线的操作步骤如下：

(1) 单击"射线"按钮 。

(2) 在命令提示行"指定起点："后输入"100，100"，指定射线的起始位置。

(3) 在命令提示行"指定通过点："后输入"@2<30"，指定射线通过的点。

注意：这里指定的通过点，使用了相对极坐标"@距离<角度"。因为射线是无限延伸的，所以这里的距离任意指定。

3）绘制构造线

执行绘制构造线命令有 3 种方式：

(1) 在菜单栏中选择"绘图"→"构造线"命令。

(2) 单击"绘图"面板上的"构造线"按钮 。

(3) 在命令行中输入"xline"命令后按回车键。

注意：构造线只有方向，没有起点和终点，其在绘图时作为辅助线使用，用于确定建筑图形的结构。

4）绘制多线

多线是由多条平行线组成的复合线，可以包含多条平行直线，其中每条直线称为多线的元素，也可以自己定义元素的数目和每个元素的特性。多线具有起点和终点，一般用于在建筑制图过程中绘制墙线、窗户和细部特殊组件。在使用多线命令前，一般先要设置多线样式，再进行绘制。

(1) 设置多线样式。主要设置多线元素的数量以及每条线之间的偏移距离等。执行多线样式命令，主要有如下 2 种方法：

① 选择"格式"→"多线样式"命令；

② 在命令行中输入"mlstyle"命令后按回车键。

(2) 绘制多线。执行多线命令，主要有 2 种方法：

① 选择"绘图"→"多线"命令；

② 在命令行中输入"mline"命令后按回车键。

【案例 1-3】 执行多线命令，绘制长度为 5640、宽度为 3840、墙体厚度为 240 的平面围墙。

设置多线样式操作步骤如下：

(1) 选择"格式"→"多线样式"，打开"多线样式"对话框。

(2) 单击"新建"按钮。新建"墙线"多线样式，单击"继续"按钮，打开"新建多线样式：墙线"对话框，如图 1-32 所示，在"封口"栏中分别选中"起点"和"端点"，单击"确定"按钮，返回"多线样式"对话框，将"墙线"多线样式置为当前样式。

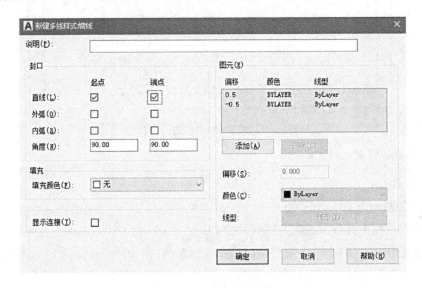

图 1-32 设置多线样式

执行多线命令的操作步骤如下：

(1) 选择"绘图"→"多线"命令。

(2) 在命令提示行"指定起点或[对正(J)/比例(S)/样式(ST)]："后输入"S"，选择"比例"选项。

(3) 在命令提示行"输入多线比例<20.00>："后输入"240"，指定多线比例，即墙体的厚度。

(4) 在命令提示行"指定起点[对正(J)/比例(S)/样式(ST)]："后输入"0，0"，指定多线起点。

(5) 在命令提示行"指定下一点："后输入"@5640，0"，指定多线的下一点坐标，绘制水平多线。

(6) 在命令提示行"指定下一点或[放弃(U)]："后输入"@0，3840"，指定多线的下一点坐标，绘制垂直多线。

（7）在命令提示行"指定下一点或［闭合（C）/放弃（U）］:"后输入"@－5640,0"，指定多线下一点坐标，绘制水平多线。

（8）在命令提示行"指定下一点或［闭合（C）/放弃（U）］:"后输入"C"，选择"闭合"，完成多线图形的绘制，如图1－33所示。

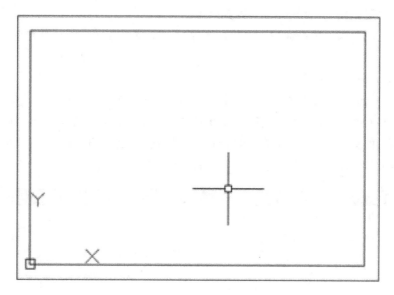

图 1－33　围墙

2. 绘制圆、圆弧、椭圆

1）绘制圆

执行绘制圆命令有3种方式：

（1）在菜单栏中选择"绘图"→"圆"命令。

（2）单击"绘图"面板上的"圆"按钮 及下拉菜单。

（3）在命令行中输入"circle"后按回车键。

① 圆心和半径画圆 ：选择绘制圆命令后，根据提示指定圆心、圆的半径，完成圆的绘制，如图1－34所示。

② 圆心和直径画圆 ：选择绘制圆命令后，根据提示指定圆心、圆的直径，完成圆的绘制，如图1－35所示。

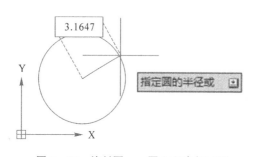

图 1－34　绘制圆——圆心和半径画圆

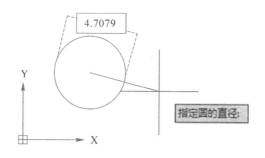

图 1－35　绘制圆——圆心和直径画圆

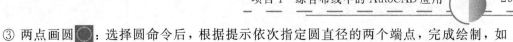

③ 两点画圆 ![icon]：选择圆命令后，根据提示依次指定圆直径的两个端点，完成绘制，如图 1-36 所示。

④ 三点画圆 ![icon]：选择圆命令后，根据提示依次指定圆上的三个点，完成圆的绘制，如图 1-37 所示。

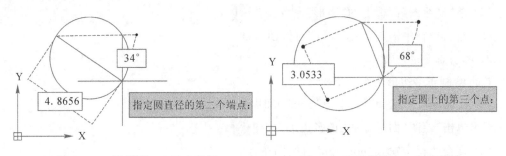

图 1-36 绘制圆——两点画圆　　　　　图 1-37 绘制圆——三点画圆

⑤ 相切、相切、半径 ![icon]：利用两个已知对象的切点和圆的半径来绘制圆，系统会分别提示指定圆的第一切点、第二切点及圆的半径。

⑥ 相切、相切、相切 ![icon]：依据提示依次指定三个切点，完成圆的绘制。

2) 绘制圆弧

执行绘制圆弧命令有 3 种方式：

(1) 在菜单栏中选择"绘图"→"圆弧"命令。

(2) 单击"绘图"面板上的"圆弧"按钮 ![icon]。

(3) 在命令行中输入"arc"命令后按回车键。

① 三点画弧：选择绘制圆弧命令后，根据提示依次指定起点、第二点和端点，以顺时针或逆时针方向绘制圆弧。

② 起点、圆心、端点：选择绘制圆弧命令后，根据提示依次指定起点、圆心和端点绘制出圆弧。

③ 起点、圆心、角度：通过指定圆弧的起点、圆心以及圆弧所对应的圆心角来绘制圆弧。

④ 起点、圆心、长度：选择绘制圆弧命令后，根据提示依次指定起点、圆心和弦长绘制出圆弧。

3) 绘制椭圆

椭圆是特殊样式的圆，其形状主要由中心点、长轴和短轴 3 个参数来确定。如果长轴和短轴相等，则可以绘制出正圆。执行椭圆命令，主要有如下 3 种调用方法：

(1) 选择"绘图"→"椭圆"命令。

(2) 单击"绘图"面板上的 ![icon] 按钮。

(3) 在命令行中输入"ellipse"命令后按回车键。

3. 绘制矩形、正多边形

1）绘制矩形

执行绘制矩形命令有 3 种方式：

（1）在菜单栏中选择"绘图"→"矩形"命令。

（2）单击"绘图"面板上的"矩形"命令按钮 。

（3）在命令行中输入"rectangle"后按回车键。

2）绘制正多边形

执行绘制正多边形命令有 3 种方式：

（1）在菜单栏中选择"绘图"→"正多边形"命令。

（2）单击"绘图"面板上的"正多边形"按钮 。

（3）在命令行中输入"polygon"后按回车键。

执行上面任意一种命令后，根据提示输入边的数目并指定中心点，选择正多边形内接于圆或外切于圆，再指定圆的半径后即可完成绘制。

【案例 1-4】 利用矩形及圆弧命令，绘制长度为 1000、厚度为 40 的单开平面门，如图 1-38 所示。

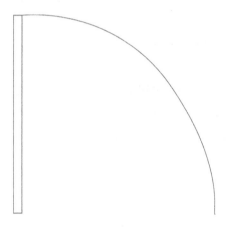

图 1-38　单开平面门

绘制单开平面门的操作步骤如下：

（1）执行"矩形"命令，指定第一个角点后，在命令提示行"RECTANG 指定另一个角点［面积（A）尺寸（D）旋转（R）］："后输入"D"。

（2）依次输入矩形的长 40、宽 1000 后，完成矩形的绘制。

（3）执行"圆弧"命令，捕捉矩形的右上端点作为圆弧的第一点。

（4）在命令提示行"指定圆弧的第二点或［圆心（C）端点（E）］："后输入"C"。

（5）捕捉矩形的左下端点作为圆弧圆心。

（6）在命令提示行"指定圆弧端点［角度（A）弦长（L）］："后输入"A"。

（7）在命令提示行"指定夹角："后输入"−90"，按 Enter 键完成绘制。

【案例 1-5】 以坐标（600，600）为中心点，绘制半径为 250 的正八边形，如图 1-39 所示。

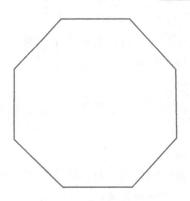

图 1 - 39　正八边形

绘制正八边形的操作步骤如下：

（1）单击"绘图"面板上的"正多边形"按钮。

（2）在命令提示行"输入侧面数＜4＞："后输入"8"，指定正多边形的边数。

（3）在命令提示行"指定正多边形的中心点或［边（E）］："后输入"600，600"，指定正多边形的中心点。

（4）在命令提示行"输入选项［内接于圆（I）/外切于圆（C）＜I＞］："后输入"C"，选择"外切于圆"。

（5）在命令提示行"指定圆的半径："后输入"250"，指定正多边形的半径。

4. 绘制点

点是所有图形最基本的元素，在 AutoCAD 中可以为点设置一定的显示样式，这样就可以清楚地知道点的位置。

1）设置点样式

设置点样式首先需要执行点样式命令，该命令可以选择"格式"→"点样式"命令，打开如图 1-40 所示的"点样式"对话框，在其中可以设置点的样式以及点的大小等。

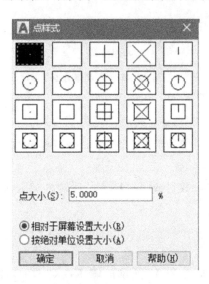

图 1 - 40　点样式

2）绘制单点

选择"绘图"→"点"→"单点"命令，将出现命令提示符，在命令行提示区后输入点的坐标或使用鼠标在屏幕上单击，即可绘制单点。

3）绘制多点

选择"绘图"→"点"→"多点"命令，在绘图区中单击鼠标即可绘制多点，绘制完成后按Esc键结束多点命令。

4）绘制定数等分点

绘制定数等分点，就是在指定的对象上绘制等分点，即将线条以指定数目来进行划分，每段长度相等。该命令主要有2种调用方法：

（1）选择"绘图"→"点"→"定数等分"命令。

（2）在命令行中输入"divide"命令后按回车键。

5）绘制定距等分点

定距等分点，就是在指定的对象上按指定的长度将对象进行等分。定距等分命令主要有如下2种调用方法：

（1）选择"绘图"→"点"→"定距等分"命令。

（2）在命令中输入"measure"命令后按回车键。

【案例1-6】　将圆三等分，效果如图1-41所示。

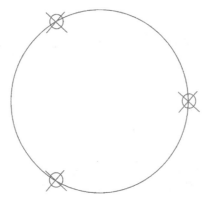

图1-41　三点等分圆

三点等分圆的操作步骤如下：

（1）选择"格式"→"点样式"命令，将点设置为 ⊗ 形状。

（2）选择"绘图"→"点"→"定数等分"命令。命令行提示"选择要定数等分的对象："，用鼠标点选图形圆。

（3）命令提示行"输入线段数目或[块（B）]："后输入"3"，按回车键，完成绘制。

上机练习

依照标注尺寸大小绘制如图1-42所示的墙体，其中墙体厚度为240，单开平面门的厚度为40；绘制如图1-43所示的浴缸。

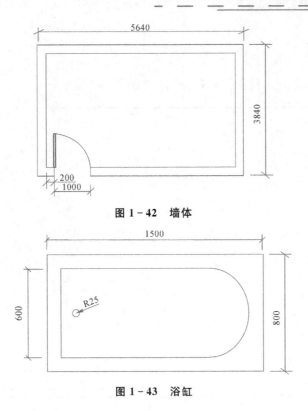

图 1 - 42　墙体

图 1 - 43　浴缸

评价反馈

各小组委派 1 名代表展示并介绍任务的完成情况，然后完成评价反馈表 1 - 3。

表 1 - 3　评价反馈表

序号	评价项目	自我评价	小组评价	教师评价	综合评价
1	学习准备				
2	引导问题填写				
3	考勤情况				
4	听课情况				
5	知识点掌握情况				
6	任务书完成质量				
7	参与讨论的主动性				
8	回答问题的准确度				
9	任务创新扩展情况				
10	材料(作业)上交情况				
	总　评				

注：评价档次统一采用 A(优秀)、B(良好)、C(合格)、D(努力)。

工程案例

AutoCAD 也可以用来绘制网络拓扑图，如图 1-44 所示。

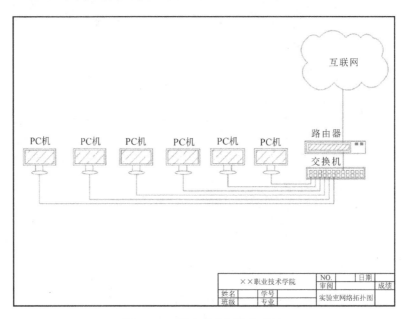

图 1-44 某实验室网络拓扑图

思考与练习

一、选择题

1. 绘制正多边形时，首先要确定正多边形的（　　　）。

A. 边长　　　　　B. 中点　　　　　C. 起点　　　　　D. 边数

2. 下列选项中不属于椭圆对象参数的是（　　　）。

A. 中心点　　　　B. 长半轴　　　　C. 短半轴　　　　D. 直径

3. （　　　）是一种类似云朵的曲线。

A. 样条曲线　　　B. 曲线　　　　　C. 修订云线　　　D. 以上选项都对

二、思考题

1. 怎样快速绘制水平及垂直线条？

2. 在绘制图形时，除了使用坐标的方式指定点外，还可以怎样指定点？

任务 1.4　AutoCAD 常用编辑命令

➡ **引言**

图形的绘制是有规律可循的，比如对称图形的绘制、相同图形的绘制等等。AutoCAD 的编辑命令能解决这些难题，使得绘图更为简便和快捷。绘图命令结合编辑命令，可以保证作图准确、减少重复操作、提高绘图效率等。

➡ **学习目标**

（1）掌握复制类编辑工具、改变位置类编辑工具和改变形状类编辑工具的使用方法。

（2）能结合绘图命令和编辑命令快速完成建筑图形的绘制。

➡ **任务书**

打开任务 1.4 的相应素材文件，完成如图 1-45 所示的图形文件的编辑。

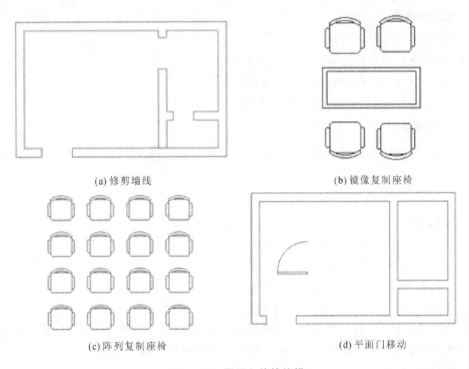

(a) 修剪墙线 (b) 镜像复制座椅

(c) 阵列复制座椅 (d) 平面门移动

图 1-45 图形文件的编辑

➡ **引导问题**

1. 修改图形对象类命令包括：删除、_____、延伸、打断、合并、倒角、分解等命令。

2. 复制类命令包括：复制、_____、偏移复制、阵列复制等。

3. 阵列复制包括矩形阵列、_____和路径阵列。

4. 改变图形大小及位置类命令包括：移动、旋转、_____、拉伸、编辑多线等。

5. 编辑多线可以选择"修改"→"对象"→"多线"命令，可以打开_____对话框。

6. 执行修剪、延伸命令时，当选中命令后，直接按_____键，然后选择要修剪或延伸的对象即可。

7. 执行偏移命令时，偏移对象如果是直线，则偏移后直线长度不变，如果偏移对象是圆或矩形等封闭图形，则偏移后的对象将被_____或缩小。

8. 绘制完全对称的图形时，可以先绘制其中的一半，然后利用_____命令将其进行复制。

任务指导及相关知识点

AutoCAD 的编辑工具包括复制类编辑工具、改变形状类编辑工具和改变位置类编辑工具。通过本章节的学习可以使学习者更快、更好地绘制出建筑图形。

1.4.1　删除与恢复

1. 删除命令

执行删除命令有 3 种方法：

(1) 在菜单栏中选择"修改"→"删除"命令。

(2) 单击"修改"面板上的"删除"按钮 ✎。

(3) 在命令行中输入"erase"后按回车键。

2. 撤销命令

如果要恢复上一步操作，只需单击快速访问工具栏中的 ← 按钮，即可退回到先前的操作。

1.4.2　复制类编辑工具

1. 复制命令

执行复制命令，主要有以下 3 种方法：

(1) 在菜单栏中选择"修改"→"复制"命令。

(2) 单击"修改"面板上的"复制"按钮 ▣。

(3) 在命令行中输入"copy"后按回车键。

使用复制命令可以将一个或多个图形对象复制到指定的位置上，也可以将图形对象进行一次或多次复制操作。这样，可以减少重复绘制同样图形的工作量。

2. 镜像复制

当绘制的图形对象与某一条轴对称时，就可以用镜像复制命令来绘制图形。执行镜像复制命令的 3 种方法如下：

(1) 在菜单栏中选择"修改"→"镜像"命令。

(2) 单击"修改"面板上的"镜像"按钮 ⚠。

(3) 在命令行中输入"mirror"后按回车键。

【**案例 1 - 7**】　执行镜像命令，将座椅进行复制，效果如图 1 - 46 所示。

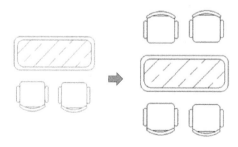

图 1 - 46　镜像复制餐椅

复制座椅的操作步骤如下：

（1）打开素材文件，执行镜像命令。在命令行提示"选择对象："后选择底端餐椅图形，然后按 Enter 键。

（2）单击状态栏中"对象捕捉"旁边的图标，选择"中点"选项，在命令行提示"指定镜像线的第一点："后捕捉桌子左端垂直线的中点作为指定镜像线的第一点。

（3）在命令行提示"指定镜像线的第二点："后，使用与上述同样的方法捕捉桌子右端垂直线的中点作为指定镜像线的第二点。

（4）在命令行提示"要删除源对象吗？［是(Y)/否(N)]<N>："后输入"N"，选择"否"选项，即在进行镜像操作时不删除源图形对象，这样就完成操作了。

3. 偏移复制

通过使用偏移复制命令可以对已经绘制好的图形对象进行偏移，以便复制生成与原图形对象平行或同心的图形。利用偏移命令偏移直线，则偏移复制后的直线长度不变，且与原直线平行；如果偏移的对象是圆或矩形等闭合图形时，则偏移后的对象将被放大或缩小，且与原图形成同心状态。执行偏移命令主要有以下 3 种方法：

（1）在菜单栏中选择"修改"→"偏移"命令。

（2）单击"修改"面板上的"偏移"按钮。

（3）在命令行中输入"offset"后按回车键。

在设计中经常会用偏移复制命令绘制建筑轴线和一些同心图形，如图 1-47、图 1-48 所示。

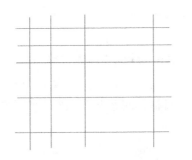

图 1-47 轴线

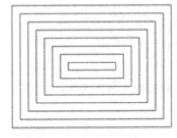

图 1-48 同心偏移

4. 阵列复制

利用阵列复制命令可以一次将选择的对象复制多个并按一定的规律进行排列。阵列命令在 AutoCAD 2020 中包括矩形阵列、路径阵列和环形阵列。该命令可在"修改"菜单里进行选择，或单击"修改"面板里的相应图标。

（1）矩形阵列。选择"修改"→"阵列"→"矩形阵列"，命令行提示"选择对象"，选定对象后，按 Enter 键。再打开如图 1-49 所示的对话框，在对话框内设置各个参数。

图 1-49 矩形阵列对话框

（2）环形阵列。选择"修改"→"阵列"→"环形阵列"，命令行提示"选择对象"，选定对象后，按 Enter 键。命令行提示"指定阵列中心点或［基点（B）旋转轴（A）］："，用鼠标选择中心点，打开如图 1-50 所示的对话框。其中"介于"表示项目间的角度，"填充"表示填充角度。

图 1-50　环形阵列对话框

【案例 1-8】　打开"矩形阵列"素材进行阵列复制，完成效果如图 1-51 所示。

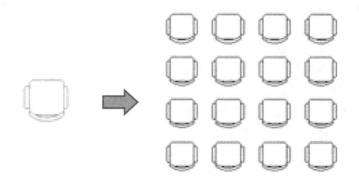

图 1-51　矩形阵列复制

复制矩形阵列的操作步骤如下：

（1）选择"修改"→"阵列"→"矩形阵列"。在命令行提示"选择对象"后，完全选中座椅，然后按 Enter 键。

（2）将列数和行数均设置为 4，在"介于"中调整行间距和列间距，然后单击 ✓ 按钮，关闭命令。

【案例 1-9】　打开"环形阵列"素材进行环形阵列复制，完成效果如图 1-52 所示。

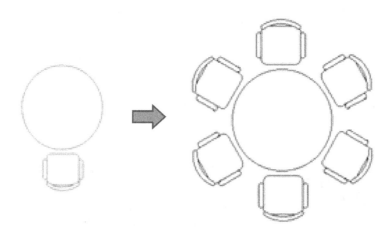

图 1-52　环形阵列复制

复制环形阵列的操作步骤如下：

（1）选择"修改"→"阵列"→"环形阵列"。在命令行提示"选择对象"后，完全选中座椅，然后按 Enter 键，命令行提示"指定阵列中心点［基点(B)旋转轴(A)］："，用鼠标拾取圆的中心点，打开环形阵列对话框。

（2）将项目数设置为 6，填充设置为 360。然后单击  按钮，关闭命令。

1.4.3 改变形状类编辑工具

1. 缩放命令

缩放是按照指定的比例缩小或放大图形。使用缩放命令将图形进行缩放时，用户需要指定缩放比例，若缩放比例值小于 1 但大于 0，则图形按相应的比例进行缩小；若缩放比例值大于 1，则图形按相应的比例进行放大。执行该命令有 3 种方法：

（1）在菜单栏中选择"修改"→"缩放"命令。

（2）单击"修改"面板上的"缩放"按钮 。

（3）在命令行中输入"scale"后按回车键。

2. 拉伸命令

拉伸是按照指定的方向和长度进行拉长和缩短处理。执行该命令有 3 种方法：

（1）在菜单栏中选择"修改"→"拉伸"命令。

（2）单击"修改"面板上的"拉伸"按钮 。

（3）在命令行中输入"stretch"后按回车键。

3. 修剪命令

修剪命令是将超出边界的线条进行修剪，被修剪的对象可以是直线、圆弧、样条曲线等。执行修剪命令有 3 种方法：

（1）在菜单栏中选择"修改"→"修剪"命令。

（2）单击"修改"面板上的"修剪"按钮 。

（3）在命令行中输入"trim"后按回车键。

【案例 1 - 10】 修剪矩形边界，效果如图 1 - 53 所示。

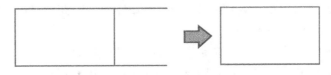

图 1 - 53　修剪

修剪的操作步骤如下：

（1）打开"修剪素材"。

（2）单击"修改"面板上的"修剪"按钮 。

（3）命令行提示"选择对象或＜全部选择＞："，选择默认选项，然后按 Enter 键。

（4）选择要修剪的部分，完成修剪。

4. 延伸命令

延伸命令是将线段延长到与另一对象相交为止。执行延伸命令有 3 种方法：

(1) 在菜单栏中选择"修改"→"延伸"命令。

(2) 单击"修改"面板上的"延伸"按钮 ⇥ 。

(3) 在命令行中输入"extend"后按回车键。

5. 倒角命令

倒角命令可以将两条非平行的直线以直线相连，通常用作将直角或锐角进行倒钝处理。执行倒角命令有 3 种方法：

(1) 在菜单栏中选择"修改"→"倒角"命令。

(2) 单击"修改"面板上的"倒角"按钮 ◣ 。

(3) 在命令行中输入"chamfer"后按回车键。

6. 圆角命令

圆角命令可以将两个图形对象使用圆弧进行连接，并且该圆角与两个图形对象相切。执行圆角命令有 3 种方法：

(1) 在菜单栏中选择"修改"→"圆角"命令。

(2) 单击"修改"面板上的"圆角"按钮 ◤ 。

(3) 在命令行中输入"fillet"，然后按 Enter 键。

【案例 1 - 11】 将矩形左侧两角倒直角，倒角距离为 60，矩阵右侧两角倒圆角，圆角半径为 60，效果如图 1 - 54 所示。

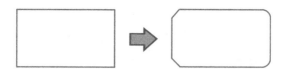

图 1 - 54　倒(圆)角处理

倒角的操作步骤如下：

(1) 打开"倒角素材"。

(2) 单击"修改"面板上的"倒角"按钮 ◣ 。

(3) 命令行提示"选择第一条直线或[放弃(U)多段线(P)距离(D)角度(A)修剪(T)方式(E)]："，选择"距离"，输入"D"。

(4) 命令行提示"指定第一个倒角距离<0.0>："后输入"60"。

(5) 命令行提示"指定第二个倒角距离<60.0>："，按 Enter 键，取默认值。

(6) 命令行提示"选择第一条直线或[放弃(U)多段线(P)距离(D)角度(A)修剪(T)方式(E)]："，则鼠标点选需要倒角的第一条线段。

(7) 命令行提示"选择第二条直线，或按住 Shift 键选择直线以应用角点或[距离(D)角度(A)方法(M)]"，则鼠标点选需要倒角的第二条线段，完成倒角处理。

(8) 圆角处理类似，在命令行提示"选择第一个对象[放弃(U)多段线(P)半径(R)修剪(T)多个(M)]："，选择"半径(R)"，输入"60"，按提示完成操作。

1.4.4　改变位置类编辑工具

1.移动命令

利用移动命令可以将图形对象从当前位置移动到新位置,该命令有 3 种调用方法:

(1) 在菜单栏中选择"修改"→"移动"命令。

(2) 单击"修改"面板上的"移动"按钮 ✛。

(3) 在命令行中输入"move"后按回车键。

执行以上任意一种操作后,可以根据命令行中的提示选择是通过捕捉位移点的方式确定对象移动后的位置,还是通过输入坐标值的方式确定要移动的位置。

2.旋转命令

利用旋转命令可以将图形对象围绕指定的点进行旋转,该命令有 3 种调用方法:

(1) 在菜单栏中选择"修改"→"旋转"命令。

(2) 单击"修改"面板上的"旋转"按钮 ↻。

(3) 在命令行中输入"rotate"后按回车键。

执行以上任意一种操作后,选择要旋转的对象,再按回车键确认,根据提示指定基点。指定基点后,根据提示指定第二点或输入旋转角度,完成图形旋转。这里需要注意,输入角度若为正,则图形按逆时针旋转;输入角度若为负,则图形按顺时针旋转。

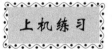

1. 打开如图 1-55 所示的墙线素材,按尺寸要求修剪为图 1-56 所示。

图 1-55　墙线

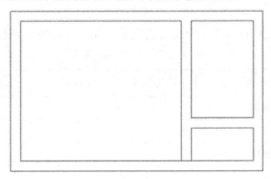

图 1-56　修剪后的墙线

2. 打开如图1-57所示的旋转移动素材，将单开平面门移动到如图1-58所示的位置。

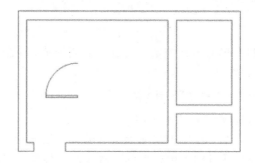

图 1-57　旋转移动素材

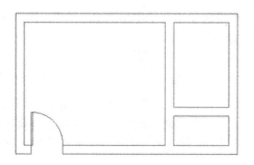

图 1-58　平面门移动后的位置

评价反馈

各小组委派1名代表展示并介绍任务的完成情况，然后完成评价反馈表1-4。

表 1-4　评价反馈表

序号	评价项目	自我评价	小组评价	教师评价	综合评价
1	学习准备				
2	引导问题填写				
3	考勤情况				
4	听课情况				
5	知识点掌握情况				
6	任务书完成质量				
7	参与讨论的主动性				
8	回答问题的准确度				
9	任务创新扩展情况				
10	材料(作业)上交情况				
总　评					

注：评价档次统一采用 A(优秀)、B(良好)、C(合格)、D(努力)。

工程案例

图 1-59 所示为某办公室的布线路由图，信息插座根据工位的摆放设计在地面，信息插座均为双孔插座，一个数据孔、一个语音孔。布线路由采用地面暗埋线管，缆线最后汇集到机柜配线架。

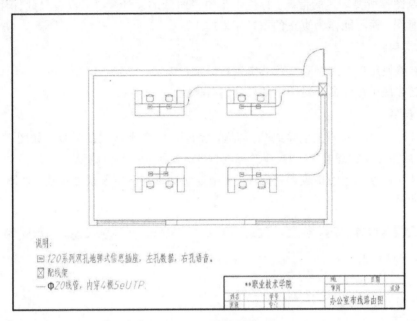

图 1-59　某办公室布线路由图

思考与练习

一、选择题

1. AutoCAD 中不能完成复制功能的命令是(　　　)。

A. Copy　　　　　　　B. Move　　　　　　　C. Rotate　　　　　　　D. Mirror

2. 绘制具有完全对称的图形时，可以先绘制其中的一半，然后使用(　　　)命令将其进行复制。

A. 镜像　　　　　　　B. 复制　　　　　　　C. 偏移　　　　　　　D. 阵列

3. 使用"偏移"命令，可以对已经绘制的图形对象进行偏移，以便生成与源图形对象(　　　)的图形对象。

A. 对称　　　　　　　B. 相同　　　　　　　C. 平行　　　　　　　D. 相交

4. 绘制水平线及垂直线时，除了使用坐标的方法进行绘制之外，还可以开启(　　　)功能进行绘制。

A. 正交　　　　　　　B. DYN　　　　　　　C. 对象追踪　　　　　　　D. 对象捕捉

二、思考题

图形对象除了使用命令编辑外，还可以怎样编辑？

任务 1.5　　AutoCAD 图纸文字及标注

➡ **引言**

图纸文字和标注是工程图纸中必不可少的组成部分。详细的文字说明能够更加清晰地表现出建筑图形所要表达的信息。标注则反映了图纸的设计尺寸，没有尺寸标注的图纸只能作为示意图，而不能作为真正的图纸用来施工。

➡ **学习目标**

(1) 能够使用单行文字和多行文字进行图纸说明。

(2) 能够使用标注命令对图形的尺寸进行标注。

➡ **任务书**

(1) 打开 AutoCAD"文字样式"对话框，完成常用文字样式的设置，如图 1-60(a) 所示；打开"标注样式管理器"，创建建筑标注样式，如图 1-60(b) 所示。

(2) 打开任务 1.5 的相应素材文件，完成建筑图形的文字及尺寸标注，如图 1-60(c)、1-60(d) 所示。

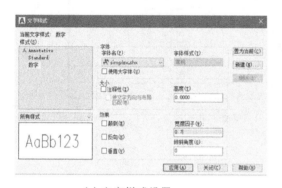

（a）文字样式设置

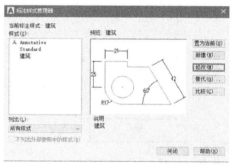

（b）标注样式设置

（c）文字注释

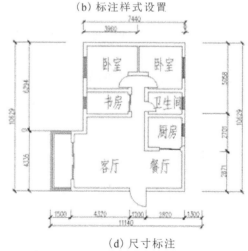

（d）尺寸标注

图 1-60　图纸文字及标注

➡ 引导问题

1. AutoCAD 中使用字体时尽量不使用 TrueType 字体，为了快速显示图形，在同一图形文件内字体不要超过＿＿＿＿＿＿种。

2. 工程制图中常用的两种文字样式为"汉字"样式和"数字"样式。其中"汉字"样式中字体通常设置为＿＿＿＿＿＿，"数字"样式中字体通常设置为＿＿＿＿＿＿。

3. 在文字样式设置对话框内，如果用户指定了文字的高度，则执行单行文字命令时，系统将不再提示＿＿＿＿＿＿选项。

4. 如果输入的文字说明内容较少，可以用单行文字命令进行输入。输入过程中，还可对单行文字的对齐方向、＿＿＿＿＿＿＿＿＿和旋转角度等参数进行设置。

5. 尺寸标注若以＿＿＿＿＿＿为单位时，不需要标注计量单位。

6. ＿＿＿＿＿＿标注可以标注任意方向上两点间的距离。

7. 连续标注用于标注＿＿＿＿＿＿上的连续线性尺寸。

8. 基线标注以图形中某一＿＿＿＿＿＿为基线创建其他图形对象的标注尺寸。

任务指导及相关知识点

1.5.1　文本注释

文字在工程图纸中是必不可少的一部分，文字可以分为单行文字和多行文字，在输入之前一般要进行文字样式的设置。当输入文字时，AutoCAD 会使用当前的文字样式作为默认样式，该样式包括字体、样式、高度、宽度比例和其他文字特性。

1. 文字样式设置

执行文字样式命令有 3 种方法：

（1）在菜单栏中选择"格式/文字样式"命令。

（2）单击"注释"面板下三角的"文字样式"按钮 ⬛。

（3）在命令行中输入"style"命令，然后按 Enter 键。

执行上面任意一种方法后，可打开如图 1-61 所示的"文字样式"对话框。在其中可设置字体、大小及效果。例如可新建"汉字"文字样式和"数字"文字样式，这是工程制图中常用的两种文字样式。"汉字"样式采用"仿宋－GB2312"字体，不设定字体高度，宽度比例设为 0.7，用于书写标题栏、设计说明等部分的汉字；"数字"样式采用"Simplex.shx"字体，不设定字体高度，宽度比例设为 0.7，用于标注尺寸等。

在工程图纸中，也可以使用 CAD 内置的 SHX 字体，例如在 SHX 字体中选择"gbeitc.shx"，在大字体下选择"gbcbig.shx"，高度设置为 3.5，宽度因子选择默认值 1。

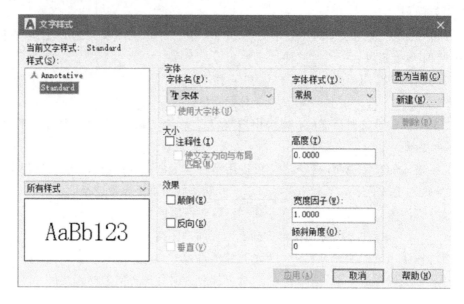

图 1-61　文字样式设置

2. 单行文字

如果输入的文字内容较少,可以用单行文字命令进行输入。输入过程中,还可对单行文字的对齐方向、高度和旋转角度等参数进行设置。创建单行文字命令的调用方法有 3 种:

(1) 选择"绘图/文字/单行文字"命令。

(2) 单击"注释"功能面板里的"文字"面板下的"单行文字"按钮 Ａ。

(3) 在命令行中输入"dtext",然后按 Enter 键。

3. 多行文字

对于较长和较为复杂的内容,可以使用"多行文字"命令来创建多行文字。使用多行文字命令输入的文字内容,不管有几个段落,AutoCAD 都将其看为一个整体进行编辑修改,并可在创建过程中直接修改任何一个文字的大小和字体等参数。创建多行文字命令的调用方法有 3 种:

(1) 选择"绘图/文字/多行文字"命令。

(2) 单击"注释"功能面板里的"文字"面板下的"多行文字"按钮 Ａ。

(3) 在命令行中输入"mtext",然后按 Enter 键。

1.5.2　尺寸标注

1. 标注样式设置

在进行尺寸标注前,应先根据建筑制图尺寸标注的有关规定对标注样式进行设置,以创建符合建筑规范要求的建筑制图尺寸标注样式。创建标注样式有 3 种方法:

(1) 选择"标注/标注样式"命令。

(2) 单击"注释"面板中的标注样式命令按钮 。

(3) 在命令行中输入"dimstyle",然后按 Enter 键。

【**案例 1 – 12**】　创建"建筑"标注样式。

创建标注样式的操作步骤如下：

（1）设置"数字"文字样式。单击"注释"面板中的文字样式命令按钮，弹出"文字样式"对话框。新建"数字"文字样式，设置字体为"Simplex. shx"，宽度因子为 0.7，将"数字"文字样式置为当前。

（2）单击"注释"面板中的标注样式按钮，弹出"标注样式管理器"，如图 1 – 62 所示。

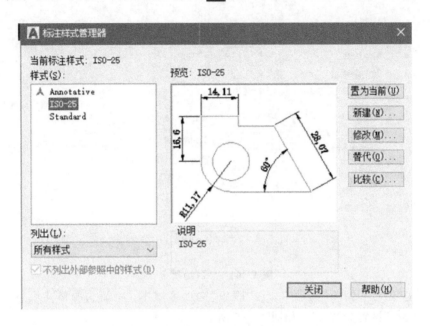

图 1 – 62　标注样式管理器

（3）单击"新建"按钮，弹出"创建新标注样式"对话框，选择"基础样式"为"Standard"，在"新样式名"文本框中输入"建筑"样式名，如图 1 – 63 所示。

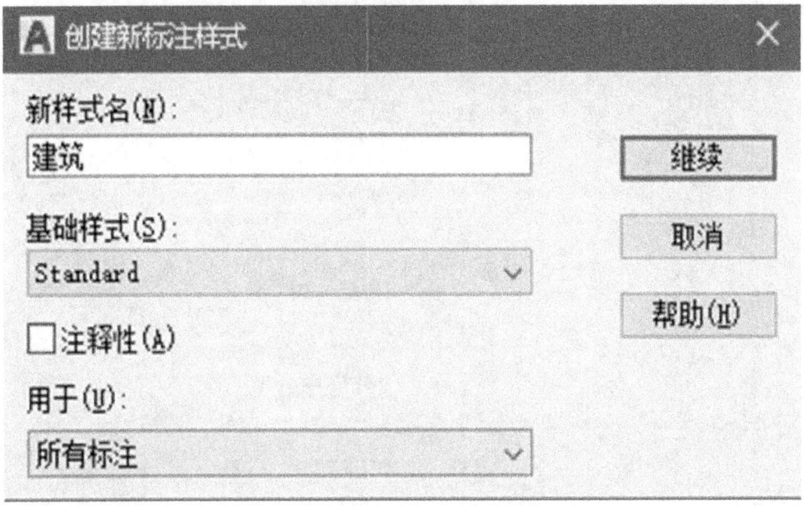

图 1 – 63　创建新标注样式对话框

　　（4）单击"继续"按钮，弹出"修改标注样式：建筑"对话框，单击"线"选项卡，将"基线间距"设置为"3.75"，"超出尺寸线"值设置为"1.25"，"起点偏移量"值设置为"3"，如图 1-64 所示。

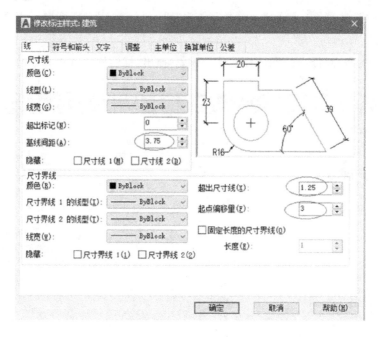

图 1-64　"线"选项卡

　　（5）单击"符号和箭头"选项卡，在"箭头"选项区域中，将箭头的格式设置为"建筑标记"，"箭头大小"设置为"2.5"，如图 1-65 所示。

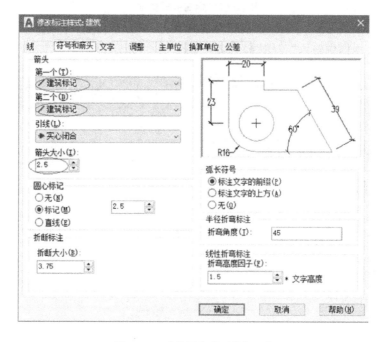

图 1-65　"符号和箭头"选项卡

（6）单击"文字"选项卡，从"文字样式"下拉列表框中选择"数字"文字样式，"文字高度"设置为"3.5"，如图 1-66 所示。

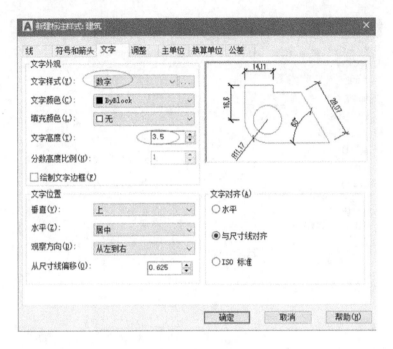

图 1-66　"文字"选项卡

（7）单击"调整"选项卡，选择"尺寸线上方，不带引线"单选按钮，如图 1-67 所示。实际绘图时，需要根据出图比例调整全局比例。

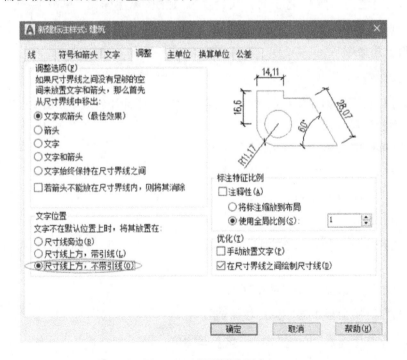

图 1-67　"调整"选项卡

（8）单击"主单位"选项卡，将"单位格式"设置为"小数"，"精度"设置为"0"，如图1-68所示。

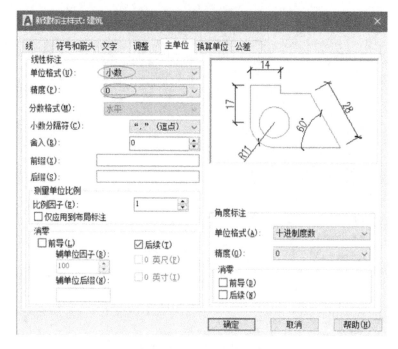

图1-68　"主单位"选项卡

（9）单击"确定"按钮，回到"标注样式管理器"对话框，在"样式"列表框中选择"建筑"标注样式，单击"置为当前"，将当前样式设置为"建筑"标注样式，单击"关闭"按钮，完成"建筑"标注样式的设置。

2．常用标注命令

1）线性标注

线性尺寸标注用来标注图形的水平、垂直尺寸，不能标注斜线，如图1-69所示。

执行线性标注尺寸命令有3种方式：

（1）在菜单栏中选择"标注/线性"命令。

（2）单击"标注"面板中的"线性"按钮 。

（3）在命令行中输入"dimlinear"，然后按Enter键。

2）对齐标注

对齐标注用来标注任意两点之间的距离，如图1-70所示。执行对齐标注命令有3种方式：

（1）在菜单栏中选择"标注/对齐"命令。

（2）单击"标注"面板中的"对齐"按钮 。

（3）在命令行中输入"dimaligned"，然后按Enter键。

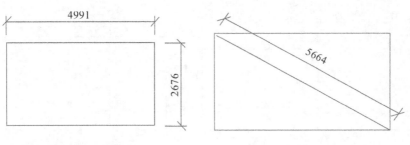

图 1-69 线性标注   图 1-70 对齐标注

3）角度标注

角度标注用来标注两条不平行线的夹角或圆弧的夹角，如图 1-71 所示。执行角度尺寸标注命令有 3 种方式：

（1）在菜单栏中选择"标注/角度"命令。

（2）单击"标注"面板中的"角度"按钮 △ 。

（3）在命令行中输入"dimangular"，然后按 Enter 键。

4）半径/直径标注

半径/直径标注用来标注圆或圆弧的半径或直径，如图 1-72 所示。执行半径/直径标注命令有 3 种方式：

（1）在菜单栏中选择"标注/半径"命令。

（2）单击"标注"面板中的"半径（或直径）"按钮 ⌒ ⊘ 。

（3）在命令行中输入"dimradius 半径（或 dimdiameter 直径）"，然后按 Enter 键。

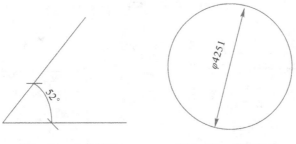

图 1-71 角度标注   图 1-72 直径标注

5）连续标注

连续标注用于标注同一方向上的连续线性尺寸，如图 1-73 所示，执行连续标注之前要先执行"线性标注"命令。执行连续标注命令有 2 种方式：

（1）在菜单栏中选择"标注/连续"命令。

（2）在命令行中输入"dimcontinue"，然后按 Enter 键。

6）基线标注

基线标注是以图形中某一尺寸界线为基线创建其他图形对象的尺寸标注，如图 1-74 所示。执行基线标注之前和连续标注一样要先执行"线性标注"命令。执行基线标注命令有 2 种方式：

（1）在菜单栏中选择"标注/基线"命令。

（2）在命令行中输入"dimbaseline"，然后按 Enter 键。

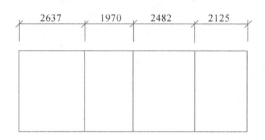

图 1-73 连续标注   图 1-74 基线标注

上机练习

打开如图 1-75 所示的标注练习素材，进行如图 1-76、1-77 所示的文字和尺寸标注。

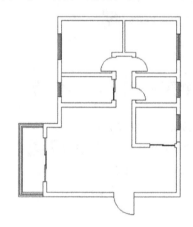

图 1-75 标注练习

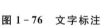

图 1-76 文字标注

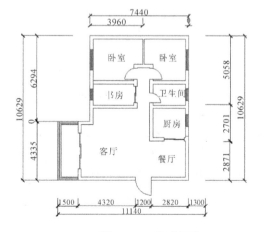

图 1-77 尺寸标注

评价反馈

各小组委派 1 名代表展示并介绍任务的完成情况，然后完成评价反馈表 1-5。

表 1 - 5   评价反馈表

序号	评价项目	自我评价	小组评价	教师评价	综合评价
1	学习准备				
2	引导问题填写				
3	考勤情况				
4	听课情况				
5	知识点掌握情况				
6	任务书完成质量				
7	参与讨论的主动性				
8	回答问题的准确度				
9	任务创新扩展情况				
10	材料(作业)上交情况				
	总 评				

注：评价档次统一采用 A(优秀)、B(良好)、C(合格)、D(努力)。

工程案例

某住宅平面图标注如图 1 - 78 所示。

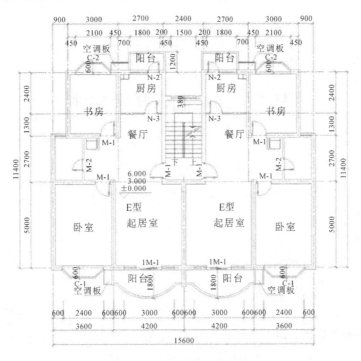

图 1 - 78   标注住宅平面图

思考与练习

1. 在 AutoCAD 中，系统默认使用（　　）文字样式。

A. 宋体　　　　　　　B. 仿宋　　　　　　　C. Standard　　　D. 黑体

2. 基线标注和连续标注的共同点是（　　）。

A. 都可以创建一系列由相同的标注原点测量出来的标注

B. 都可以创建一系列端对端的尺寸标注

C. 在使用前都得先创建一个线性标注作为基准标注

D. 各个尺寸标注具有相同的第一条延伸线

3. 下列选项中不是标注样式的是（　　）。

A. 线性　　　　　　　B. 线段　　　　　　　C. 半径　　　　　D. 直径

4. 下列各图中的尺寸标注不能由线性标注命令完成的是（　　）。

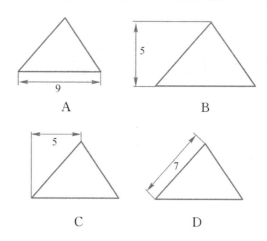

任务 1.6　制作样板文件

➡ **引言**

AutoCAD 2020 软件虽然提供了很多样板图文件，但由于该软件是美国 Autodesk 公司开发的，其中的样板图不符合我国的国情，因此，为了统一格式，体现公司自己的风格，就需要建立样板图文件。

➡ **学习目标**

（1）掌握建筑工程图纸的相关知识。

（2）制作出适合公司/学校需要的样板图。

➡ **任务书**

绘制 A3 幅面样板图，如图 1-79 所示。

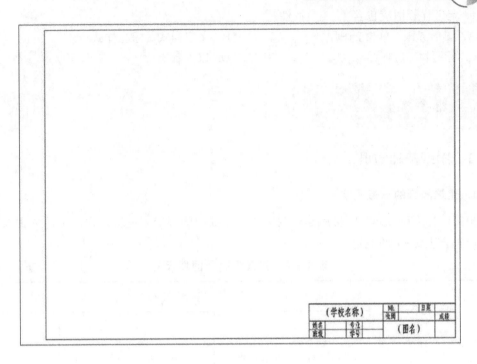

图 1-79　A3 横式样板图

➡ 引导问题

1. 图纸幅面常采用 A0、A1、A2、A3、A4 这 5 种标准，请填写表 1-6 中各图纸的对应尺寸，其中 AutoCAD 软件默认的图形界限为　　　　　　　　幅面大小。

表 1-6　图纸幅面大小

图纸种类	图纸宽度/mm	图纸高度/mm
A0		
A1		
A2		
A3		
A4		

2. 图纸以短边作为垂直边称为　　　　　　　　，以短边作为水平边称为　　　　　　　　。其中 A0～A3 图纸一般横式使用，A4 图纸一般立式使用。

3. AutoCAD 2020 中的样板文件的格式是（　　　）。

A. AutoCAD 2020 图形（*.dwg）　　　　B. AutoCAD 图形标准（*.dws）

C. AutoCAD 图形样板（*.dwt）　　　　D. AutoCAD 2020 DXF（*.dxf）

4. 定义样板图应包含（   ）特性。

A. 图形界限、单位、图层   B. 文字样式、标注样式

C. 标题栏、边框线   D. 以上都有

任务指导及相关知识点

1.6.1 图纸基础知识

1. 建筑图纸的一般规定

根据国标 GB/T 50001 房屋建筑制图统一标准中的规定，建筑工程图纸的幅面及图框尺寸应符合表 1-7 的规定。

表 1-7   图纸幅面及图框尺寸   单位：mm

尺寸代号	幅 面 代 号				
	A0	A1	A2	A3	A4
l×b	1189×841	841×594	594×420	420×297	297×210
c	10			5	
a	25				

注：其中 l 为幅面长边尺寸，b 为幅面短边尺寸，c 为幅面线和图框线间的宽度，a 为图框线和装订边间的宽度。

图纸以短边作为垂直边称为横式，以短边作为水平边称为立式。一般 A0～A3 图纸宜为横式使用，必要时也可立式使用。一个工程设计中，每个专业所使用的图纸不宜多于两种幅面，不含目录及表格所采用的 A4 幅面。

常用图纸比例为：1∶1、1∶2、1∶5、1∶10、1∶20、1∶50、1∶100、1∶200、1∶500、1∶1000。

其他图纸比例为：1∶3、1∶15、1∶25、1∶30、1∶150、1∶250、1∶300、1∶1500。

2. 图框线

图框格式如教学任务所示，图框线和标题栏线的宽度，可根据图纸幅面的大小参照表 1-8 使用。

表 1-8   图框线和标题栏线的宽度   单位：mm

图纸幅面	图框线	图标外框线	图标内框线
A0、A1	1.4	0.7	0.35
A2、A3、A4	1.0	0.7	0.35

本节样板图格式如图 1-80 所示。

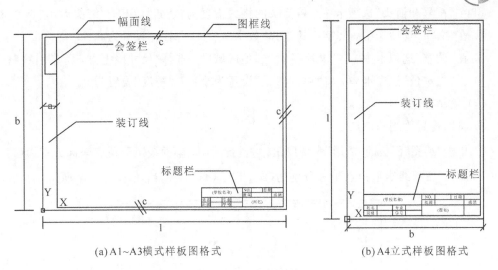

(a) A1~A3 横式样板图格式　　　　　(b) A4 立式样板图格式

图 1 - 80　样板图格式

1.6.2　建立样板图

建立样板图的操作步骤如下：

（1）创建新图形。

（2）选择"格式"菜单，设置"单位"，将长度类型设置为小数，精度设置为 0.0。

（3）选择"格式"菜单，设置图形界限为（420，297）。

（4）设置图层。单击"图层"面板中的图层特性按钮，弹出"图层特性管理器"对话框，设置标题栏、图框、轴线、墙线、门窗、尺寸标注等图层，结果如图 1 - 81 所示。将图框设置为当前图层。

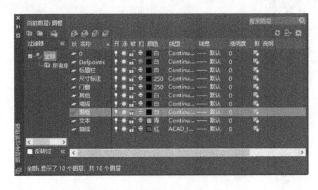

图 1 - 81　"图层特性管理器"对话框

（5）设置文字样式：新建"汉字样式"，设置字体为"仿宋－GB2312"字体，宽度因子设为 0.7，高度设为 3.5；新建"数字样式"，设置字体为"Simplex. shx"字体，宽度因子设为 0.7，高度设为 3.5。将"汉字样式"置为当前样式。

（6）设置标注样式：

① 新建"建筑"标注样式；

② 在"线"选项卡中，将"起点偏移量"值设置为 3，"超出尺寸线"设置为 1.25；

③ 在"符号和箭头"选项卡中,将箭头的格式设置为"建筑标记","箭头大小"为 2.5;

④ 在"文字"选项卡中,文字样式选择"数字","文字高度"设置为 3.5;

⑤ 在"调整"选项卡中,在"文字位置"选项区域中,选择"尺寸线上方,不带引线";

⑥ 在"主单位"选项卡中,将"单位格式"设置为小数,"精度"设置为 0。

(7) 绘制图框:

① 将图框置为当前图层;

② 单击"绘图"面板的"矩形"命令按钮 进行绘制。幅面线矩形角点坐标分别为(0,0)、(420,297),图框线矩形角点坐标分别为(25,5)、(415,292),如图 1-82 所示。

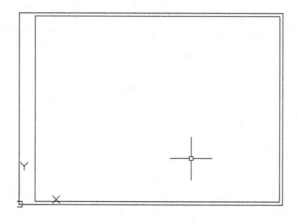

图 1-82 A3 幅面图框

(8) 标题栏的制作:

① 制作标题栏框线:将图层切换到"标题栏"图层。利用"直线""偏移""修剪"等命令制作如图 1-83 所示的标题栏。

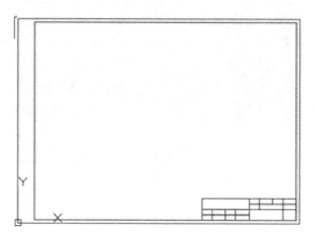

图 1-83 标题栏框线制作

② 填写项目名称:利用"单行文字"命令,填写标题栏中固定的项目,如图 1-84 所示。

③ 属性定义:为了实现标题栏信息的简便快速输入,可以对标题栏的部分单元格进行属性定义。

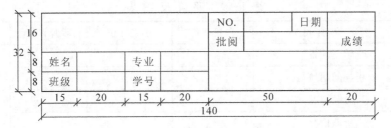

图 1-84 标题栏放大效果

例如将图名和学校名称设置为带属性的块：单击"绘图/块/定义属性"，弹出"属性定义"对话框，设置参数如图 1-85 所示，单击"确定"按钮，在绘图区内拾取文字所在位置，单击鼠标，则块属性定义结束。以同样方法定义图名，结果如图 1-86 所示。

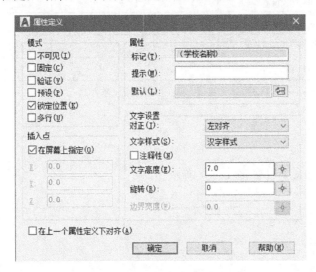

图 1-85 属性定义对话框及设置

（学校名称）	NO		日期	
	批阅			成绩
姓名	专业		（图名）	
班级	学号			

图 1-86 属性定义结果

（9）修改图框线的线宽为 1.0，标题栏外框线的线宽为 0.7，标题栏内框线的宽度为 0.35。

（10）将文件保存为 AutoCAD 图形样板(∗.dwt)。

上机练习

制作 A3 横式样板图和 A4 立式样板图，并将其保存为样板文件。

评价反馈

各小组委派 1 名代表展示并介绍任务的完成情况，然后完成评价反馈表 1-9。

表 1-9　评价反馈表

序号	评价项目	自我评价	小组评价	教师评价	综合评价
1	学习准备				
2	引导问题填写				
3	考勤情况				
4	听课情况				
5	知识点掌握情况				
6	任务书完成质量				
7	参与讨论的主动性				
8	回答问题的准确度				
9	任务创新扩展情况				
10	材料(作业)上交情况				
总　评					

注：评价档次统一采用 A(优秀)、B(良好)、C(合格)、D(努力)。

工程案例

国内某公司的样板文件如图 1-87 所示。

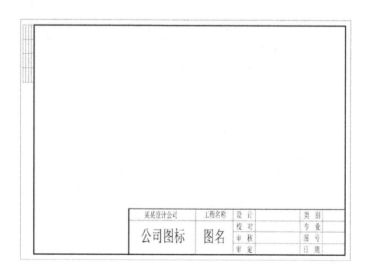

图 1-87　某公司样板图

思考与练习

1. AutoCAD 2020 中的样板图文件的格式是(　　　)。

A. AutoCAD 2018 图形(＊.dwg)　　　　B. AutoCAD 图形标准(＊.dws)

C. AutoCAD 图形样板(＊.dwt)　　　　D. AutoCAD 2018 DXF(＊.dxf)

2. A3 图纸的尺寸是( )。

A. 420×297 　　　 B. 594×420 　　　 C. 841×594 　　　 D. 1189×841

3. 定义样板图应该包含( )特性。

A. 图形界限、图层 　 B. 文字样式 　　　 C. 标注样式 　　　 D. 以上都是

4. 建筑制图比例中( )使用得不规范。

A. 1∶1 　　　　　 B. 1∶2 　　　　　 C. 1∶35 　　　　　 D. 1∶20

任务 1.7　绘制建筑平面图

➡ 引言

建筑平面图是建筑设计中最基本也最能反映建筑结构的建筑图形，通过建筑平面图可观察到建筑内部的各个组成对象以及外部的配套设施。综合布线设计就是在建筑平面图的基础上进行的二次设计，所以能够读懂并绘制建筑平面图是作为综合布线设计师的一项基本技能。

➡ 学习目标

(1) 掌握绘图环境的设置。

(2) 掌握绘制平面图的步骤。

➡ 任务书

绘制如图 1-88 所示的建筑平面图。

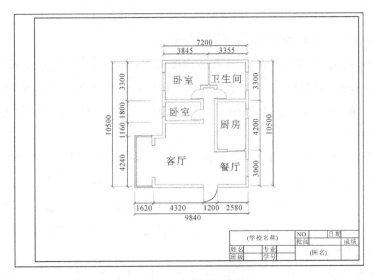

图 1-88　建筑平面图

➡ 引导问题

1. 假想用一个水平剖面沿房屋的门窗洞口位置把房屋剖开，移去上部后，向水平面投影所作的正投影图，称为_____。

2. 设置线型比例时，可以单击"格式/线型"命令，打开_____，单击"显示细节"，会显示线型的详细信息。

3. 建筑平面图的绘制一般从定位_____开始。建筑的_____主要用于确定建筑的结构体系，是建筑定位最根本的依据。

4. 轴线一般使用_____命令并结合正交功能绘制水平及垂直轴线。

5. 外墙与承重墙的厚度在南方地区一般为 240 mm，北方地区为_____或 360 mm，内墙为非承重墙，它的厚度一般为_____或 180 mm。

6. 绘制墙体一般使用多线命令，在执行命令前，先要设置_____。

任务指导及相关知识点

1.7.1　建筑平面图的概念

建筑平面图用于表示建筑物在水平方向房屋各部分的组合关系。那什么是建筑平面图呢？可以假想用一个水平剖面沿房屋的门窗洞口位置把房屋剖开，移去上部后，向水平面投影所作的正投影图，称为建筑平面图。建筑平面图一般由墙体、梁柱、门窗、台阶、厨卫洁具等主要元素，以及标注、轴线、说明文字等辅助元素组成。

1.7.2　绘制建筑平面图

本例采用 1∶1 的比例作图，而按 1∶100 的比例出图。所以在设置绘图环境中需要把绘图范围扩大 100 倍，对应的图框线和标题栏也需放大 100 倍。

1. 设置绘图环境

（1）使用上节所作的样板图创建新图形文件。

（2）修改图层：单击"图层"面板的图层特性管理器按钮，弹出"图层特性管理器"，依据绘图需要创建新图层或对原图层进行修改。将"轴线"图层颜色设置为红色，线型设置为 ACAD ISO08W100，如果已选线型中没有，单击加载按钮进行加载。将"轴线"图层设置为当前图层。

（3）图形界限放大 100 倍：单击"格式/图形界限"，设置绘图范围宽为 42 000，长为 29 700。

（4）将样板图放大 100 倍：单击"修改"面板的缩放命令按钮，选中图框线和标题栏，指定基点为(0，0)，比例因子为 100。放大后，使用 ZOOM 命令显示全部视图。

（5）将线型放大 100 倍：在扩大了图形界限的情况下，为了使点画线型正常显示，必须将线型全局比例因子放大 100 倍。

（6）尺寸标注放大 100 倍：打开"标注样式管理器"对话框，选择"建筑"标注样式，单击"修改"按钮，弹出"修改标注样式：建筑"对话框，将"调整"选项卡中"标注特征比例"中的"使用全局比例"修改为 100。单击"确定"按钮，退出。

（7）完成设置并保存文件。

2. 绘制轴线

建筑平面图的绘制从轴线开始，轴线主要用于确定建筑的结构体系，是建筑定位的最根本的依据,也是建筑体系的决定因素。轴线一般是以墙体为基准布置,绘制轴线时,使用构造线命令绘制出第一条轴线,再使用偏移命令偏移复制出其余轴线,如图 1 - 89 所示。

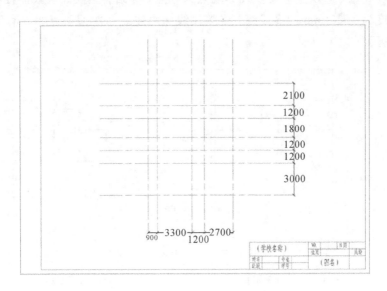

图 1 - 89 轴线设计

3. 绘制墙体

墙体的厚度及所选择的材料应满足房屋的功能和结构要求,并且符合有关标准的规定,如外墙和承重墙的厚度,南方地区一般为 240 mm,北方地区为 480 mm,内墙为非承重墙,它的厚度一般为 120 mm 或 180 mm。

将"墙线"图层设置为当前图层,墙线一般用多线命令绘制,执行多线命令前,要对多线样式进行设置,将多线的起点和终点闭合。执行多线命令时,将"对正"设置为无,将"比例"设置为 240,本例外墙厚度为 240 mm,非承重墙为 120 mm,如图 1 - 90 所示。

关闭"轴线"图层,单击"修改/对象/多线",打开"多线编辑工具",选择"T 形打开""角点结合"等工具编辑多线,编辑后的墙线如图 1 - 91 所示。

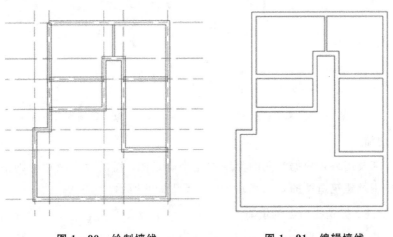

图 1 - 90 绘制墙线   图 1 - 91 编辑墙线

4. 绘制阳台

利用多段线命令，以左下角多线的端点为起点，并结合正交、对象捕捉追踪等功能，绘制水平长度为 1500 mm 的多段线。将多段线向内连续 3 次偏移复制，偏移距离为 80，如图 1-92 所示。

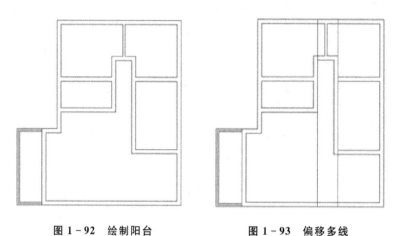

图 1-92　绘制阳台　　　　　　　图 1-93　偏移多线

5. 开门窗洞

绘制门窗洞时先执行分解命令，将绘制的多线分解；再执行偏移复制命令，将左端的垂直多线进行偏移，偏移距离为 2700 mm，并将偏移的垂直多线再向左偏移 1200 mm，如图 1-93 所示。然后执行修剪命令，将多余的线条修剪，如图 1-94 所示。最后执行偏移复制、延伸、修剪等命令，完成其余门窗洞的绘制，如图 1-95 所示。

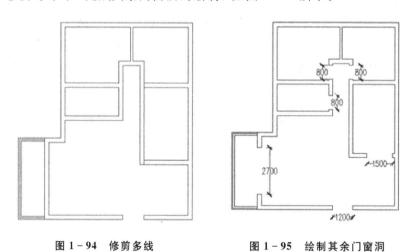

图 1-94　修剪多线　　　　　　　图 1-95　绘制其余门窗洞

6. 绘制门窗

门的宽、高及用料是根据空间的使用功能来确定的；窗的大小及种类则根据房间的采光、空间的使用及建筑造型的要求来确定，如图 1-96 所示。

7. 尺寸标注、标题栏内容的填写

打开轴线图层，进行标注后再关闭轴线图层，如图 1-97 所示。然后标注各房间的功能，完成标题栏内容的填写，则建筑平面图就绘制完成，如图 1-88 所示。

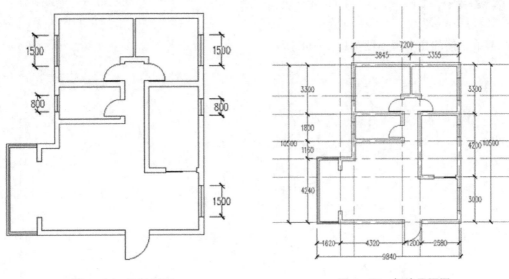

图 1-96 绘制门窗   图 1-97 标注平面图

评价反馈

各小组委派 1 名代表展示并介绍任务的完成情况，然后完成评价反馈表 1-10。

表 1-10 评价反馈表

序号	评价项目	自我评价	小组评价	教师评价	综合评价
1	学习准备				
2	引导问题填写				
3	考勤情况				
4	听课情况				
5	知识点掌握情况				
6	任务书完成质量				
7	参与讨论的主动性				
8	回答问题的准确度				
9	任务创新扩展情况				
10	材料(作业)上交情况				
总 评					

注：评价档次统一采用 A(优秀)、B(良好)、C(合格)、D(努力)。

工程案例

某单元楼的住宅平面图如图1-98所示。

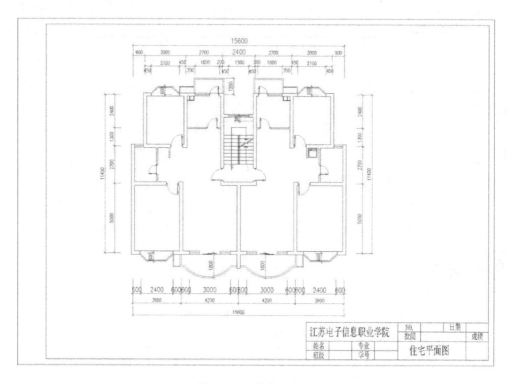

图1-98 住宅平面图

思考与练习

1. 绘制平面图内部图形时，可以先将家具等图形(   )，然后在绘制时直接将其插入到平面图中。

A. 定义成图块   B. 组合   C. 群组   D. 框选

2. 下列命令中的(   )为创建块命令。

A. BLOCK   B. INSERT   C. BASE   D. ATTDEF

3. 下列命令中的(   )为创建外部块命令。

A. BLOCK   B. INSERT   C. WBLOCK   D. ATTDEF

4. 下列命令中的(   )为插入块命令。

A. BLOCK   B. INSERT   C. WBLOCK   D. ATTDEF

项目 2　综合布线工程基本设计项目

与综合布线相关的建筑设计包括强电工程设计和弱电工程设计两大模块。强电工程设计主要设计建筑物内 380 V 或者 220 V 电力线的直径、插座位置、开关位置和布线路由等。弱电工程设计主要包括计算机网络系统、通信系统、广播系统、门警系统、监控系统等智能化系统的缆线规格、接口位置、机柜位置、布线埋管路由等，与其相关的网络综合布线设计就属于弱电设计。弱电设计人员一般不需要绘制建筑物图纸，需要时可以向建设部门索取相关图纸，在建筑图纸的基础上添加综合布线设计内容即可。

网络综合布线工程基本设计项目包括：信息点数统计表、综合布线系统图、综合布线施工图、端口对应表、工程材料表、工程预算表、时间进度管理图表、投标文件等。

在本项目中，首先介绍综合布线设计标准及设计中用到的名词术语及缩略词，然后给出一个建筑物综合布线模型图，如图 2-1 所示，围绕该模型图进行上述内容的设计。

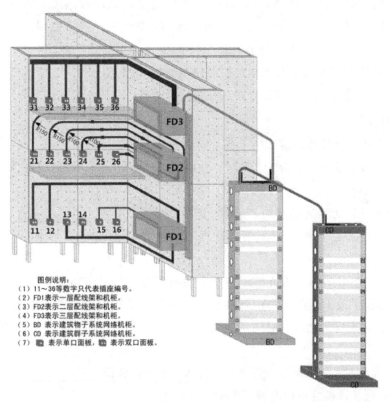

图例说明：
（1）11～36等数字只代表插座编号。
（2）FD1表示一层配线架和机柜。
（3）FD2表示二层配线架和机柜。
（4）FD3表示三层配线架和机柜。
（5）BD 表示建筑物子系统网络机柜。
（6）CD 表示建筑群子系统网络机柜。
（7）▣ 表示单口面板，▥ 表示双口面板。

图 2-1　建筑物综合布线模型图

任务 2.1   认识综合布线系统

➡ 引言

某高校要进行智慧校园建设，将校园网建设成集一卡通系统、校园安防系统、教务系统、办公系统、科研系统于一体的万兆汇聚网络，以实现有线和无线网络相结合的校园全覆盖，为广大师生提供便捷的信息化服务。而智慧校园的基础是网络建设，网络建设的基础是综合布线系统。因此要完成综合布线系统的建设，理解综合布线系统的构成是必备的理论知识。

➡ 学习目标

（1）掌握综合布线系统的基本概念。

（2）理解综合布线系统的构成。

（3）理解智能建筑与综合布线系统的关系。

（4）完成智慧校园综合布线系统的分解与解析。

➡ 任务书

为推进智慧校园建设，实现万兆到校园、千兆到楼宇、百兆到桌面的高速应用，根据校园的平面结构及应用要求，同时兼顾未来的发展需要建设一个经济适用、高效可靠并具有可扩展性的综合布线系统。本次任务的要求如下：

（1）收集校园相关信息，掌握本校校园建筑的构成。

（2）选取某一教学楼，对其综合布线系统进行分析。

➡ 引导问题

1. 世界上第一座智能建筑产生于哪个国家？

2. 综合布线系统可以分为 3 个等级，分别是＿＿＿＿＿＿、增强型综合布线系统和综合型综合布线系统。

3. 综合布线系统是通信电缆、光缆、各种软电缆及有关＿＿＿＿＿＿＿＿＿＿构成的通用布线系统，是一种用于语音、数据、影像和其他信息技术的标准结构化布线系统。

4. GB 50311—2016《综合布线系统工程设计规范》对 GB 50311—2007 国家标准进行了修订，新增加了关于光缆入户的强制条文，并保留了电缆入户的强制条文，要求电缆从建筑物外面进入建筑物时，应选用适配的＿＿＿＿＿＿＿＿＿＿＿，配置该设备的目的是＿＿＿＿＿＿＿＿＿＿＿＿＿＿＿。

5. 为了满足多家电信业务经营者平等接入，必须要建设＿＿＿＿＿＿，室外电缆、光缆应该在此处成端转换为室内电缆、光缆。

6. 根据图 2-2 所示的连线提示，在方框中填入综合布线系统各组成部分的名称。

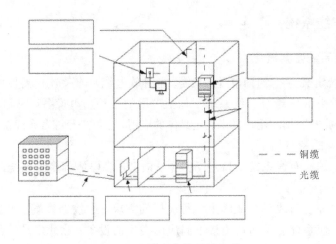

图 2 - 2　综合布线系统组成

任务指导及相关知识点

2.1.1　智能建筑与智慧校园

智能建筑的基础是计算机网络，而综合布线系统则是计算机网络的基础，通过综合布线系统可以将智能建筑内的各种信息终端及其设施相互连接起来，形成完整配套的整体，为智能建筑的用户服务。智能建筑源自 1984 年美国哈特福特市的一座旧式大楼的信息化改造，其间对大楼的电梯、空调、照明、防火、防盗系统等采用了计算机监控，为客户提供语音通信、文字处理、电子文件以及情报资料等信息服务。

智能建筑包括通信自动化系统(CA)、楼宇自动化系统(BA)、办公自动化系统(OA)、消防自动化系统(FA)和安保自动化系统(SA)，简称 5A。而这些系统的设备是通过综合布线系统进行传输和交流信息的，所以，可以说综合布线系统具备了智能建筑的先进性、方便性、安全性、经济性和舒适性等基本特征。

智慧校园其实就是由一座座智能建筑构成的，智慧校园即智慧化的校园，也指按智慧化标准进行的校园建设。国家标准 GB/T 36342《智慧校园总体框架》中对智慧校园的定义是：物理空间和信息空间的有机衔接，使任何人、任何时间、任何地点都能便捷地获取资源和服务。智慧校园常见的功能可分为智慧教学环境、智慧教学资源、智慧校园管理和智慧校园服务四大板块。

智慧校园和其他"智慧＋场景"类的概念(如智慧医院、智慧社区等)一样，是"智慧化"这一概念的分支，源自于 2009 年前后被引入国内的"智慧城市"概念，而"智慧城市"则源于 IBM 公司在 2008 年提出的"智慧地球"。因此可以说，智慧校园是一个从 2010 年才开始逐渐形成和完善的科技术语，所指称的技术带有人工智能成分。

智慧校园和数字校园也有区别，在传统校园基础上构建一个数字空间，实现从环境信息(包括教室、实验室等)、资源信息(如图书、讲义、课件等)到应用信息(包括教学、管理、服务、办公等)等全部数字化，从而为资源和服务共享提供有效支撑，这种做法称为数字校园；智慧校园则是数字校园的进一步发展和提升，是教育信息化的更高级形态。

2.1.2　综合布线系统

1. 综合布线系统基本概念

综合布线系统定义为："通信电缆、光缆、各种软电缆及有关连接硬件构成的通用布线系统，它能支持多种应用。"综合布线系统不包括应用的各种用电设备，因此，通常也将综合布线系统称为"无源系统"，即使用户尚未确定具体的应用，也可进行综合布线系统的设计与安装。

综合布线系统的特点如下：

（1）实用性。综合布线系统支持包括数据、语音、多媒体等多种系统的通信，能适应未来技术的发展需要。

（2）灵活性。综合布线系统能满足多种应用的需求，如数据终端、电话机、计算机、工作站、打印机等，使系统能灵活地连接不同应用类型的设备；除此之外，当设备终端位置需要改变时，除了进行跳线管理外，不需要进行更多的布线改变，使工位移动变得十分灵活。

（3）开放性。综合布线系统为开放式网络拓扑结构，可以支持任何网络结构，也可以支持各个不同厂家的网络设备。为了适应不同的网络结构，可以在综合布线系统管理间进行跳线管理，使系统连接成为星型、环型、总线型等不同的逻辑结构，灵活地实现不同拓扑结构网络的组网。

（4）经济性。综合布线系统能够实现一次投资，长期使用，维护方便，整体投资经济。

（5）模块化。综合布线系统的接插元件，如配线架、终端模块等采用积木式的标准件，可以方便地进行更换插拔，使管理、扩展和使用变得十分简单。

（6）易扩展。综合布线系统严格遵循标准执行，因此，无论计算机设备、通信设备以及控制设备如何发展，将来都可很方便地将这些设备连接到系统之中。

2. 综合布线系统的设计等级

根据美国标准 TIA/EIA 568A/B《商业建筑物电信布线标准》，把建筑物的综合布线系统分为 3 种不同的布线等级，分别是基本型综合布线系统、增强型综合布线系统和综合型综合布线系统。

1）基本型综合布线系统

基本型综合布线系统能满足用户基本的语音/数据需求，是一种具有价格竞争力的布线方案。它的基本配置包括：

（1）每一个工作区有 1 个信息插座。

（2）该信息插座提供数据和语音的基本需求。

（3）每个工作区干线电缆至少有 2 根 4 对 UTP 电缆。

2）增强型综合布线系统

增强型综合布线系统的突出特点就是在满足基本需求的前提下还具有增强扩展功能，能够支持电话语音和计算机数据应用，能够按照需要利用接线板进行管理。其主要特征就是在每个工作区有 2 个信息插座，灵活方便、功能齐全；任何一个信息插座都可提供电话语音和计算机高速数据应用；便于管理和维护；能够为众多厂商提供服务环境的布线方案。它的基本配置包括：

（1）每个工作区有 2 个信息插座。

（2）每个插座均提供数据和语音需求。

（3）每个工作区干线电缆至少有 4 根 4 对 UTP 电缆。

3）综合型综合布线系统

综合型综合布线系统的主要特点是在双绞线布线的基础上引入光缆，可适用于规模较大的智能大楼，其余特点与增强型相同。它的基本配置包括：

（1）在建筑物/建筑群干线子系统或配线子系统中配置 $62.5\ \mu m$ 的光缆。

（2）信息插座可采用光纤模块。

（3）每个工作区干线电缆至少有 4 根 4 对 UTP 电缆。

3. 综合布线系统的构成

按照 GB 50311—2016《综合布线系统工程设计规范》国家标准系统配置设计规定：综合布线系统工程设计宜按以下 6 部分进行：工作区子系统、配线子系统、干线子系统、建筑群子系统、入口设施和管理系统。结合实际工程施工步骤，以及方便教学和理解，我们又加入了设备间，也就是将综合布线系统工程分解为 7 个子系统进行设计，如图 2-3 所示。管理系统涉及到的设备间、电信间、进线间、工作区的配线设备、缆线等，按一定的模式进行标识和记录，并将其统一到管理间子系统进行讲解。表 2-1 列出了 GB 50311—2016 综合布线子系统和以往教材或工程划分习惯的对应关系。

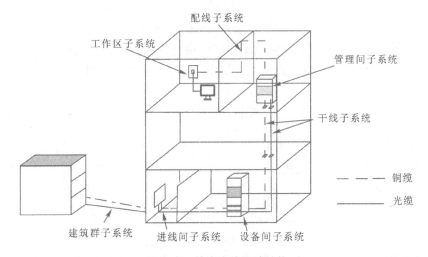

图 2-3 综合布线系统结构

表 2-1 GB 50311—2016 综合布线子系统和实际工程习惯的对应关系

GB 50311—2016	对　应	工程习惯
工作区	←——————————→	工作区子系统
配线子系统	←——————————→	水平子系统
干线子系统	←——————————→	垂直子系统
建筑群子系统	←——————————→	建筑群子系统
设备间	←——————————→	设备间子系统
入口设施	←——————————→	进线间子系统
管理系统	←——————————→	管理间子系统

（1）工作区子系统：一个独立的需要设置终端设备（TE）的区域宜划分为一个工作区。工作区应包括信息插座模块（TO）、终端设备处的连接缆线及适配器。

注意，工作区子系统是最接近用户的子系统。这里的终端设备包括但不仅限于电脑，还包括网络打印机、电话机、复印机、视频探头、摄像机等需要连接网络模块的设备。信息插座包括墙面型、桌面型和地面型插座。其中墙面型信息插座的安装高度距离地面为30 cm，一般信息插座旁边要设置电源插座，信息插座和电源插座水平安装，但为了预防电磁干扰对网络传输的影响，两者的间距应不小于20 cm。

图 2-4 所示为工作区子系统示意图，在实际工程应用中，一个信息插座对应一个工作区，一个房间往往有多个工作区。按照 GB 50311—2016《综合布线系统工程设计规范》的国标要求，每一个工作区信息插座模块的数量不宜少于 2 个，并应满足各种业务需求，同时这也是基本型综合布线的设计要求。

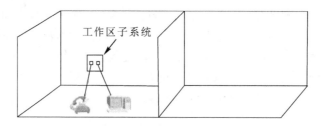

图 2-4　工作区子系统示意图

（2）配线子系统：配线子系统应由工作区的信息插座模块、信息插座模块至电信间配线设备（FD）的水平缆线、电信间的配线设备及设备缆线和跳线等组成，如图 2-5 所示。

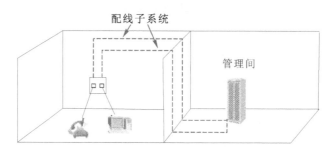

图 2-5　配线子系统示意图

配线子系统一端端接在信息插座模块上，另一端端接在管理间的配线设备上。配线子系统一般有 3 种布线方式，即地面/墙面刻槽埋管布线、楼道桥架布线和吊顶内布线。由于从信息插座到管理间基本上是水平布线，所以配线子系统在以往的教材中也叫作水平子系统。水平子系统布线距离长、拐弯多、施工复杂，是综合布线工程中用线最多、工作量最大的一个系统，可直接影响到工程质量。

（3）干线子系统：干线子系统应由设备间至管理间的主干缆线、安装在设备间的建筑物配线设备（BD）及设备缆线和跳线组成，如图 2-6 所示。

干线子系统是建筑物内网络系统的中枢，它提供建筑物干线电缆的路由。通常由垂直大对数铜缆或光缆组成，它的一端端接于设备间的主配线架上，另一端通常端接在楼层管理间的各个分配线架上。大多数建筑物都是垂直向高空发展的，在很多情况下采用垂直型布线方式，因此，干线子系统在行业中也叫做垂直子系统。但是也有很多建筑物是横向发展的，如工厂仓库，这时也会采用水平型布线方式。因此，干线子系统的主干缆线布线路由既可能是垂直的，也可能是水平的，或者是两者的结合。

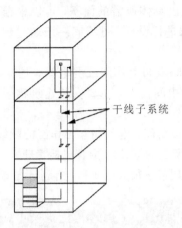

图 2 - 6　干线子系统示意图

（4）建筑群子系统：建筑群由两个及两个以上的建筑物组成，这些建筑物彼此之间需要进行信息交流。建筑群子系统就是由连接多个建筑物之间的主干缆线、建筑群配线设备（CD）及设备缆线和跳线组成，如图 2 - 7 所示矩形区域即为建筑群子系统。

建筑群子系统将一个建筑物的缆线延伸到建筑群内其他建筑物中的通信设备和装置上，包括电缆、光缆和防止电缆的浪涌电压进入建筑物的电气保护设备。

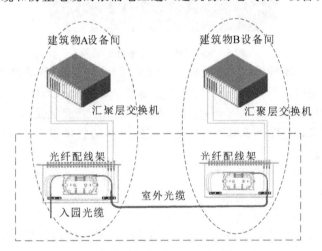

图 2 - 7　建筑群子系统原理图（矩形区域）

（5）设备间子系统：设备间也叫网络中心，是在每幢建筑物的适当地点进行配线管理、网络管理和信息交换的场地。综合布线系统设备间宜安装建筑物配线设备、建筑群配线设备、以太网交换机、电话交换机、计算机网络设备等。入口设施也可安装在设备间。

设备间子系统设计通常与网络的具体应用有关，相对独立于其他布线子系统。

（6）进线间子系统：进线间是建筑物外部通信网络管线的入口部位，并可作为入口设施的安装场地。

进线间是 GB 50311 国家标准在系统设计内容中专门增加的，要求在建筑物前期系统设计中要有进线间，以此满足多家网络运营商的业务需求，避免一家网络运营商自建进线间后独占该建筑物的宽度接入业务。进线间内应设置管道入口，入口的尺寸应满足不少于3家电信业务经营者通信业务接入的需求。理论上进线间的面积不宜小于 10 m²，但进线间因涉及因素较多，难以统一提出具体所需的面积，可以根据建筑物的实际情况，并参照通信行业和国家的现行标准要求进行设计。进线间一般通过地埋管线进入建筑物内部，宜在土建阶段实施。

（7）管理间子系统：管理间也叫电信间或弱电间，是配线子系统和干线子系统的连接管理系统，一般设置在楼层的中间位置，主要安装建筑物楼层配线设备。当信息点比较多时，可以设置多个管理间。

综合布线管理系统是针对设备间、电信间和工作区的配线设备、缆线等设施按一定的模式进行标识和记录（如图 2-8 所示的标签），内容包括管理方式、标识、色标、连接等。这些内容的实施将给以后的维护和管理带来很大的便利，有利于提高管理水平和工作效率。

图 2-8　管理间网线的标识管理

一般采用色标区分干线缆线、配线缆线或设备端口等综合布线的各种配线设备。同时，还应采用标签标明终结区域、物理位置、编号、容量、规格等，以便维护人员在现场维护终端设备时一目了然地加以识别。所有标签应保持清晰，并能满足使用环境要求。综合布线系统使用的标签可采用粘贴型和插入型标签。缆线的两端应采用不易脱落和磨损的不干胶条标明相同的编号。

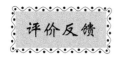

各小组委派 1 名代表展示并介绍任务的完成情况，然后完成评价反馈表 2-2。

表 2-2　评 价 反 馈 表

序号	评价项目	自我评价	小组评价	教师评价	综合评价
1	学习准备				
2	引导问题填写				
3	考勤情况				
4	听课情况				
5	知识点掌握情况				
6	任务书完成质量				

序号	评价项目	自我评价	小组评价	教师评价	综合评价
7	参与讨论的主动性				
8	回答问题的准确度				
9	任务创新扩展情况				
10	材料(作业)上交情况				
	总　评				

注：评价档次统一采用 A(优秀)、B(良好)、C(合格)、D(努力)。

思考与练习

1. GB 50311—2016《综合布线系统工程设计规范》中，将综合布线系统分为(　　)个子系统。

A. 6　　　　　　　　B. 7　　　　　　　　C. 8　　　　　　　　D. 9

2. 工作区子系统又称为服务区子系统，它是由跳线与信息插座所连接的设备组成。其中，信息插座包括以下哪些类型(　　)。

A. 墙面型　　　　　　B. 地面型　　　　　　C. 桌面型　　　　　　D. 吸顶型

3. 设备间入口采用外开双扇门，门宽一般不应小于(　　)m。

A. 2　　　　　　　　　　　　　B. 1.5

C. 1　　　　　　　　　　　　　D. 0.9

4. 下列关于综合布线系统工作区的说法正确的是(　　)。

A. 一个独立的需要设置终端设备(TE)的区域为一个工作区

B. 工作区的信息插座模块(TO)划分给工作区

C. 工作区包括终端设备及适配器

D. 工作区包括连接缆线

5. 下列属于配线子系统的有(　　)。

A. 位于工作区的信息插座模块

B. 从信息插座模块至电信间配线设备(FD)的配线电缆及光缆

C. 电信间的配线设备

D. 电信间的设备缆线和跳线

6. 为了减少电磁干扰，信息插座与电源插座的距离应大于(　　)。

A. 100 mm　　　　　B. 150 mm　　　　　C. 200 mm　　　　　D. 500 mm

任务 2.2　综合布线工程设计标准

➡ 引言

综合布线工程设计是指在现有的经济和技术条件下，根据建筑物的使用需求，按照国家标准和行业要求，对建筑物进行的基础工程设计。综合布线工程是在设计方案的指导下进行的，设计的好坏直接决定了工程项目的优劣。综合布线工程设计不仅要做到设计严谨，满足用户的使用要求，还要使其造价合理，符合国家标准。国内外对综合布线有着严格的规定和一系列标准，对布线系统的各个环节都做了明确的定义，并规定了设计要求和技术指标。本节重点来学习中国综合布线国家标准 GB 50311—2016《综合布线系统工程设计规范》中对综合布线系统的设计要求。

➡ 学习目标

（1）了解国外综合布线系统的主要标准。

（2）掌握中国综合布线系统国家标准 GB 50311—2016《综合布线系统工程设计规范》中关于综合布线设计方面的主要内容。

➡ 任务书

（1）收集校园建筑物信息，以某一幢楼宇为重点开展综合布线设计工作。

（2）对建筑图纸进行识读，了解该建筑物、楼宇间的环境，初步构想适合的综合布线设计。（以某校教学楼二层平面图为例，如图 2-9 所示）

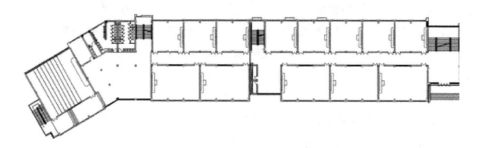

图 2-9　某校教学楼二层平面图

（3）理解 GB 50311—2016《综合布线系统工程设计规范》中对于综合布线系统设计的要求。

➡ 工作准备

（1）收集或绘制校园建筑平面图（以某一幢楼宇为例）。

（2）网上下载 GB 50311—2016《综合布线系统工程设计规范》国家标准并阅读综合布线设计部分内容。

（3）结合任务书分析建筑平面图识读中的难点和常见问题。

➡ 引导问题

1. 从图 2-9 中可以获取哪些信息，简要进行说明：

_____

_____

_____

_____

_____

_____

2. 结合自身情况，分析建筑平面图识读中的难点和问题：

_____

_____

_____

_____

3. GB 50311—2016《综合布线系统工程设计规范》于_____年发布，2017 年 4 月 1 日正式实施，原《综合布线系统工程设计规范》GB 50311—2007 同时废止。

4. GB 50311—2016《综合布线系统工程设计规范》中，保留了电缆从建筑物外进入建筑物时，应选用适配的_____的要求。新增加了光纤到_____工程建设的强制性条文。

5. 综合布线系统宜按 7 个部分进行设计，即_____、_____、

_____、_____、_____、_____、

_____。

6. 综合布线的基本构成包括_____、_____、

_____三部分。

7. 在缆线长度划分方面，GB 50311—2016《综合布线系统工程设计规范》明确规定：配线子系统信道长度不应大于_____m，永久链路长度不应大于_____m。

8. GB 50311—2016《综合布线系统工程设计规范》中新增加了布线系统在弱电系统中的应用，要求综合布线系统要支持具有_____通信协议的视频安防监控系统、出入口控制系统、停车场管理系统、访客对讲系统、智能卡应用系统、建筑设备管理系统、数据远传系统、公共广播系统、信息导引及发布系统等弱电系统的信息传输。

任务指导及相关知识点

2.2.1　国外综合布线相关标准简介

1. 国际标准：ISO/IEC 11801 标准

ISO/IEC 11801 是全球认可的针对结构化布线的通用布线标准，全称为信息技术－用户基础设施结构化布线。该标准是由国际标准化组织 ISO/IEC JTC1 SC25 委员会在 1995 年颁布的标准，并将有关器件和测试方法归入国际标准。该标准主要涉及 3 个版本：

① ISO/IEC 11801：1995(Ed. 1)(First Edition)。

② ISO/IEC 11801：2002(Ed. 2)(Second Edition)。

③ ISO/IEC 11801：2017(Ed. 3)(Third Edition)。

其中第三版的 ISO/IEC 11801 标准对整个标准进行了较大的修订，将原标准划分为 6 个部分，分别规定了不同的内容：

① ISO/IEC 11801－1：双绞线和光纤布线的一般要求。

② ISO/IEC 11801－2：办公场所布线要求。

③ ISO/IEC 11801－3：工业场所布线。

④ ISO/IEC 11801－4：住宅建筑布线，包括 CATV/SATV 应用。

⑤ ISO/IEC 11801－5：数据中心布线。

⑥ ISO/IEC 11801－6：分布式园区网络布线。

2. 美国标准：TIA/EIA 568 标准

TIA/EIA 568 标准，即《商业建筑物电信布线标准》，这是 1991 年由美国电信工业协会/美国电子工业协会联合发布的，后经改进于 1995 年 10 月正式定为 TIA/EIA 568A 标准，将 TSB36 和 TSB40 囊括其中，同时还附加了 UTP 的信道在较差情况下布线系统的电气性能参数。

后来，TIA/EIA 568A 标准经过十个版本的修改，于 2002 年 6 月正式演变为 TIA/EIA 568B 标准。新的 568B 标准从结构上分为 3 部分：

① 568－B.1 综合布线系统总体要求；

② 568－B.2 平衡双绞线布线组件；

③ 568－B.3 光纤布线组件。

TIA/EIA 568B 标准是目前广泛使用的布线标准。在 2009 年时，该标准进一步升级为 ANSI/TIA 568C，这是目前美国最新的综合布线系统标准。

3. 欧洲标准：EN 50173

欧洲标准与美国标准在理论上是一致的，都是利用铜缆双绞线的特性实现数据链路的平衡传输，但欧洲标准更强调电磁兼容性，提出通过缆线屏蔽层，提高缆线的抗干扰能力和防辐射能力。

2.2.2　中国国家标准 GB 50311—2016《综合布线系统工程设计规范》简介

中国综合布线系统工程常用标准有国家标准、行业标准以及技术白皮书、设计图册等。这里重点学习中国综合布线国家标准 GB 50311—2016《综合布线系统工程设计规范》。2016 年，住房和城乡建设部对 GB 50311—2007 进行了修订，发布了《综合布线系统工程设计规范》，编号为 GB 50311—2016，新的国家标准于 2017 年 4 月 1 日正式实施。

GB 50311—2016《综合布线系统工程设计规范》共分为 9 章和 3 个附录，主要内容包括：1 总则、2 术语和缩略词、3 系统设计、4 光纤到用户单元通信设施、5 系统配置设计、6 性能指标、7 安装工艺要求、8 电气防护及接地、9 防火，以及附录 A 系统指标、附录 B 8 位模块式通用插座端子支持的通信业务、附录 C 缆线传输性能与传输距离。

在 GB 50311—2016《综合布线系统工程设计规范》国家标准中，第 4.1.1、4.1.2、4.1.3、8.0.10 条为强制性条文，必须严格执行。以下为强制条文内容：

(1)"4.1.1 在公用电信网络已实现光纤传输的地区，建筑物内设置用户单元时，通信设施工程必须采用光纤到用户单元的方式建设"。该强制性条文是根据《"宽带中国"战略及实施方案》的目标要求，为加速推进宽带网络建设并保障工程的有效实施而提出的。以"光纤到用户单元"的方式建设通信设施工程的要求既能够满足用户对高速率、大带宽的数据及多媒体业务的需要，适应现阶段及将来通信业务需求的快速增长；又可以有效地避免对通信设施进行频繁的改建及扩建；同时为用户自由选择电信业务经营者创造了便利条件。

（2）"4.1.2 光纤到用户单元通信设施工程的设计必须满足多家电信业务经营者平等接入、用户单元内的通信业务使用者可自由选择电信业务经营者的要求"。《"宽带中国"战略及实施方案》中明确了宽带网络作为国家公共基础设施的法律地位；规范了宽带市场竞争行为，保障公共服务区域的公平进入。

（3）"4.1.3 新建光纤到用户单元通信设施工程的地下通信管道、配线管网、电信间、设备间等通信设施，必须与建筑工程同步建设"。光纤到用户单元通信设施作为基础设施，工程建设由电信业务经营者与建筑建设方共同承建。为了保障通信设施的工程质量，由建筑建设方承担的通信设施工程建设部分，在工程建设前期应与土建工程统一规划、设计，在施工、验收阶段做到同步实施，以避免多次施工对建筑和用户造成的影响。

（4）"8.0.10 当电缆从建筑物外面进入建筑物时，应选用适配的信号线路浪涌保护器"。为防止雷击瞬间产生的电流与电压通过电缆引入建筑物布线系统，对配线设备和通信设施产生损害，甚至造成火灾或人员伤亡的事件发生，应采取相应的安全保护措施，可以加装信号线路浪涌保护器，如图 2-10 所示。

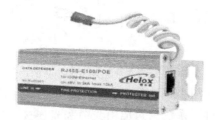

图 2-10　信号线路浪涌保护器

1. 综合布线系统构成

综合布线系统应为开放式网络拓扑结构，应能支持语音、数据、图像、多媒体等业务信息传递的应用。

综合布线系统的构成应符合下列规定：

（1）综合布线系统的基本构成应包括建筑群子系统、干线子系统和配线子系统。配线子系统中可以设置集合点（CP），也可不设置集合点，如图 2-11 所示。

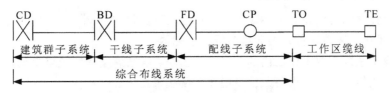

图 2-11　综合布线系统基本构成

（2）综合布线各子系统中，建筑物内楼层配线设备（FD）之间，不同建筑物的建筑物配线设备（BD）之间可建立直达路由，如图 2-12（a）所示。工作区信息插座（TO）可不经过楼层配线设备（FD）而直接连接至建筑物配线设备（BD），楼层配线设备（FD）也可不经过建筑物配线设备（BD）而直接与建筑群配线设备（CD）互连，如图 2-12（b）所示。

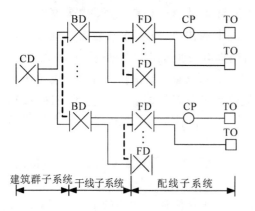

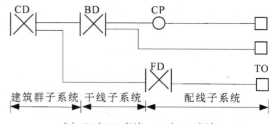

(a) FD之间可建立直达路由、BD之间可建立直达路由　　(b) TO与BD直连、FD与CD直连

图 2-12　综合布线子系统的构成

（3）综合布线系统入口设施连接外部网络和其他建筑物的引入缆线，应通过缆线和 BD 或 CD 进行互连，如图 2-13 所示。对设置了设备间的建筑物，设备间所在楼层的配线设备(FD) 可以和设备间中的建筑物配线设备或建筑群配线设备(BD/CD)及入口设施安装在同一场地。

图 2-13　综合布线系统引入部分的构成

（4）综合布线系统典型应用中，配线子系统信道应由 4 对对绞电缆和电缆连接器件构成，干线子系统信道和建筑群子系统信道应由光缆和光连接器件组成。其中，建筑物配线设备(BD)和建筑群配线设备(CD)处的配线模块和网络设备之间可采用互连或交叉的连接方式，建筑物配线设备(BD)处的光纤配线模块可仅对光纤进行互连，如图 2-14 所示。

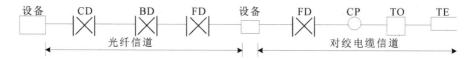

图 2-14　综合布线系统应用典型连接与组成

2. 综合布线系统工程设计规定

（1）一个独立的需要设置终端设备(TE)的区域宜划分为一个工作区。工作区应包括信息插座模块(TO)、终端设备处的连接缆线及适配器。

（2）配线子系统应由工作区内的信息插座模块、信息插座模块至电信间配线设备(FD) 的水平缆线、电信间的配线设备及设备缆线和跳线等组成。

（3）干线子系统应由设备间至电信间的主干缆线、安装在设备间的建筑物配线设备 (BD)及设备缆线和跳线组成。

（4）建筑群子系统应由连接多个建筑物之间的主干缆线、建筑群配线设备(CD)及设备缆线和跳线组成。

（5）设备间应为在每栋建筑物的适当地点进行配线管理、网络管理和信息交换的场地。

综合布线系统设备间宜安装建筑物配线设备、建筑群配线设备、以太网交换机、电话交换机、计算机网络设备等。入口设施也可安装在设备间。

（6）进线间应为建筑物外部信息通信网络管线的入口部位，并可作为入口设施和建筑群配线设备的安装场地。进线间是在新的国家标准中专门增加的一个子系统，其要求在土建阶段实施，以满足不少于三家运营商的需求，避免一家运营商自建进线间后独占该建筑物的宽带接入业务。

（7）管理应对工作区、电信间、设备间、进线间、布线路径环境中的配线设备、缆线、信息插座模块等设施按一定的模式进行标识、记录和管理。

3. 综合布线系统的分级与组成

（1）综合电缆布线系统的分级与类别划分应符合表 2-3 的规定。

表 2-3　电缆布线系统的分级与类别

系统分级	系统产品分类	支持最高带宽	支持应用器件	
			电缆	连接硬件
A	—	100 KHz	—	—
B	—	1 MHz	—	—
C	3 类（大对数）	16 MHz	3 类	3 类
D	5/5e 类（屏蔽和非屏蔽）	100 MHz	5/5e 类	5/5e 类
E	6 类（屏蔽和非屏蔽）	250 MHz	6 类	6 类
E_A	6_A 类（屏蔽和非屏蔽）	500 MHz	6_A 类	6_A 类
F	7 类（屏蔽）	600 MHz	7 类	7 类
F_A	7_A 类（屏蔽）	1000 MHz	7_A 类	7_A 类

注：5、5e、6、6_A、7、7_A 类布线系统应能支持向下兼容的应用。

（2）布线系统信道应由长度不大于 90 m 的水平缆线、10 m 的跳线和设备缆线及最多 4 个连接器件组成，永久链路则应由长度不大于 90 m 的水平缆线及最多 3 个连接器件组成，如图 2-15 所示。注意，这里 90 m 的水平缆线，特指双绞线电缆，光纤在实际工程应用中一般不会受到 90 m 长度的限制。

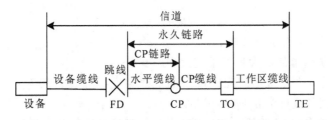

图 2-15　布线系统信道、永久链路、CP 链路的构成

（3）光纤信道分为 OF-300、OF-500、OF-2000 三个等级，各等级光纤信道支持的应用长度不应小于 300 m、500 m、2000 m。

水平光缆和主干光缆可在楼层电信间的光配线设备（FD）处经光纤跳线连接构成信道，

也可在电信间经接续(熔接或机械连接)互通构成光纤信道。

（4）当工作区用户终端设备或某区域设备需直接与公用通信网进行互通时，宜将光缆从工作区直接布放至电信业务经营者提供的入口设施处的光配线设备。

4. 缆线长度划分

（1）主干缆线组成的信道出现 4 个连接器件时，主干缆线的长度不应小于 15 m。

（2）配线子系统信道的最大长度不应大于 100 m，如图 2-16 所示，长度应符合表 2-4 的规定。

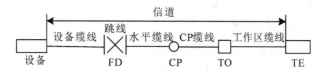

图 2-16　配线子系统缆线划分

表 2-4　配线子系统缆线长度

连接模型	最小长度/m	最大长度/m
FD—CP	15	85
CP—TO	5	—
FD—TO(无 CP)	15	90
工作区缆线	2	5
跳线	2	—
FD 设备缆线	2	5
设备缆线与跳线总长度	—	10

（3）配线子系统信道应由永久链路的水平缆线和设备缆线组成，可包括跳线和 CP 缆线。注意，当没有 CP 集合点时，水平缆线为管理间配线设备(FD)到信息点(TO)之间的缆线，如图 2-17 所示。

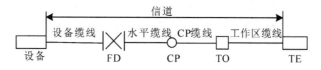

图 2-17　配线子系统信道缆线划分

缆线长度计算应符合下列要求：

① 配线子系统信道的最大长度不应大于 100 m；

② 工作区设备缆线、电信间配线设备的跳线和设备缆线之和不应大于 10 m，当大于 10 m 时，水平缆线长度(90 m)应适当减少；

③ 楼层配线设备(FD)跳线、设备缆线及工作区设备缆线各自的长度不应大于 5 m。

5. 系统应用

综合布线系统工程设计应按照近期和远期的通信业务、计算机网络拓扑结构、建筑智能化系统等需要选用合适的布线器件与设施。所选用各类产品的各单项指标应高丁系统指标，才能保证系统指标得以满足，并具有发展的余地。同时也应考虑工程造价及工程的实际要求。

（1）综合布线系统工程的产品类别及链路、信道等级的确定应综合考虑建筑物的性质、功能、应用网络和业务对传输带宽及缆线长度的要求、业务终端的类型、业务的需求及发展、性能价格、现场安装条件等因素，并符合表 2-5 的规定。

表 2-5　布线系统等级与类别的选用

业务种类		配线子系统		干线子系统		建筑群子系统	
		等级	类别	等级	类别	等级	类别
语音		D/E	5/6(4 对)	C/D	3/5（大对数）	C	3（室外大对数）
数据	电缆	D、E、E_A、F、F_A	5、6、6_A、7、7_A(4 对)	E、E_A、F、F_A	6、6_A、7、7_A（4 对）	—	—
	光纤	OF-300 OF-500 OF-2000	OM1、OM2、OM3、OM4 多模光缆；OS1、OS2 单模光缆及相应等级连接器件	OF-300 OF-500 OF-2000	OM1、OM2、OM3、OM4 多模光缆；OS1、OS2 单模光缆及相应等级连接器件	OF-300 OF-500 OF-2000	OS1、OS2 单模光缆及相应等级连接器件
其他应用		可采用 5、6、6_A 类 4 对对绞电缆和 OM1、OM2、OM3、OM4 多模、OS1、OS2 单模光缆及相应等级连接器件					

（2）同一布线信道及链路的缆线、跳线和连接器件应保持系统等级与阻抗的一致性。在系统设计时，应保证布线信道和链路在支持相应等级应用中的传输性能，如果选用 6 类布线产品，则电缆、连接器件、跳线等都应达到 6 类，才能保证系统为 E 级布线系统的传输特性。如果采用屏蔽布线系统，则所有主干和水平电缆、跳线、设备缆线、连接器件都应选用带屏蔽的产品。

（3）综合布线系统光纤信道可采用标称波长为 850 nm 和 1300 nm 的多模光纤（OM1、OM2、OM3、OM4）；标称波长为 1310 nm 和 1550 nm 的单模光纤（OS1）以及标称波长为 1310 nm、1383 nm 和 1550 nm 的单模光纤（OS2）。

（4）单模和多模光缆的选用应符合网络的构成方式、业务的互联方式、以太网交换机端口类型及网络规定的光纤应用传输距离。在楼内宜采用多模光缆，超过多模光纤支持的应用长度或需要直接与电信业务经营者的通信设施相连时应采用单模光缆。

（5）配线设备之间互连的跳线宜选用产业化制造的产品，跳线的类别应符合综合布线系统的等级要求。在应用电话业务时宜选用双芯对绞电缆。

（6）工作区信息点为电端口时应采用 8 位模块通用插座，光端口应采用 SC 或 LC 光纤连接器件及适配器。

（7）FD、BD、CD 配线设备应根据支持的应用、事务、布线的等级、产品的性能指标来选用，并应符合下列规定：

① 应用于数据业务时，电缆配线模块应采用 8 位模块通用插座；

② 应用于语音业务时，FD 干线侧及 BD、CD 处配线模块应选用卡接式配线模块（多对、25 对卡接式模块及回线型卡接模块），FD 水平侧配线模块应选用 8 位模块通用插座；

③ 光纤配线模块应采用单工或双工的 SC 或 LC 光纤连接器件及适配器；

④ 主干光缆的光纤容量较大时，可采用预端接光纤连接器件（MPO）互通。

（8）CP 集合点安装的连接器件应选用卡接式配线模块或 8 位模块通用插座或各类光纤连接器件和适配器。

（9）综合布线系统产品的选用应考虑缆线与器件的类型、规格、尺寸对安装设计与施工造成的影响。

6. 屏蔽布线系统

（1）屏蔽布线系统的选用应符合下列规定：

① 当综合布线区域内存在的电磁干扰场强高于 3 V/m 时，宜采用屏蔽布线系统；

② 用户对电磁兼容性有电磁干扰和防信息泄漏等较高的要求，或有网络安全保密的需要时，宜采用屏蔽布线系统；

③ 安装现场条件无法满足对绞电缆的间距要求时，宜采用屏蔽布线系统；

④ 当布线环境的温度影响到非屏蔽布线系统的传输距离时，宜采用屏蔽布线系统。

（2）屏蔽布线系统应选用相互适应的屏蔽电缆和连接器件，采用的电缆、连接器件、跳线、设备电缆都应是屏蔽的，并应保持信道屏蔽层的连续性与导通性。

7. 综合布线在弱电系统中的应用

（1）综合布线系统应支持具有 TCP/IP 通信协议的视频安防监控系统、出入口控制系统、停车库（场）管理系统、访客对讲系统、智能卡应用系统、建筑设备管理系统、能耗计量及数据远传系统、公共广播系统、信息导引（标识）及发布系统等弱电系统的信息传输。

（2）综合布线系统支持弱电各子系统应用时，应满足各子系统提出的下列条件：

① 传输带宽与传输速率；

② 缆线的应用传输距离；

③ 设备的接口类型；

④ 屏蔽与非屏蔽电缆及光缆布线系统的选择条件；

⑤ 各弱电子系统设备安装的位置、场地面积和工艺要求。

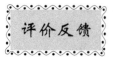

各小组委派 1 名代表展示并介绍任务的完成情况，然后完成评价反馈表 2-6。

表 2-6　评 价 反 馈 表

序号	评价项目	自我评价	小组评价	教师评价	综合评价
1	学习准备				
2	引导问题填写				
3	考勤情况				
4	听课情况				
5	知识点掌握情况				
6	任务书完成质量				
7	参与讨论的主动性				
8	回答问题的准确度				
9	材料(作业)上交情况				
总　评					

注：评价档次统一采用 A(优秀)、B(良好)、C(合格)、D(努力)。

思考与练习

1. 按照综合布线铜缆系统分级，下列(　　)系统的支持带宽在 200 Mb/s 以上。

A. 5 类　　　　　B. 超 5 类　　　　　C. 6 类　　　　　D. 7 类

2. 综合布线的基本构成应包括建筑群子系统、配线子系统和(　　)。

A. 工作区子系统　　B. 干线子系统　　C. 管理系统　　D. 进线间子系统

3. 综合布线配线子系统信道长度不大于(　　)m。

A. 90　　　　　　B. 100　　　　　　C. 150　　　　　D. 200

4. 光纤信道中的 OF-2000 等级，是指光纤信道支持的应用长度不小于(　　)m。

A. 200　　　　　B. 300　　　　　　C. 500　　　　　D. 2000

5. 综合布线区域内存在电磁干扰场强高于(　　)时，宜采用屏蔽布线系统进行防护。

A. 3 V/m　　　　B. 5 V/m　　　　　C. 7 V/m　　　　D. 10 V/m

任务 2.3　综合布线设计中的名词术语及缩略词解读

➡ 引言

如果要完成综合布线的设计工作，必须要掌握综合布线工程中常用的专业名词术语、缩略词及图形符号的含义，因为这些名词术语是国家标准的规定，经常会出现在工程技术文件和图纸中，如果对这些术语及缩略词不了解，则会影响对设计的理解及执行。因此，准确理解综合布线工程中的名词术语、缩略词是进行综合布线设计的基础。

➡ 学习目标

(1) 理解 GB 50311—2016《综合布线系统工程设计规范》中名词术语和缩略词的含义。

（2）掌握常见的名词术语及缩略词，能够正确识图和读懂综合布线工程的技术文件。

➡ **任务书**

（1）网上下载 GB 50311—2016《综合布线系统工程设计规范》并阅读第 2 章：术语和缩略词。

（2）对相关名词术语的理解做到准确无误。

（3）识读综合布线系统图 2-18，并能对该图做简单的分析说明。

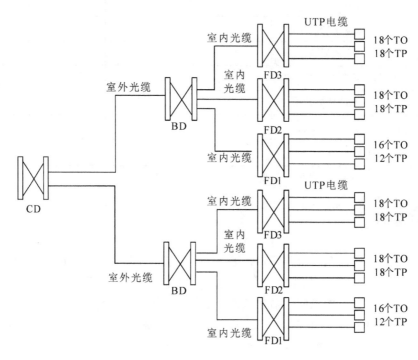

图 2-18 综合布线系统图

➡ **引导问题**

1. 对于综合布线系统，通常有"综合布线系统是个无源系统"的说法，怎么理解这句话？

_____

_____

_____

_____。

2. 根据图 2-19 所示的布线系统链路实物图，合理利用 GB 50311 规定的综合布线设计中的符号及缩略词画出综合布线系统信道构成图，并标注出信道和永久链路。

图 2-19 布线系统链路实物图

3. CP 链路和 CP 缆线是不是同一段缆线？画图说明。

4. 信道的缆线包含三部分，分别是＿＿＿＿＿＿＿、＿＿＿＿＿＿＿、＿＿＿＿＿＿＿。但是永久链路不能包括＿＿＿＿＿＿＿缆线和＿＿＿＿＿＿＿缆线，其长度最长不超过＿＿＿＿＿＿＿m。

5. 列举常用的电缆连接器件：＿＿。
列举常用的光缆连接器件：＿＿。

6. 信息点是综合布线设计中常用的一个术语，如何理解信息点，并给出信息点的英文缩略词。
＿＿。

7. 跳线用于配线设备之间的连接，定义为不带连接器件或带连接器件的电缆线对，以及带连接器件的光纤。根据定义，电缆跳线有 3 种，它们是＿＿＿＿＿＿＿＿＿＿＿＿＿＿＿＿＿＿＿＿＿＿＿＿＿＿＿＿、＿＿＿＿＿＿＿＿＿＿＿＿＿＿＿＿＿＿。光纤跳线只有一种，即＿＿＿＿＿＿＿＿＿＿＿＿＿＿＿＿＿＿＿＿＿＿＿＿＿＿＿＿＿＿＿＿。

8. 多用户信息插座在实际工程应用中多为双孔插座，一般情况下，左孔为＿＿＿＿＿＿孔，右孔为＿＿＿＿＿＿孔。（填写：数据或语音）

任务指导及相关知识点

2.3.1 综合布线主要名词术语解读

在综合布线设计工作中，经常会用到一些名词术语和缩略词，若是对这些名词术语和缩略词理解有误，或者不能理解设计者的意图，就无法正确施工。下面对 GB 50311—2016《综合布线系统工程设计规范》中常用的名词术语和缩略词做一解读。

（1）**布线系统（Cabling System）**：能够支持电子信息设备相连的各种缆线、跳线、接插软线和连接器件组成的系统。

解读：这里的缆线包括各种电缆和光缆，跳线包括电缆跳线和光纤跳线，接插软线是一端或两端带有连接器件的软电缆或两端带有连接器件的软光缆。连接器件包括网络模块、水晶头、光模块等。布线系统不包括两端的网络设备及终端设备，仅包括各种缆线、连接器件、配线设备等，这些设备都是不需要电源就能正常使用的无源设备，因此，通常称综合布线系统为"无源系统"。

（2）**建筑群子系统（Campus Subsystem）**：建筑群子系统由配线设备、建筑物之间的干线缆线、设备缆线、跳线等组成。

解读：建筑群子系统不包括交换机、路由器等有源设备。

（3）**电信间（Telecommunications Room）**：放置电信设备和缆线终接的配线设备，并进行缆线交接的一个空间。

解读：电信间在综合布线中也叫管理间或配线间，是专门安装楼层机柜、配线架和交换机的一个空间，一般设置在楼层的中间位置。电信间也是连接干线子系统和配线子系统的场地，当楼层信息点数较多时，也可设置多个电信间。

（4）**工作区（Work Area）**：需要设置终端设备的独立区域。

解读：这里的工作区是指需要安装计算机、打印机、视频监控等终端设备的一个独立区域。按照 GB 50311 的规定，每个工作区配置不少于 2 个单相交流 220V/10A 的电源插座盒，并应满足各种业务需求。通常，一个网络模块对应一个工作区，这里，务必将工作区和房间的概念区分开来，一个房间往往有多个工作区。在实际工程应用中，有单口信息插座，也有双口信息插座，推荐使用双口信息插座，在 GB 50311 中将多口信息插座称为多用户信息插座。

（5）**信道（Channel）**：连接两个应用设备的端到端的传输通道。

解读：信道包含管理间中连接设备的缆线和工作区中连接终端设备的工作区缆线。信道最长不超过 100 m。

（6）**链路（Link）**：一个 CP 链路或是一个永久链路。

解读：综合布线中的链路只有两种，即 CP 链路或永久链路。其中 CP 链路是 CP 集合点到楼层配线架 FD 之间的链路，其水平缆线的长度应大于 15 m，而永久链路的长度不应大于 90 m。

（7）**永久链路（Permanent Link）**：信息点与楼层配线设备之间的传输线路。它不包括工作区缆线和连接楼层配线设备的设备缆线、跳线，但可以包括一个 CP 链路。

解读：如图 2-20 所示，永久链路为 TO 到 FD 之间的链路，其长度不应大于 90 m。

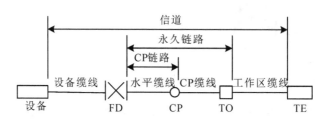

图 2-20　信道、永久链路、CP 链路的构成

（8）**集合点（Consolidation Point，CP）**：楼层配线设备与工作区信息点之间水平缆线路由中的连接点。

解读：集合点与配线设备 FD 之间水平线缆的长度应大于 15 m，并应符合以下规定：集合点配线设备容量宜以满足 12 个工作区信息点需求设置；同一个水平电缆路由不允许超过 1 个集合点（CP）；从集合点引出的 CP 电缆应终接于工作区的 8 位模块通用插座或多用户信息插座；从集合点引出的 CP 光缆应终接于工作区的光纤连接器。多用户信息插座和集合点的配线箱体应安装于墙体或柱子等建筑物固定的永久位置。

CP 集合点由连接器件组成，在电缆与光缆的永久链路中都可以存在。集合点配线箱目前没有定型的产品，但箱体的大小应考虑满足不小于 12 个工作区所配置的信息

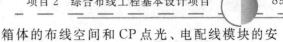

点所连接的 4 对对绞电缆与光缆的进、出箱体的布线空间和 CP 点光、电配线模块的安装空间。

注意，在工程设计中不允许设计 CP 集合点，CP 集合点只是为解决实际工程中拉线长度不够等特殊情况而无法重新布线时，才能使用网络模块进行一次端接。在工程中应尽量避免 CP 集合点，因为 CP 集合点会影响工程质量和工程进度。

（9）**CP 链路**（**CP Link**）：楼层配线设备与集合点（CP）之间，包括两端的连接器件在内的永久性的链路。

解读：如图 2-20 所示。

（10）**建筑群配线设备**（**Campus Distributor**）：终接建筑群主干缆线的配线设备，简称为 CD。

解读：建筑群配线设备主要包括光缆配线架和配线机柜，不包括交换机、路由器等有源设备。

（11）**建筑物配线设备**（**Building Distributor**）：为建筑物主干缆线或建筑群主干缆线终接的配线设备，简称为 BD。

（12）**楼层配线设备**（**Floor Distributor**）：终接水平缆线和其他布线子系统缆线的配线设备，简称为 FD。

（13）**入口设施**（**Building Entrance Facility**）：提供符合相关规范的机械与电气特性的连接器件，使得外部网络缆线引入建筑物内。

（14）**连接器件**（**Connecting Hardware**）：用于连接电缆线对和光纤的一个器件或一组器件。

（15）**光纤适配器**（**Optical Fibre Adapter**）：将光纤连接器实现光学连接的器件。

解读：光纤适配器通常也叫作光纤耦合器，常见的光纤适配器有 SC 型适配器、ST 型适配器、FC 型适配器和 LC 型适配器，如图 2-21 所示。

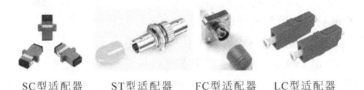

SC型适配器　　ST型适配器　　FC型适配器　　LC型适配器

图 2-21　光纤适配器

（16）**建筑群主干缆线**（**Campus Backbone Cable**）：用于在建筑群内连接建筑群配线设备与建筑物配线设备的缆线。

解读：建筑群主干缆线可分为主干电缆和主干光缆。

（17）**建筑物主干缆线**（**Building Backbone Cable**）：入口设施至建筑物配线设备、建筑物配线设备至楼层配线设备以及建筑物内楼层配线设备之间相连接的缆线。

解读：建筑物主干缆线可分为主干电缆和主干光缆。

（18）**水平缆线**（**Horizontal Cable**）：楼层配线设备至信息点之间的连接缆线。

解读：如果链路中存在 CP 集合点，则水平缆线就是配线设备到集合点之间的缆线，如图 2-22 所示。

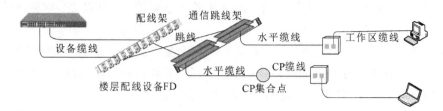

图 2 - 22　布线系统链路构成图

（19）**CP 缆线（CP Cable）**：连接集合点（CP）至工作区信息点的缆线，如图 2 - 20 和图 2 - 22 所示。

（20）**信息点（Telecommunications Outlet（TO））**：缆线终接的信息插座模块。

解读：信息点是综合布线设计中一个很重要的术语，它是指信息插座底盒中的信息模块，不是指信息插座，也不能把信息底盒面板作为信息点。

（21）**设备缆线（Equipment Cable）**：通信设备连接到配线设备的缆线。

（22）**跳线（Patch Cord/Jumper）**：不带连接器件或带连接器件的电缆线对和带连接器件的光纤，用于配线设备之间进行连接。

解读：跳线分为电缆跳线和光纤跳线。其中电缆跳线有三种：第一种是两端带有连接器件的缆线；第二种是一端有连接器件，另一端不带连接器件的缆线；第三种是两端都不带连接器件的缆线。这里的连接器件一般为水晶头或鸭嘴头，如图 2 - 23 所示。

图 2 - 23　电缆跳线

光纤跳线只有一种，就是两端都带有连接头的光纤。其中，两端都不带连接头的光纤只能叫做光纤，而不能称为光纤跳线，因为光纤材质为玻璃丝，如果没有连接头，无法像电缆跳线那样通过打线钳压入到配线设备中。而一端带有连接头的光纤，我们称为尾纤，用于光纤熔接。

（23）**缆线（Cable）**：电缆和光缆的统称。

解读：以前缆线和线缆不做区分，现在统一称为缆线。

（24）**光缆（Optical Cable）**：由单芯或多芯光纤构成的缆线。

（25）**线对（Pair）**：由两个相互绝缘的导体对绞组成，形成对绞线对，如图 2 - 24 所示。

图 2 - 24　对绞线对

（26）**对绞电缆（Balanced Cable）**：由一个或多个金属导体线对组成的对称电缆。

解读：在综合布线中，常用的对绞电缆有 4 对双绞线，根据其是否有屏蔽层，可分为屏蔽双绞线和非屏蔽双绞线。

（27）**屏蔽对绞电缆（Screened Balanced Cable）**：含有屏蔽层的对绞电缆叫屏蔽对绞电缆。该屏蔽层可能是所有线对外的总屏蔽层，也可能是每个线对的屏蔽层，或者是总屏蔽层＋线对屏蔽层的形式。如图 2 - 25(a)所示中的 STP，就是总屏蔽层＋线对屏蔽层的全屏蔽电缆。

（28）**非屏蔽对绞电缆（Unscreened Balanced Cable）**：不带有任何屏蔽物的对绞电缆。如非屏蔽双绞线 UTP，如图 2 - 25(b)所示。

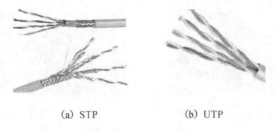

(a) STP   (b) UTP

图 2-25 4 对双绞线

（29）**接插软线（Patch Cord）**：一端或两端带有连接器件的软电缆。

解读：软线缆是指由多股铜丝成束制作的电缆，弯曲半径较小；非软线缆是由单支或少数几支较粗铜芯制作的电缆，弯曲半径较大。

（30）**多用户信息插座（Multi_user Telecom_munication Outlet）**：工作区内若干信息插座模块的组合装置。

解读：在实际应用中，多用户信息插座一般为双口插座，最多不超过 4 口。一般推荐使用双口信息插座，4 口信息插座由于底盒空间有限，缆线端接时很难保证其曲率半径满足要求。双口信息插座根据需要可以为双口网络模块，也可以是双口语音模块，更多时候为网络模块和语音模块的结合。

（31）**配线区（The Wiring Zone）**：根据建筑物的类型、规模和用户单元的密度，以单栋或若干栋建筑物的用户单元组成的配线区域。

（32）**配线管网（The Wiring Pipeline Network）**：由建筑物外线引入管、建筑物内的竖井、管、桥架等组成的管网。

（33）**用户接入点（The Subscriber Access Point）**：多家电信业务经营者的电信业务共同接入的部位，是电信业务经营者与建筑建设方的工程界面。

（34）**用户单元（Subscriber Unit）**：建筑物内占有一定空间、使用者或使用业务会发生变化的、需要直接与公用电信网互联互通的用户区域。

（35）**光纤到用户单元通信设施（Fiber To The Subscriber Unit Communication Facilities）**：光纤到用户单元的工程中，建筑规划用地红线内地下通信管道、建筑内管槽及通信光缆、光配线设备、用户单元信息配线箱及预留的设备间等设备安装空间。

（36）**配线光缆（Wiring Optical Cable）**：用户接入点至园区或建筑群光缆的汇聚配线设备之间，或用户接入点至建筑规划用地红线范围内与公用通信管道互通的人（手）孔之间的互通光缆。

（37）**用户光缆（Subscriber Optical Cable）**：用户接入点配线设备至建筑物内用户单元信息配线箱之间相连接的光缆。

（38）**户内缆线（Indoor Cable）**：用户单元信息配线箱至用户区域内信息插座模块之间相连接的缆线。

（39）**信息配线箱（Information Distribution Box）**：安装于用户单元区域内的完成信息互通与通信业务接入的配线箱体，如图 2-26 所示。

（40）**桥架（Cable Tray）**：梯架、托盘及槽盒的统称，如图 2-27 所示。

解读：桥架是建筑物内综合布线不可缺少的一个部分，通常分为托盘式桥架、槽式桥架和梯级式桥架三种。

图 2-26　信息配线箱　　　　**图 2-27　梯级式桥架**

2.3.2　GB 50311—2016《综合布线系统工程设计规范》常见缩略词

表 2-7 仅列出综合布线工程设计中最常见的部分缩略词以及一些和综合布线相关的机构缩写。这些缩略词的中文含义必须要了解，这也是识别综合布线工程图纸的关键。

表 2-7　综合布线系统工程常见缩略词

序号	缩略词	中文名称	英文名称
1	BD	建筑物配线设备	Building Distributor
2	CD	建筑群配线设备	Campus Distributor
3	FD	楼层配线设备	Floor Distributor
4	CP	集合点	Consolidation Point
5	TE	终端设备	Terminal Equipment
6	TO	信息点	Telecommunications Outlet
7	MUTO	多用户信息插座	Multi-User Telecommunications Outlet
8	OF	光纤	Optical Fibre
9	ID	中间配线设备	Intermediate Distributor
10	IP	因特网协议	Internet Protocol
11	ISDN	综合业务数字网	Integrated Services Digital Network
12	NI	网络接口	Network Interface
13	SW	交换机	Switch
14	POE	以太网供电	Power Over Ethernet
15	dB	电信传输单元：分贝	dB
16	ANSI	美国国家标准协会	American National Standards Institute
17	TIA	美国电信工业协会	Telecommunications Industry Association
18	EIA	美国电子工业协会	Electronic Industries Association
19	IEC	国际电工技术委员会	International Electrotechnical Commission
20	IEEE	美国电气及电子工程师学会	The Institute of Electrical and Electronics Engineers
21	ISO	国际标准化组织	International Organization for Standardization

评价反馈

各小组委派 1 名代表展示并介绍任务的完成情况，然后完成评价反馈表 2-8。

表 2-8　评 价 反 馈 表

序号	评价项目	自我评价	小组评价	教师评价	综合评价
1	学习准备				
2	引导问题填写				
3	考勤情况				
4	听课情况				
5	知识点掌握情况				
6	任务书完成质量				
7	参与讨论的主动性				
8	回答问题的准确度				
9	任务创新扩展情况				
10	材料(作业)上交情况				
	总　评				

注：评价档次统一采用 A(优秀)、B(良好)、C(合格)、D(努力)。

思 考 与 练 习

1. 综合布线系统简称为(　　)。

A. PDS　　　　　　B. SCS　　　　　　C. ATM　　　　　D. BAS

2. 在综合布线的标准中,属于欧洲标准的是(　　)。

A. EN50173　　　　　　　　　B. GB50311-2016

C. TIA/EIA 568　　　　　　　D. ISO/IEC 11801

3. 在综合布线的标准中,属于中国标准的是(　　)。

A. TIA/EIA 568　　　　　　　B. GB50311-2016

C. EN50173　　　　　　　　　D. ISO/IEC 11801

4. 信息终端在缩略词中用(　　)进行表示。

A. TE　　　　　　B. TO　　　　　　C. TP　　　　　D. FD

5. 综合布线系统图中的 FD 代表(　　)。

A. 建筑群配线设备　　　　　　B. 建筑物配线设备

C. 楼层配线设备　　　　　　　D. 终端设备

6. 常用的光纤耦合器有(　　)。

A. SC 型　　　　　B. ST 型　　　　　C. FC 型　　　　　D. LC 型

任务 2.4   编制信息点数统计表及绘制综合布线系统图

➡ **引言**

信息点数统计表可以对信息点的数量及位置进行统计，但这些信息点是通过什么缆线连接的？连接到什么地方？这些信息无法从点数统计表获得。这时就要借助其他工具来反映信息点的连接关系，这在综合布线系统工程中，称为综合布线系统图。综合布线系统图是智能建筑设计蓝图中必有的重要内容，一般在电气施工图册的弱电图纸部分的首页。

➡ **学习目标**

（1）能够编制信息点数统计表，准确统计信息点数。

（2）能看懂综合布线系统图，理解系统图所表示的含义。

（3）掌握综合布线系统图的设计要点及画法。

➡ **任务书**

（1）编制如图 2-28 所示综合布线系统模型图的信息点数统计表。要求使用 Excel 或者 Word 软件编制，并且表格要设计合理、数据及文件名称正确。

（2）绘制如图 2-28 所示综合布线系统模型图的综合布线系统图。要求使用 AutoCAD 或者 Visio 软件绘制，并且图面布局要合理、图形正确、符号标记清楚、连接关系合理以及说明完整。

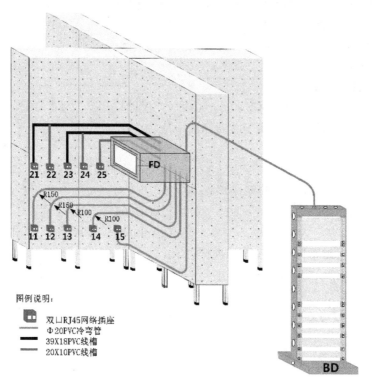

图例说明：

双口RJ45网络插座
Φ20PVC冷弯管
39X18PVC线槽
20X10PVC线槽

图 2-28   综合布线系统模型图

➡ **引导问题**

1. 信息点数统计表是工作区子系统设计中的一项重要工作，该表一般用 Excel 软件制作，可用来统计信息点的_____和_____。

2. 综合布线系统图直接决定_____图，因为网络应用系统只能根据综合布线系统来设置和规划。

3. 当前绘制综合布线系统图的软件主要有_____和 Microsoft Visio 两种。

4. 在综合布线系统图中，⋈代表_____，左右两边的小矩形代表_____，×代表_____。

5. 在综合布线系统图中，——线条代表_____，口可以代表_____。

6. 在综合布线系统图中，符号 CD 表示_____，BD 表示_____，FD 表示_____。

任务指导及相关知识点

2.4.1 编制信息点数统计表

信息点是各类电缆或光缆终接的信息插座模块。信息点数统计是工作区子系统设计过程中的一个重要步骤，是项目概算的重要依据，因此要求在综合布线系统中，必须会制作信息点数统计表，并准确统计出相应的信息。

信息点数统计表简称点数表，是统计信息点数量的基本工具和手段。编制信息点数统计表的目的是快速准确地统计建筑物的信息点。设计人员为了快速合计和方便制表，一般使用 Microsoft Excel 或 Word 软件，通过确定每个房间或者区域的信息点数量后，再填写点数统计表。

编制点数统计表的方法是首先按照房间或区域逐层逐房间的规划和设计网络数据、语音信息点数，再把每个房间规划的信息点数量填写到点数统计表的相应位置，全部楼层填写完毕就能统计出该建筑物的信息点数。一般用 TO 代表数据信息点、TP 代表语音信息点，如表 2-9 所示。

表 2-9 建筑物网络和语音信息点数统计表

房间号		02		04		06		08		10		TO 合计	TP 合计	信息点数合计
楼层号		TO	TP	TO	TP	TO	TP	TO	TP	TO	TP			
3	TO													
	TP													
2	TO													
	TP													
1	TO													
	TP													
合计	TO													
	TP													

编制人：＊＊＊　　　审核人：＊＊＊　　　编制单位：＊＊＊　　　日期：＊＊＊

统计信息点数量时需要注意，即使某一区域没有信息点，该区域信息点的数量也应该明确为 0，以免发生漏统计的情况。点数统计表应有表名，表格编制完成之后应有编制人姓名、审核人姓名、编制日期等，最后打印盖章之后方能生效。

【案例 2 - 1】 根据图 2 - 1 所示的建筑物综合布线模型图，编制其信息点数统计表。要求使用 Word 软件编制，并且表格要设计合理、数量正确、项目名称正确、签字和日期完整。

案例分析 信息点指信息插座模块，所以可以数信息插座面板的孔数，一个面板上有几个孔，就有几个信息点。此模型可看成是三层结构，例如 FD1 一层，信息插座 11 面板为双孔面板，所以有 2 个信息点。同理，信息插座 12 有 1 个信息点，依次类推。利用 Excel 或 Word 软件编制信息点数统计表，此图所有信息点均为数据信息点 TO，没有语音信息点，如表 2 - 10 所示。

表 2 - 10　　建筑物模型图信息点数统计表

楼层号		插 座 号						TO 楼层合计	信息点数合计
		X1	X2	X3	X4	X5	X6		
		TO	TO	TO	TO	TO	TO		
3	TO	1	1	2	1	1	1	7	
2	TO	2	1	2	1	2	1	9	
1	TO	2	1	1	2	1	1	8	
合计	TO	5	3	5	4	4	3		24

说明：X 为模拟楼层编号，例如 3 层 X2 表示 32 插座。TO 为数据信息点。

编制人：＊＊＊　　　　审核人：＊＊＊　　　　编制单位：＊＊＊　　　　日期：＊＊＊

2.4.2　综合布线系统图

1. 综合布线系统图的基本概念

点数统计表可以反映信息点的数量和位置，但信息点之间的连接关系是怎样的？是通过什么样的缆线接入的？对于这些问题，则需要综合布线系统图来进行表示。

综合布线系统图是所有配线架和缆线的全部通信空间详图，其主要内容包括各层信息插座的数量、各层水平缆线的型号及根数、干线缆线的型号及根数等。

综合布线系统图可以使用 AutoCAD 绘制，也可以使用 Visio 软件绘制，它能够直观反映信息点的连接关系，也直接决定了网络应用拓扑图，一般装订在电气施工图册的弱电图纸部分的首页。由于网络综合布线系统需要在建筑物建设过程中预埋管线，且后期无法改变，因此网络应用系统只能根据综合布线系统来设置和规划。

2. 综合布线系统图的设计要点

综合布线系统图的设计要点包括：

（1）图形符号正确。综合布线系统图中不得使用奇怪的图形符号，要保证技术人员和现场施工人员能够快速读懂。GB 50311—2016《综合布线系统工程设计规范》中使用的图形符号如下：

"⊠"代表配线设备和跳线，其中左右两边的矩形代表网络配线架，中间的×代表跳线，有时候，该符号也可简化为"◇"。

"口"代表网络插座，可表示单口或双口插座等。

"—"线条代表缆线，如双绞线电缆、光缆等。

（2）连接关系清楚。在综合布线系统图中要清楚地给出信息插座到管理间、设备间配线架的连接关系。这里要搞清楚 CD/BD/FD 的具体含义。

（3）缆线型号要标记清楚。在综合布线系统图中对连接的缆线要标记清楚是电缆还是光缆，是 UTP 还是 STP，是单模光缆还是多模光缆。不同的缆线会直接影响工程的总造价。

（4）说明完整。设计说明是对图的补充，可以帮助理解和阅读图纸，因此对系统图中使用的符号均需给予说明。

（5）图面布局合理。图面一般布置在图纸的中间位置，要求比例合适，文字清晰。

（6）标题栏完整。标题栏包括项目名称、类别、图纸编号、日期、设计等内容。

【案例 2-2】　根据图 2-1 所示的建筑物综合布线模型图，绘制其综合布线系统图。要求使用 Auto CAD 绘制，并且要求图面布局合理、符号标记清楚正确、说明完整、标题栏合理。

案例分析　从图 2-1 中，我们看到 CD 连接到 BD，这部分属于建筑群子系统，缆线一般采用室外光缆。BD 分别连接到 FD，这部分属于干线子系统，缆线采用室内光缆。模拟墙可为三层结构，FD 为管理间机柜，这里的线槽、线管就是配线子系统，缆线为双绞线电缆。信息插座为工作区子系统，区分单双孔。其中 FD1 为一层管理间机柜，有 6 个插座，共 8 个信息点。FD2 为二层管理间机柜，有 6 个插座，共 9 个信息点。FD3 为三层管理间机柜，有 6 个插座，共 7 个信息点。该模型图的系统图使用 AutoCAD 绘制，具体步骤如下：

（1）创建 AutoCAD 图形文件。打开 AutoCAD 2020，单击"开始绘制"，进入绘图界面。

（2）绘制配线设备图形。单击绘图面板上的矩形命令按钮 ，绘制 1 个矩形（配线架），再水平复制 1 个矩形，如图 2-29 所示。单击直线命令按钮，绘制两条交叉直线（跳线），则完成了配线设备的绘制，如图 2-30 所示。

图 2-29　绘制配线架　　　　图 2-30　配线设备

（3）单击复制按钮 复制，复制配线设备，完成配线设备的布置，如图 2-31 所示。

（4）单击矩形按钮，绘制 1 个小正方形（网络插座），再执行复制命令，完成其它正方形的复制，如图 2-32 所示。

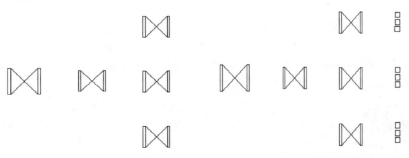

图 2-31　绘制配线设备　　　　图 2-32　绘制网络插座

（5）设计网络连接关系。利用直线命令，将 CD－BD、BD－FD、FD－TO 图形符号连接起来，这些连接关系决定了网络拓扑图，如图 2－33 所示。

（6）添加设备图形符号文字说明，如图 2－34 所示。

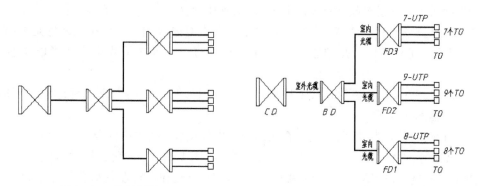

图 2－33　绘制缆线　　　　　　　　图 2－34　图形符号文字说明

（7）添加设计说明。一般在图纸空白处添加即可，可以帮助读者阅读和理解图纸。

（8）设计标题栏。标题栏一般在图纸右下角，包括项目名称、类别、编号、设计、日期等内容，如图 2－35 所示。

（9）保存 AutoCAD 图形文件。

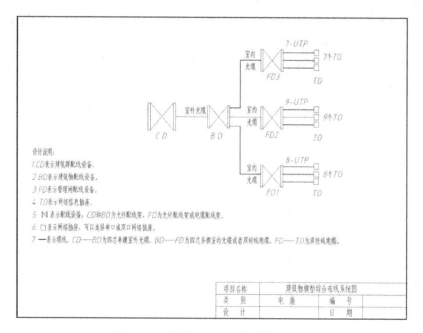

图 2－35　建筑物综合布线模型系统图

注意：综合布线系统图较为简单，所以本例没有进行分层绘制。对于一个复杂的图形，应该注意图层的应用。

各小组委派 1 名代表展示并介绍任务的完成情况，然后完成评价反馈表 2－11。

表 2 - 11　评 价 反 馈 表

序号	评价项目	自我评价	小组评价	教师评价	综合评价
1	学习准备				
2	引导问题填写				
3	考勤情况				
4	听课情况				
5	知识点掌握情况				
6	任务书完成质量				
7	参与讨论的主动性				
8	回答问题的准确度				
9	任务创新扩展情况				
10	材料(作业)上交情况				
	总　评				

注：评价档次统一采用 A(优秀)、B(良好)、C(合格)、D(努力)。

思 考 与 练 习

1. 信息点分为(　　)。

A. 数据信息点　　　B. 语音信息点　　　C. 信息模块　　　D. 信息插座

2. 对于没有信息点的工作区进行统计时应填写(　　)，表示已分析该区域。

A. 0　　　　　　　B. 没有　　　　　　C. 无　　　　　　D. 删除线

3. 在综合布线系统图中，▷◁表示(　　)。

A. 交换机　　　　　B. 配线设备　　　　C. 配线架　　　　D. 跳线架

4. GB 50311—2016《综合布线系统工程设计规范》的缩略词中，FD 代表(　　)。

A. 建筑群配线设备　　　　　　　　B. 楼层配线设备

C. 建筑物配线设备　　　　　　　　D. 进线间配线设备

5. GB 50311—2016《综合布线系统工程设计规范》的缩略词中，TO 代表(　　)。

A. 信息插座模块　　　　　　　　　B. 信息终端

C. 集合点　　　　　　　　　　　　D. 配线终端

6. GB 50311—2016《综合布线系统工程设计规范》的缩略词中，TE 代表(　　)。

A. 信息插座模块　　　　　　　　　B. 信息终端

C. 集合点　　　　　　　　　　　　D. 配线终端

7. 可以反映信息点连接关系的是(　　)。

A. 信息点数统计表　　B. 端口对应表　　C. 系统图　　　　D. 施工图

8. 在系统图中，符号"口"代表(　　)。

A. 信息插座　　　　　B. 网络终端　　　　C. 配线设备　　　D. 网络设备

任务 2.5　绘制综合布线施工图

➡ 引言

在完成了点数统计和系统图绘制后，综合布线的整体结构和连接关系就基本确定了，接下来需要进行布线路由设计。布线路由取决于建筑物的结构和功能，线管一般安装在墙体内部，在绘制综合布线施工图时，就需要规定布线路由在建筑物中安装的具体位置，一般使用平面图即可。

➡ 学习目标

（1）掌握布线路由设计的一般原则。

（2）掌握综合布线施工图设计的一般要求，能够绘制综合布线施工图。

➡ 任务书

使用 Auto CAD 或 Visio，将图 2-28 综合布线系统模型图所示的工程立体示意图设计和绘制成平面施工图和立面施工图。要求采用 A4 幅面设计，可以用多张图纸，但是不允许使用立体图。具体要求如下：

（1）BD-FD-TO 布线路由、设备的位置和尺寸要正确。

（2）机柜和插座的位置、规格要正确。

（3）图面的设计、布局要合理，位置尺寸标注要清楚正确。

（4）图形符号规范，说明要正确和清楚。

➡ 引导问题

1. 工程设计的图纸幅面和图框大小应符合国家标准，一般采用 A0～A4 这 5 种图纸幅面，试填写表 2-12 的空白处。

表 2-12　图纸尺寸对照表

图纸种类	图纸长度/mm	图纸宽度/mm
A0	1189	841
A1	841	594
A2	594	420
A3		
A4		

2. 双绞线电缆信道长度不得超过_____m，水平缆线长度一般不得超过_____m。

3. 网络插座安装高度一般为距离地面_____mm。

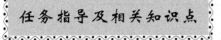

2.5.1   综合布线路由设计的一般原则

综合布线路由设计的一般原则如下：

（1）性价比最高原则。综合布线路由的选择会影响布线的长短、材料用量的大小，对工程总造价和质量有较大影响。

（2）预埋管原则。新建建筑物优先考虑在建筑物梁和立柱中预埋穿线管，旧楼改造或者装修时考虑在墙面刻槽埋管，有时也可在墙面明装线槽。

（3）水平缆线最大长度限定原则。按照 GB 50311 国家标准规定，双绞线电缆的信道长度不超过 100 m，水平缆线长度不超过 90 m。

（4）避让强电原则。一般尽量避免水平缆线与 36 伏以上强电线路平行走线。在工程设计和施工中，一般原则为网络布线避让强电布线。

（5）地面无障碍物原则。在设计和施工中，必须坚持地面无障碍原则。一般在吊顶上、楼板和墙面预埋布线。对于管理间和设备间等需要大量地面布线的场合，可以增加抗静电地板，在地板下布线。

2.5.2   综合布线施工图设计的一般要求

综合布线施工图设计的一般要求如下：

（1）图形符号正确。施工图设计的图形符号首先要符合相关建筑设计标准和图集规定。

（2）布线路由合理。施工图设计了全部缆线和设备等器材的安装管道、路径、位置等，也直接决定工程项目的施工难度和成本。

（3）位置设计合理。在施工图中，对穿线管、网络插座、桥架等的位置设计要合理，应符合相关标准的规定。

（4）说明完整。

（5）图面布局合理。

（6）标题栏完整。

2.5.3   综合布线路由及施工图实例

综合布线通常有以下 3 种方式。

（1）密集型室内布线：常见于工位密集的场所，可以采用地面暗埋线管，在线管内走线的方式。这种方式常用于新建建筑物的室内布线，如图 2-36 所示。

（2）楼道桥架布线：通常采用楼道桥架和墙面线槽相结合的布线方式。水平布线路由从楼层管理间的 FD 开始，经楼道桥架，用支管到各房间，再经墙面线槽将缆线布放至信息插座。当布放的缆线较少时，从管理间到工作区信息插座布线时，也可全部采用墙面线槽布线方式，如图 2-37 所示。

（3）吊顶内布线：这种方法是在天棚或吊顶内敷设缆线，通常要求有足够的操作空间，以利于安装施工和维护，此外，在吊顶的适当地方应设置检查口。天花板吊顶内敷设缆线的方式适合于新建建筑物和有天花板吊顶的已建建筑物的综合布线工程。

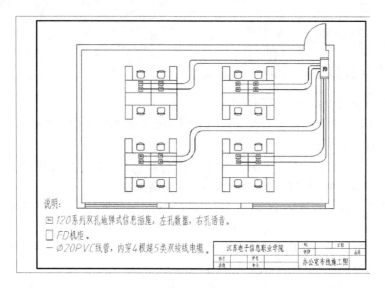

图 2 - 36   某办公室布线施工图

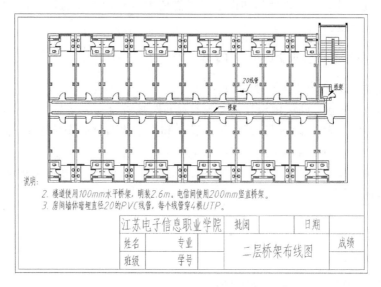

图 2 - 37   某学生公寓二层桥架布线施工图

【案例 2 - 3】   根据图 2 - 1 建筑物综合布线模型图所示的工程项目立体示意图，设计和绘制平面施工图和立面施工图，具体要求如下：

（1）全部施工图按照 A4 幅面设计，可以采用多张图纸，但是不允许使用立体图。

（2）CD－BD－FD－TO 布线路由、设备位置和尺寸要正确

（3）机柜和插座的位置、规格要正确。

（4）图面设计、布局要合理，位置和尺寸标注要清楚正确。

（5）图形符号规范、说明正确。

（6）标题栏完整。

案例分析   该案例施工图使用 AutoCAD 制作，详细制作过程不再赘述。下面直接给出布线平面施工图，如图 2 - 38 所示；立面施工图如图 2 - 39、图 2 - 40 所示。

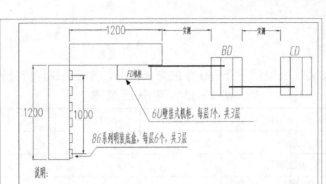

说明：

1、CD、BD 为开放式机架。CD-BD 之间安装 20PVC 线管，布 2 根室外光缆。

2、BD-FD 配线架之间安装 20PVC 线管和 60PVC 管，从 BD 分别向 FD 机柜布 2 根室内光缆。

3、FD-TO 布放网络双绞线。

图 2-38　建筑物综合布线平面施工图

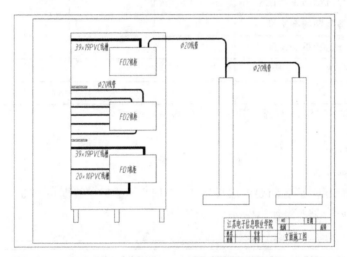

图 2-39　建筑物综合布线立面施工图(1)

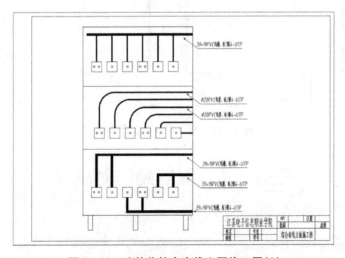

图 2-40　建筑物综合布线立面施工图(2)

评价反馈

各小组委派 1 名代表展示并介绍任务的完成情况，然后完成评价反馈表（表 2-13）。

表 2-13　评价反馈表

序号	评价项目	自我评价	小组评价	教师评价	综合评价
1	学习准备				
2	引导问题填写				
3	考勤情况				
4	听课情况				
5	知识点掌握情况				
6	任务书完成质量				
7	参与讨论的主动性				
8	回答问题的准确度				
9	任务创新扩展情况				
10	材料（作业）上交情况				
总　评					

注：评价档次统一采用 A（优秀）、B（良好）、C（合格）、D（努力）。

思考与练习

如图 2-41 所示，某房间要沿墙设置 10 个信息点，5 个数据口和 5 个语音口。以下两种施工图，哪种更合理？为什么？

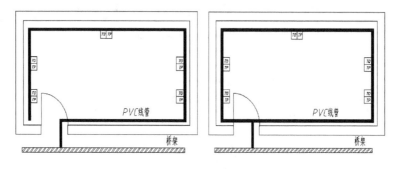

图 2-41　两种布线施工路由图

任务 2.6　编制端口对应表

➡ 引言

一项网络布线工程的信息点众多，每个信息点的缆线连接到什么地方、与管理间配线架哪个端口对应，如果没有记录标识，不仅施工不便，更为后期管理带来很多麻烦。这时就需要信息点端口对应表来解决这个难题。除了信息点端口对应表，在综合布线工程中还需编制配线架端口标签编号和配线架端口标签编号对应表以方便后期的管理维护。

➡ **学习目标**

（1）能够编制信息点端口对应表。

（2）能够编制配线架端口标签编号。

（3）能够编制配线架端口标签编号对应表。

➡ **任务书**

（1）编制图 2－28 所示综合布线系统模型图的信息点端口对应表。

（2）编制配线架端口标签编号。

（3）编制配线架端口标签编号对应表。

以上项目要求项目名称正确、表格设计合理、编号正确、签字和日期完整。

➡ **引导问题**

1. 当信息点数超过 24 个时，就会使用多个配线架，配线架一般从上向下进行统计，最上边的配线架编号为 1 号，其下的配线架编号为_____号。

2. 房间里有多个信息插座时，一般按顺时针方向从_____开始编号。

3. 综合布线端口对应表是记录_____与其所在位置对应关系的二维表。

4. 编制信息点端口对应表时，其_____作为编制说明也应该设计在端口对应表文件中，以方便施工人员快速读懂该表。

任务指导及相关知识点

综合布线端口对应表是一张记录端口编号信息与其所在位置的对应关系的二维表，主要规定房间编号、每个信息点的编号、端口编号、机柜编号等，它是网络管理人员在日常维护和检查综合布线系统端口过程中快速查找和定位端口的依据。端口对应表可以分为信息点端口对应表、配线架端口标签编号和配线架端口标签编号位置对应表。信息点端口对应表是各个信息点与房间、机柜、配线架、配线架端口的一一对应关系；配线架端口标签编号是编制的配线架端口标签；配线架端口标签编号位置对应表是配线架端口和其信息点物理位置的对应关系。

2.6.1　端口对应表的编制要求

端口对应表的编制要求如下：

（1）表格设计合理。表格通常使用 A4 幅面竖向排版，并且要求表格宽度和文字大小合理，编号清楚，编号数字一般使用小四或五号字体。

（2）编号正确。信息点端口编号一般由数字＋字母组成，编号要能够直观反映信息点与配线架端口的对应关系。

（3）文件名称正确。端口对应表可以按照建筑物编制，也可以按照楼层编制，或者按照 FD 配线机柜编制。无论采取哪种编制方法，都要在文件名称中直接体现端口的区域，因此文件名必须准确，能够直接反映该文件的内容。

（4）签字和日期正确。作为工程技术文件，没有签字就无法确认该文件的有效性，也没有人对该文件负责，更不会有人使用。日期直接反映文件的有效性，因为在实际应用中，可能会经常修改技术文件，一般是用最新日期的文件代替以前日期的文件。

2.6.2　编制信息点端口对应表

【案例 2-4】　根据图 2-1 建筑物综合布线模型图所示的工程项目立体示意图，编制配线子系统信息点端口对应表。要求项目名称正确、表格设计合理、信息点编号正确、签字和日期完整。

案例分析　图 2-42 所示为一种信息点编号规则，为了安装施工人员能够快速地读懂端口对应表，也需要把编号规则作为编制说明设计在端口对应表文件中。信息点端口对应表如表 2-14 所示。

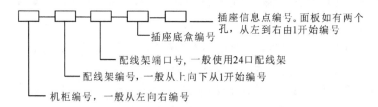

图 2-42　信息点编号规则

表 2-14　建筑物模型图端口对应表

项目名称：建筑物模型图　　　　建筑物名称：＊＊＊＊　　　　文件编号：＊＊＊＊

序号	工作区信息点编号	机柜编号	配线架编号	配线架端口号	插座底盒编号
1	FD1－1－1－11－1	FD1	1	1	11
2	FD1－1－2－11－2	FD1	1	2	11
3	FD1－1－3－12－1	FD1	1	3	12
4	FD1－1－4－13－1	FD1	1	4	13
5	FD1－1－5－14－1	FD1	1	5	14
6	FD1－1－6－14－2	FD1	1	6	14
7	FD1－1－7－15－1	FD1	1	7	15
8	FD1－1－8－16－1	FD1	1	8	16
9	FD2－1－1－21－1	FD2	1	1	21
10	FD2－1－2－21－2	FD2	1	2	21
11	FD2－1－3－22－1	FD2	1	3	22
12	FD2－1－4－23－1	FD2	1	4	23
13	FD2－1－5－23－2	FD2	1	5	23
14	FD2－1－6－24－1	FD2	1	6	24
15	FD2－1－7－25－1	FD2	1	7	25
16	FD2－1－8－25－2	FD2	1	8	25

序号	工作区信息点编号	机柜编号	配线架编号	配线架端口号	插座底盒编号
17	FD2−1−9−26−1	FD2	1	9	26
18	FD3−1−1−31−1	FD3	1	1	31
19	FD3−1−2−32−1	FD3	1	2	32
20	FD3−1−3−33−1	FD3	1	3	33
21	FD3−1−4−33−2	FD3	1	4	33
22	FD3−1−5−34−1	FD3	1	5	34
23	FD3−1−6−35−1	FD3	1	6	35
24	FD3−1−7−36−1	FD3	1	7	36

编制人：＊＊＊   审核人：＊＊＊   编制单位：＊＊＊   日期：＊＊＊

2.6.3 编制机柜配线架端口标签

配线架编号按机柜内配线架的数量，从上往下依次编号，通常最上面的配线架编号为1号。配线架有24口或48口，我们统一按24口配线架进行编号。数据配线架用字母D来表示，语音配线架用字母A来表示。如表2−15中，"1D01"表示1号数据配线架的1号端口，"2D01"表示2号数据配线架的1号端口，其余类推。语音配线架端口标签编号对应表如表2−16所示。

表 2−15 数据配线架端口标签编号对应表

项目名称：建筑物模型图   建筑物名称：＊＊＊＊   楼层：＊＊＊＊   文件编号：＊＊＊＊

端口号	1	2	3	4	5	6	7	8	9	10
标签编号	1D01	1D02	1D03	1D04	1D05	1D06	1D07	1D08	1D09	1D10
端口号	11	12	13	14	15	16	17	18	19	20
标签编号	1D11	1D12	1D13	1D14	1D15	1D16	1D17	1D18	1D19	1D20
端口号	21	22	23	24	1	2	3	4	5	…
标签编号	1D21	1D22	1D23	1D24	2D01	2D02	2D03	2D04	2D05	…

编制人：＊＊＊   审核人：＊＊＊   编制单位：＊＊＊   日期：＊＊＊

表 2−16 语音配线架端口标签编号对应表

项目名称：建筑物模型图   建筑物名称：＊＊＊＊   楼层：＊＊＊＊   文件编号：＊＊＊＊

端口号	1	2	3	4	5	6	7	8	9	10
标签编号	1A01	1A02	1A03	1A04	1A05	1A06	1A07	1A08	1A09	1A10
端口号	11	12	13	14	15	16	17	18	19	20
标签编号	1A11	1A12	1A13	1A14	1A15	1A16	1A17	1A18	1A19	1A20
端口号	21	22	23	24	1	2	3	4	5	…
标签编号	1A21	1A22	1A23	1A24	2A01	2A02	2A03	2A04	2A05	…

编制人：＊＊＊   审核人：＊＊＊   编制单位：＊＊＊   日期：＊＊＊

2.6.4 编制配线架端口标签编号位置对应表

配线架端口标签编号位置对应表是按各个标签编号对应的信息点所属具体房间号填写"编号位置"，如果房间号相同，可以将单元格合并。例如 1D01 标签号对应的信息点位置在301 室，所以其对应的"编号位置"单元格填入"301"，如表 2-17 所示。

表 2-17 数据配线架端口标签编号位置对应表

项目名称：建筑物模型图　　　　建筑物名称：＊＊＊＊　　　楼层：一层　　　文件编号：＊＊＊＊

标签编号	1D01	1D02	1D03	1D04	1D05	1D06	1D07	1D08	1D09	1D10
房间号	301		302				303		304	
标签编号	1D11	1D12	1D13	1D14	1D15	1D16	1D17	1D18	1D19	1D20
房间号	305		306				307		308	
标签编号	1D21	1D22	1D23	1D24	2D01	2D02	2D03	2D04	2D05	…
房间号	309		310				311		…	

编制人：＊＊＊　　　　审核人：＊＊＊　　　　编制单位：＊＊＊　　　　日期：＊＊＊

评价反馈

各小组委派 1 名代表展示并介绍任务的完成情况，然后完成评价反馈表 2-18。

表 2-18 评价反馈表

序号	评价项目	自我评价	小组评价	教师评价	综合评价
1	学习准备				
2	引导问题填写				
3	考勤情况				
4	听课情况				
5	知识点掌握情况				
6	任务书完成质量				
7	参与讨论的主动性				
8	回答问题的准确度				
9	任务创新扩展情况				
10	材料(作业)上交情况				
	总　评				

注：评价档次统一采用 A(优秀)、B(良好)、C(合格)、D(努力)。

思考与练习

设计一种合理的信息点编号规则，重新编制案例 2-4 的信息点端口对应表。要求每个信息点编号必须唯一，并且包括插座底盒编号、楼层机柜编号、配线架编号、配线架端口号等信息，编号有顺序和规律，以方便施工和维护。

任务 2.7　编制材料统计表和工程预算表

➡ 引言

综合布线是系统工程，若要将一个优化的综合布线方案最终在工程中完美地体现，则工程组织管理和工程实施是十分重要的环节。在工程施工之前，要确保施工环境符合施工要求，综合布线材料到位。在综合布线施工过程中，除主要材料之外，还有很多辅助材料、消耗材料等，这些材料厂商不同、品牌不同，价格往往有很大的差别，而且一些低值易耗品消耗量巨大。因此准确统计材料需求，不仅是保证施工质量和进度的重要前提，也是编制施工预算表的基础。

➡ 学习目标

（1）掌握综合布线材料统计表的编制。

（2）掌握综合布线的 IT 预算法。

➡ 任务书

（1）编制图 2-28 所示综合布线系统模型图的材料统计表和预算表，要求材料规格齐全、数量正确、辅料合适、单价合理以及计算正确。

（2）进行产品价格的查询，试使用不同方法查询完成表 2-19 常用综合布线材料询价记录表。

表 2-19　常用综合布线材料询价记录表

序号	材料名称	规格/型号	品牌	单价	经销商及联系方式
1	超 5 类双绞线				
2	24 口超 5 类配线架				
3	超 5 类水晶头				
4	超 5 类信息模块				
5	6 类双绞线				
6	6 类水晶头				
7	24 口 6 类配线架				
8	6 类信息模块				
9	4 芯室内单模光纤				
10	4 芯室内多模光纤				
11	单模光纤跳线				
12	多模光纤跳线				
13	25 对大对数电缆				
14	同轴电缆				

➡ 引导问题

1. 编制材料统计表时，缆线长度按照工程总用量的_____增加余量。

2. 综合布线的低值易耗品，例如水晶头、标签纸等，按照工程总用量的_____增加余量。

3. 标准双绞线一箱为_____m，即 1000 英尺。

4. 进行综合布线工程预算时，除了材料费外，还应包括_____施工费、税金等项目。

任务指导及相关知识点

2.7.1 编制材料表

材料统计表主要用于工程项目的材料采购和现场施工管理，因此统计时必须详细地写清楚全部的主要材料、辅助材料和消耗材料等。

网络工程施工过程中需要许多施工材料，这些材料必须使用规范的名词术语进行编制，其材料名称和型号必须准确。例如网络综合布线中的网线，就不能简单地称为网线，必须要明确是双绞线电缆、同轴电缆还是光缆等，在规格型号中还要明确是几类双绞线，是单模光缆还是多模光缆。名称和型号不明确，就会给采购者带来困惑，如果缺少材料有可能影响施工进度，再次购买还会增加采购和运输成本。因此，购置材料时，在数量上必须满足需求，像双绞线电缆的长度一般按照工程总量的 5%～8%增加余量。在综合布线施工过程中，会大量使用水晶头、螺丝钉等低值易耗品，这些小物件容易丢失，可以按照工程总用量的 10%增加用量。

材料统计表确认之后可进行市场调查和询价，选购最合适工程的材料，并制订材料预算表，确定工程总价。在编制材料统计表时，除以上要求外，表格设计必须合理美观，而且要有文件名，材料表命名一般以项目名称命名，在表格下方要有编制人、审核人等签名。

【**案例 2－5**】 根据图 2－1 所示的建筑物综合布线模型图，编制该工程项目的材料统计表，要求表格设计合理美观、材料数量合理、单位正确，有必要的文字说明。

案例分析 图 2－1 中包含 CD 机架和 BD 机架，其规格型号未给出，在此以 JSEI－05－01 表示其型号，机柜中会用到配线架端接双绞线，所以在材料统计表中应包含配线架、理线架等。线槽以最常用的 39×18 和 20×10 两种规格进行统计，线管以直径为 20 的材料进行统计，注意不要漏掉安装线槽的螺丝和安装线管所用到的管卡等。统计网络插座时要将插座底盒、面板、模块分别进行统计，根据图示，数量要准确。该工程项目的材料统计表如表 2－20 所示。

表 2－20   建筑物综合布线模型图材料统计表

序号	材料名称	材料规格/型号	数量	单位	说 明
1	CD 机架	JSEI－05－01	1	台	模拟 CD 机柜
2	BD 机架	JSEI－05－01	1	台	模拟 BD 机柜
3	网络机柜	19 英寸 6U	3	台	FD 管理机柜

序号	材料名称	材料规格/型号	数量	单位	说明
4	网络配线架	19 英寸 24 口	3	个	网络连接
5	理线架	19 英寸 1U	3	个	机柜内理线
6	明装底盒	86 型	18	个	信息插座底盒
7	插座面板	单孔	12	个	带螺丝 2 个
		双孔	6	个	带螺丝 2 个
8	网络模块	RJ45 超 5 类非屏蔽	24	个	信息插座用
9	双绞线	超 5 类非屏蔽双绞线	1	箱	网络布线用
10	PVC 线管	φ20	18	米	水平布线用
11	PVC 管接头	φ20 直接	10	个	连接 PVC 线管
12	管卡	φ20	60	个	固定 PVC 线管
13	PVC 线槽	39×18/20×10	12/2	米	水平布线用
14	螺丝	M6×16	60	个	安装线槽
15	辅材	标签、牵引钢丝等	配套		布线辅助材料

编制人：＊＊＊　　　审核人：＊＊＊　　　编制单位：＊＊＊　　　日期：＊＊＊

确定材料统计表后即可进行市场询价，根据实际价格确定材料预算表，在表里必须要加上材料的品牌，不同品牌价格往往相差很大，如表 2-21 所示。

表 2-21　建筑物综合布线模型图材料预算表

序号	材料名称	材料规格/型号	数量	单位	品牌	单价/元	小计/元
1	CD 机架	JSEI-05-01	1	台	＊＊＊	15000	15000
2	BD 机架	JSEI-05-01	1	台	＊＊＊	15000	15000
3	网络机柜	19 英寸 6U	3	台	＊＊＊	800	2400
4	网络配线架	19 英寸 24 口	3	个	＊＊＊	500	1500
5	理线环	19 英寸 1U	3	个	＊＊＊	100	300
6	明装底盒	86 型	18	个	＊＊＊	5	90
7	插座面板	单孔	12	个	＊＊＊	10	120
		双孔	6	个	＊＊＊	10	60
8	网络模块	RJ45 超 5 类非屏蔽	24	个	＊＊＊	15	360
9	双绞线	超 5 类非屏蔽双绞线	1	箱	＊＊＊	1000	1000
10	PVC 线管	φ20	18	米	＊＊＊	5	90
11	PVC 管接头	φ20 直接	10	个	＊＊＊	1	10

序号	材料名称	材料规格/型号	数量	单位	品牌	单价/元	小计/元
12	管卡	φ20	60	个	＊＊＊	1	60
13	PVC 线槽	39×18	12	米	＊＊＊	8	96
		20×10	2	米	＊＊＊	5	10
14	螺丝	M6×16	60	个	＊＊＊	0.5	30
15	辅材	标签、牵引钢丝等	1	套	＊＊＊	500	500
16	总计(元)						36626

编制人：＊＊＊　　　审核人：＊＊＊　　　编制单位：＊＊＊　　　日期：＊＊＊

2.7.2 编制综合布线工程预算表

综合布线工程预算是综合布线设计环节的一部分，它对综合布线工程项目的造价估算和投标估价及后期的工程决算都有很大影响。

工程预算由编制说明和预算表构成。

1) 编制说明

编制说明由以下几项内容构成：工程概况、预算总价值、编制依据及采取的取费标准和计算方法的说明、工程技术经济指标分析及其他需要说明的问题。

2) 预算表

预算表是确认工程总造价的依据，分为国家定额预算法和 IT 预算法两种。定额预算是指在一定的生产技术和劳动组织条件下，完成单位合格产品在人力、物力、财力的利用和消耗方面应当遵守的标准。综合布线预算定额可以按照定额的规定和要求逐项填写和计算即可，表格的内容和编写方法对不同行业、不同地区在预算定额的规定中会有所不同，但定额本身都是经过国家有关部门批准的，在工程中，公开发布的定额都可以使用。本节课，将重点掌握 IT 行业预算法。IT 行业的预算方式取费的主要内容除了材料费外，还包括设计费、施工费、测试费、税金等。下面，在以上材料预算表的基础上完成该综合布线工程的预算表。

【案例 2－6】　依据 IT 行业预算方式，编制图 2－1 所示建筑物综合布线模型图的工程预算表，如表 2－22 所示。

表 2－22　建筑物综合布线模型图工程预算表

序号	材料名称	材料规格/型号	数量	单位	品牌	单价/元	小计/元
1	CD 机架	JSEI－05－01	1	台	＊＊＊	15000	15000
2	BD 机架	JSEI－05－01	1	台	＊＊＊	15000	15000
3	网络机柜	19 英寸 6U	3	台	＊＊＊	800	2400
4	网络配线架	19 英寸 24 口	3	个	＊＊＊	500	1500
5	理线环	19 英寸 1U	3	个	＊＊＊	100	300

序号	材料名称	材料规格/型号	数量	单位	品牌	单价/元	小计/元
6	明装底盒	86 型	18	个	＊＊＊	5	90
7	插座面板	单孔	12	个	＊＊＊	10	120
		双孔	6	个	＊＊＊	10	60
8	网络模块	RJ45 超 5 类非屏蔽	24	个	＊＊＊	15	360
9	双绞线	超 5 类非屏蔽双绞线	1	箱	＊＊＊	1000	1000
10	PVC 线管	ϕ20	18	米	＊＊＊	5	90
11	PVC 管接头	ϕ20 直接	10	个	＊＊＊	1	10
12	管卡	ϕ20	60	个	＊＊＊	1	60
13	PVC 线槽	39×18	12	米	＊＊＊	8	96
		20×10	2	米	＊＊＊	5	10
14	螺丝	M6×16	60	个	＊＊＊	0.5	30
15	辅材	标签、牵引钢丝等	1	套	＊＊＊	500	500
16	材料总价(元)						36626
17	设计费(6％)						2198
18	施工费(20％)						7325
19	监理费(6％)						2198
20	测试费(6％)						2198
21	税金(4％)						1465
22	总计						52010

编制人：＊＊＊　　审核人：＊＊＊　　编制单位：＊＊＊　　日期：＊＊＊

评价反馈

各小组委派 1 名代表展示并介绍任务的完成情况，然后完成评价反馈表 2-23。

表 2-23　评　价　反　馈　表

序号	评价项目	自我评价	小组评价	教师评价	综合评价
1	学习准备				
2	引导问题填写				
3	考勤情况				
4	听课情况				
5	知识点掌握情况				

序号	评价项目	自我评价	小组评价	教师评价	综合评价
6	任务书完成质量				
7	参与讨论的主动性				
8	回答问题的准确度				
9	任务创新扩展情况				
10	材料(作业)上交情况				
	总　评				

注：评价档次统一采用 A(优秀)、B(良好)、C(合格)、D(努力)。

思考与练习

1. 下列不属于材料表的是(　　)。

A. 材料名称　　　　　B. 材料型号　　　　　C. 材料价格　　　　D. 材料数量

2. (　　)是确认工程总造价的依据，也是工程合同的附件。

A. 材料表　　　　　　B. 预算表　　　　　　C. 进度表　　　　　D. 点数统计表

3. 水晶头等低值易耗品一般按照工程总用量的(　　)增加。

A. 5%　　　　　　　　B. 8%　　　　　　　　C. 10%　　　　　　D. 20%

4. 一电缆护套上标有 F/UTP 字样，它属于以下哪类缆线(　　)?

A. 光缆　　　　　　　　　　　　　　　B. 在最外层没有屏蔽层的双绞线

C. 每对线芯都有屏蔽层　　　　　　　　D. 每对线芯没有屏蔽层，但是最外层有屏蔽层

5. 对于材料表和预算表，都需要(　　)。

A. 文件名　　　　　　B. 编制人　　　　　　C. 审核人　　　　　D. 编制日期

任务 2.8　编制时间进度管理图表

➡ 引言

综合布线工程是系统工程，工程的时间进度管理是十分重要的环节。根据合同对工期的要求以及计算出的工程量、施工现场的实际情况、总体工程的要求以及施工工程的顺序和特点制定出工程总进度计划，并用图表的形式表现出来。

➡ 学习目标

(1) 知道什么是甘特图。

(2) 掌握甘特图的绘制步骤。

➡ 任务书

某综合布线工程项目计划在 2023 年 2 月 1 日开工，工期 15 天。其工序包括"施工准备""布管和穿线""测试""安装机柜""竣工验收""配线端接"等几个项目，试合理安排其工序，并编制甘特图。

➡ 引导问题

1. _____用来安排和控制施工进度，合理安排任务工序。

2. 甘特图又称为横道图、条状图，是用来显示项目进度随_____进展的情况。

3. 甘特图分为_____、计划图表、负荷图表、机器闲置图表和人员闲置图表 5 种形式。

4. 绘制甘特图时，一定要注意任务之间的_____顺序。

任务指导及相关知识点

对于一个可行的施工管理制度而言，实施工作是影响施工进度的重要因素，如何提高工程施工的效率从而保证工程如期完成，就需要依靠一个相对完善的施工进度计划体系。施工进度表作为甘特图的一种表现形式，下面来了解一下什么是甘特图以及如何绘制甘特图。

2.8.1 甘特图

甘特图（Gantt chart）又称为横道图、条状图（Bar chart），是通过条状图来显示项目、进度和其他与时间相关的系统随时间进展的情况。甘特图以提出者亨利·劳伦斯·甘特（Henry Laurence Gantt）先生的名字命名，它被认为是管理工作上的一次革命，社会历史学家将其视为 20 世纪最重要的社会发明。

甘特图的内在思想比较简单，即以图示通过活动列表和时间刻度表示出特定项目的顺序与持续时间。甘特图是一个条线图，横轴表示时间，纵轴表示项目，线条表示任务在整个进展期间计划和实际活动的完成情况。它能直观地表示任务计划在什么时候进行，以及实际进展与计划要求的对比。管理者由此可清楚地知道一项任务（项目）还剩下哪些工作要做，并可评估工作进度。

甘特图是基于作业排序的目的将活动与时间联系起来的最早尝试之一。该图能帮助企业描述诸如工作中心、超时工作等资源的使用图。按内容不同，甘特图分为计划图表、负荷图表、机器闲置图表、人员闲置图表和进度表 5 种形式。当用于负荷图表时，甘特图可以显示几个部门、机器或设备的运行和闲置情况，从中可以了解该系统有关工作的负荷状况，使管理人员做出正确的调整。例如，当某一工作中心处于超负荷状态时，低负荷工作中心的员工可临时转移到该中心以增加其劳动力。但甘特负荷图也有一些局限，例如它不能解释生产变动如意料不到的机器故障及人工错误所造成的返工等。甘特进度表可用于检查工作完成进度，它可以表明哪些工作如期完成，哪些工作提前或延期完成。

2.8.2 甘特图的绘制步骤

甘特图的绘制步骤如下：

（1）明确项目涉及的各项活动和项目。内容包括：项目名称（包括顺序）、开始时间、工期、任务类型（依赖/决定性）和依赖于哪一项任务。

（2）创建甘特图草图。将所有的项目按照开始时间、工期标注到甘特图上。

（3）确定项目活动依赖关系及时序进度。使用草图按照项目的类型将项目联系起来，并安排项目进度。此步骤将保证在未来计划有所调整的情况下，各项活动仍然能够按照正确的时序进行，也就是确保所有依赖性活动能并且只能在决定性活动完成之后按计划展开，同时避免关键性路径过长。关键性路径是由贯穿项目始终的关键性任务所决定的，它既表示了项目的最长耗时，也表示了完成项目的最短可能时间。注意，关键性路径会由于单项活动进度的提前或延期而发生变化，而且不要滥用项目资源，同时，对于进度表上的不可预知事件要安排适当的富余时间。但是，富余时间不适用于关键性任务，因为作为关键性路径的一部分，它们的时序进度对整个项目至关重要。

（4）计算单项活动任务的工时量。

（5）确定活动任务的执行人员以及适时按需调整工时。

（6）计算整个项目的时间。

2.8.3　甘特图的制作工具

1. Microsoft Office Project

Microsoft Office Project 是微软出品的通用型项目管理软件，在国际上享有盛誉，凝聚了许多成熟的项目管理现代理论和方法，可以帮助项目管理者实现时间、资源、成本的计划以及控制。

2. Gantt Project

Gantt Project 是以 Java 编写的开源软件。该软件可以轻松绘出甘特图，可输出 PNG/JPG 图片格式、HTML 网页或 PDF 格式。

3. Microsoft Office Excel/Word

Excel 是 Microsoft Office 的一个重要的组成部分，它可以进行各种数据的处理、统计分析和辅助决策操作，广泛地应用于管理、统计、财经、金融等众多领域。

Word 利用其表格工具也可以很方便地编制进度表。

【案例 2-7】　利用 Microsoft Office Project 和 Word 软件分别设计一种综合布线施工进度表，要求合理安排任务工序及施工进度。

案例分析　用综合布线工程的常用流程编制进度表，其中 Project 编制的甘特图如图 2-43 所示，Word 编制的进度表如表 2-24 所示。

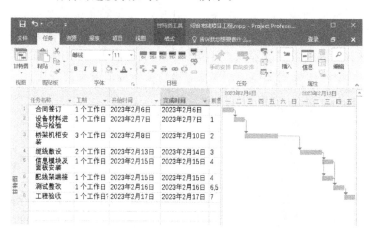

图 2-43　综合布线项目工程 Project 甘特图截图

表 2－24　综合布线项目工程施工进度表

项　　目	时　间											
	2023 年 2 月											
	6	7	8	9	10	11	12	13	14	15	16	17
1. 合同签订	■											
2. 设备材料进场与检验		■										
3. 桥架及机柜安装			■	■	■							
4. 缆线敷设								■	■			
5. 信息模块及面板安装										■		
6. 配线架端接										■		
7. 测试整改											■	
8. 工程验收												■
说明												

编制人：＊＊＊　　审核人：＊＊＊　　编制单位：＊＊＊　　日期：＊＊＊

评价反馈

各小组委派 1 名代表展示并介绍任务的完成情况，然后完成评价反馈表 2－25。

表 2－25　评 价 反 馈 表

序号	评价项目	自我评价	小组评价	教师评价	综合评价
1	学习准备				
2	引导问题填写				
3	考勤情况				
4	听课情况				
5	知识点掌握情况				
6	任务书完成质量				
7	参与讨论的主动性				
8	回答问题的准确度				
9	任务创新扩展情况				
10	材料(作业)上交情况				
	总　评				

注：评价档次统一采用 A(优秀)、B(良好)、C(合格)、D(努力)。

思考与练习

合理安排人员和设备、组织项目工序达到工期要求是综合布线项目时间进度设计的重要任务。例如，某综合布线工程分为"施工准备""槽管安装""桥架安装""机柜安装""缆线敷设""配线端接""测试整改""竣工验收"几个项目，试将它们进行排序，哪些可以同时进行，哪些必须前一项完工后才可以进行，用甘特图（进度表）将它们表示出来。

任务 2.9　编制投标文件

➡ 引言

自 2000 年《中华人民共和国招投标法》颁布实施以来，绝大多数的施工企业都是参与市场竞争取得工程承包权，因而投标是企业参与市场竞争的关键，中标与否直接影响企业的生存与发展。项目投标的关键性环节就是编制投标文件，它是企业参与投标竞争的重要凭证，是专家评标最直接、最客观的依据，其质量好坏直接影响中标与否。

➡ 学习目标

（1）了解投标程序及内容。

（2）掌握投标文件的组成，能编制综合布线工程项目投标书。

➡ 任务书

按学习小组成立公司，对某校 1♯学生宿舍 2 层综合布线工程项目编制投标书，要求内容完整，设计合理，评标方案如表 2-26。每家公司安排一名项目经理介绍自己的方案，看哪家公司最后中标。

附：1♯学生宿舍 2 层平面图，如图 2-44 所示。

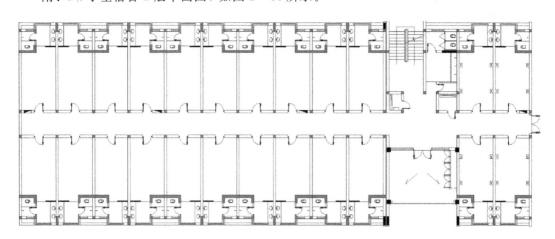

图 2-44　1♯学生宿舍 2 层平面图

（1）投标书；

（2）评标方案：

表 2 - 26　标书方案评分表

评分项目	评分内容	评分说明
商务部分 （30分）	投标人综合实力、资质和信誉 （5分）	审查企业综合实力、信誉、有无类似工程实施经验等，酌情给1～5分
	施工组织设计 （10分）	有内容完整的施工组织设计，包括人员的组织管理、工期及保障措施，保证工程质量以及安全生产、文明施工的措施
	培训方案及售后服务承诺（10分）	培训和售后服务体系、质保期等情况；优秀得 8～10 分，一般得 5～7 分，较差得 0～4 分
	投标文件（5分）	文件应装订牢固、目录清楚、页码准确，完全响应招标文件要求提供相关资料、表格等，有欠缺酌情扣分
技术部分 （40分）	技术方案设计 （20分）	整体解决方案具有科学性、合理性和完整性，产品选型较好；综合评议投标人对本项目的理解程度及实施方案的详细程度、完整性、适用性、先进性和准确性等方面。 优秀得 16～20 分，一般得·11～15 分，较差得 7 分以下
	系统性能指标 （15分）	根据投标文件所提供产品或服务的整体技术情况评审综合打分。优秀得 12～15 分，一般得 8～11 分，较差得 7 分以下
	节能产品、环境标志产品（5分）	综合审查投标人所投产品是否属于节能产品、环境标志产品，酌情给 0～5 分，须附相应证明材料
价格 （30分）	投标价格	由评标委员会审查每个投标人是否有报价漏报。如有，按其他投标人的该项产品的最高报价予以补充，形成评标价格； 以符合招标文件要求的最低评标价格作为基准价，基准价得满分30 分；其他投标人的投标报价＝（基准价/该投标人的评标价格）×30

➡ 引导问题

1. 投标文件（投标书）是指投标人根据＿＿＿＿＿＿内容要求编制而成的文件，又称为应答文件或响应文件。

2. 投标文件可分为商务标和＿＿＿＿＿＿，综合布线工程项目的投标就属于这种投标文件。

3. 综合布线工程项目技术标应包含的基本要素为：工程概况、预算、＿＿＿＿＿＿、项目实施管理、培训、技术支持及售后服务。

4. 投标人应根据招标项目的特点及要求提供相应的＿＿＿＿＿＿、实施方案、技术支持与售后服务方案、培训计划和招标文件中要求投标人响应的其他技术文件等。

任务指导及相关知识点

投标文件(投标书)是指投标人根据招标文件的内容要求编制而成的文件,又称为应答文件或响应文件。投标文件是参加投标的主要有效法律文书,更是决定竞标胜负的关键性文件。因此,在编制投标文件的时候,投标人要把通过和建设方交流获得的全部有用信息通过标书展现出来,把自己的施工水平资质、业绩、技术实力、管理能力、售后服务以及最具市场竞争力的价格优势等充分体现在投标文件内。

2.9.1　投标文件的组成

1. 投标文件的一般组成

(1)商务标。商务标是有关商务方面的投标文件,其内容按招标文件规定逐项填写,有企业资质、投标报价、分项报价书、投标保证金等。商务标书主要是围绕投标方针对招标方所需货品或服务给出的"报价"进行说明。

(2)技术标。技术标是指为完成招标文件规定的工程所采取的各种技术措施。技术标书主要是对于投标方自身的情况、能力、业绩以及针对该项目提出的技术方案等的汇总。技术标主要包括:设计方案、项目实施方案、质量保证体系、售后服务计划、主要设备或产品介绍、技术偏差说明等。

2. 综合布线工程项目投标文件组成

下面简要介绍综合布线工程项目技术标应包含的基本要素:

(1)工程概况:

……工程内容情况概述;

……系统设计总体思想和目标;

……所遵循的标准。

(2)技术方案设计:

……综合布线系统设计(系统图);

……综合布线信息点及路由设计(施工平面图);

……电气防护设计等相关设计。

(3)预算:

……设备材料清单;

……工程预算表。

(4)项目实施管理:

……项目实施组织管理框架;

……项目进度计划。

(5)培训、技术支持及售后服务。

2.9.2　投标程序及内容

投标程序及内容包括从填写资格预审表至将正式的投标文件交付业主为止的全部工

作，重点有如下几项工作。

1. 工程项目的现场考察

工程项目的现场考察是投标前的一项重要准备工作。在现场考察前应对招标文件中所提出的范围、条款、建筑设计图纸和说明要认真阅读、仔细研究。现场应重点考察、了解以下情况：建筑物施工情况、工地及周边环境、电力情况、本工程与其他工程间的关系、工地附近住宿及加工条件。

2. 分析招标文件、校核工程量、编制施工计划

（1）招标文件。招标文件是投标的主要依据，研究招标文件应重点考虑以下方面：投标人须知、合同条件、设计图纸和工程量。

（2）工程量确定。投标人根据工程规模核准工程量，并作询价与市场调查，这对于工程的总造价影响较大。

（3）编制施工计划。施工计划包括施工方案和施工方法、施工进度、劳动力计划，原则是在保证工程质量与工期的前提下，降低成本和增长利润。

3. 工程投标报价

报价应进行单价、利润和成本分析，投标的报价应取在适中的水平，一般应考虑综合布线系统的等级、产品的档次及配置量。工程报价可包括以下方面：设备与主材价格、工程安装调测费、设计费、培训费、工程总价、优惠价格等。

4. 编制投标文件

投标文件的组成见 2.9.1 节。

5. 封送投标书

在规定的截止日期之前，将准备好的所有投标文件密封递送到招标单位。

6. 开标

招标单位按招投标法的要求和投标程序进行开标。

7. 评标

评标是由招标人组成专家评审小组对各投标书进行评议和打分，打分的结果应有评委成员的签字方可生效，然后，评选出中标承包商。在评标过程中，评委会要求投标人针对某些问题进行答复，投标人应组织项目的管理和技术人员对评委所提出的问题作简短的、实质性的答复，尤其对建设性的意见须阐明观点，不要反复介绍承包单位的情况和与工程无关的内容。

由于投标书的打分结果直接关系到投标人能否中标，因此一般采用公开评议与无记名打分相结合的方式，打分为 10 分制或 100 分制。

8. 中标与签订合同

根据打分和评议的结果选择中标承包商，最后由建设单位与承包商签订合同。

评价反馈

各小组委派1名代表展示并介绍任务的完成情况，然后完成评价反馈表2-27。

表2-27　评价反馈表

序号	评价项目	自我评价	小组评价	教师评价	综合评价
1	学习准备				
2	引导问题填写				
3	考勤情况				
4	听课情况				
5	知识点掌握情况				
6	任务书完成质量				
7	团队协作情况				
8	任务创新扩展情况				
9	贡献度				
总　评					

注：评价档次统一采用 A(优秀)、B(良好)、C(合格)、D(努力)。

思考与练习

1. 在几个技术方案中，当最合理的技术方案与招标文件的技术要求不一致时，应如何处理？

2. 观察你所住的学生宿舍楼，根据用户需求，按1人1个信息插座，1个宿舍1个电话插座的要求配置综合布线系统。

(1) 试设计该宿舍楼网络综合布线系统图。

(2) 试设计该宿舍楼网络综合布线施工图。

(3) 制作该宿舍楼综合布线系统设计方案。

(4) 制作该宿舍楼综合布线系统工程投标书。

项目 3 家居综合布线设计与施工

随着科技的发展和人民生活水平的提高，人们对于自己的居住环境提出了更高的要求：生活要便利化、现代化，居住要舒适化、艺术化、安全化，智能家居正是在这种形势下应运而生的。智能家居是指以住宅为平台，利用综合布线技术、网络通信技术、安全防范技术、自动控制技术、音视频技术将与家居生活有关的设施集成，构建高效的住宅设施与家庭日程事务的管理系统，提升家居安全性、便利性、舒适性、艺术性，并实现环保节能的居住环境。

智能家居是在互联网影响下的物联化的体现，智能家居的概念起源很早，但一直未有具体的建筑案例出现，直到 1984 年，世界上第一座智能大厦在美国诞生，出现了首栋"智能型建筑"，从此揭开了全世界争相建造智能建筑的序幕。显然，智能家居实现的基础是必须引入综合布线系统，这也使得综合布线从楼宇建筑走入了普通家庭住宅。

设计家居网络时，应充分考虑未来家居内所有可能的综合布线/联网设备。在未来的家居中网络将无处不在，所以在设计家居网络时，不要限制自己的思维，网络除了可以连接到客厅、书房外，还可以连接到厨房、各种家用电器设备、家用医疗设备等。设计家居网络时长远考虑是十分必要的，比如技术上的某些超前（如家庭中的光纤布线）等，尽管目前还没有在每一个新的住宅内实现，但是设计一个可以升级的家居网络对未来十分重要。

由于篇幅关系，本项目仅以住宅为平台，以一个家居综合布线系统方案的设计为例，帮助大家对家居网络综合布线有一个初步的认识。

任务 3.1 家居综合布线设计

➡ 引言

在追求家庭生活的安全性、便利性、舒适性和艺术性方面，智能家居是最佳的选择。而综合布线系统是一切智能化的基础，在确保安全性、实用性、先进性和经济性的前提下，还要拥有良好的扩展功能，便于以后的升级和改造成全光纤网络，避免浪费和重新开槽影响家居环境的美观。

➡ 学习目标

（1）理解家居综合布线的设计原则。

（2）掌握家居综合布线材料的选型原则。

➡ 任务书

（1）进行家居网络布线的设计分析。

（2）下面是家庭装修常用的布线材料，试写出这些材料的名称，并在老师的指导下完成综合布线材料表的编制，如表 3－1 所示。注意数量和单位要合理，行数不够可以自行添加。

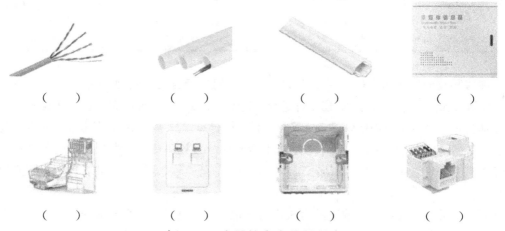

（　　）　　　　　　（　　）　　　　　　（　　）　　　　　　（　　）

（　　）　　　　　　（　　）　　　　　　（　　）　　　　　　（　　）

表 3－1　家居综合布线材料表

序号	材料名称	型号或规格	数量	单位	品牌	备注
1						
2						
3						
4						
5						
6						

编制人：　　　　　　　审核人：　　　　　　　　编制单位：　　　　　　　　编制日期：

➡ **引导问题**

1. 信息插座底边距离地面一般应为＿＿＿＿＿＿cm。

2. 信息插座可分为 3 种类型：墙面型、＿＿＿＿＿＿、桌面型。

3. 一般情况下，在选择插座时经常使用 86 系列标准插座，其面板尺寸为＿＿＿＿mm。

4. 家居配线箱（信息箱、多媒体箱等）相当于综合布线中的＿＿＿＿＿＿子系统。

5. 信息插座和电源插座应保持＿＿＿＿＿＿cm 以上的距离，以防止电磁干扰的影响。

6. 水平布线常用的 3 种布线方式为：＿＿＿＿＿＿布线、楼道内的桥架布线、吊顶内布线。

7. 家居信息布线拓扑图宜采用＿＿＿＿＿＿拓扑结构设计。

8. 电话线一般使用＿＿＿＿＿＿类大对数双绞线，数据主干电缆宜用＿＿＿＿＿＿类或 6 类双绞线电缆。

任务指导及相关知识点

家居综合布线设计应有一定的前瞻性，应充分考虑未来家庭内所有可能的综合布线需求。一般而言，对新建住宅或住宅改造，墙内布线方案是最佳选择，所有方案设计应该是一个开放式系统，能够与其他系统共存或互补。比如，一个有线网络可以通过安装无线路由器扩展为无线局域网，通过无线网卡连接个人电脑。

依据 GB 50311—2016《综合布线系统工程设计规范》，家居综合布线主要解决工作区子系统、水平子系统及管理间子系统的设计及施工。工作区子系统可以理解为一个个的信息插座，如图 3-1 所示；水平子系统则是从信息插座延伸到多媒体信息箱的线管和缆线，多媒体信息箱则可以看成为管理间子系统，如图 3-2 所示。

图 3-1　线管延伸到信息插座底盒

图 3-2　安装线管的多媒体信息箱

工作区子系统的设计主要是设计信息插座的数量和位置，信息插座一般安装在距离地面高度 30 cm 的位置，嵌入墙面安装。其数量依据用户需求进行设计，其间应给出未来扩展的合理化建议。水平子系统设计则主要是地埋暗管设计，线管尽量沿踢脚线埋管，且不要和强电管路平行敷设，若不能避免，则应保持一定间距或选用钢管以避免电磁辐射对网络信号的影响。

3.1.1　家居网络拓扑结构

现代家居综合布线系统从网络规模来看属于小型局域网范畴，必须符合计算机网络与通信工程的相关技术标准。为将电视系统、网络系统、语音系统等引入住宅，首先在室内要选择一个网络布线的集中汇聚点，如门厅、玄关处。集中汇聚点放置多媒体信息箱，箱内放置光猫、小型交换机、语音分离器、有线电视分配器等，同时要安装 220 V 的交流电源插座，如图 3-3 所示。近年来，许多新交付的房地产项目中已提供室内多媒体信息箱，但该信息箱容积普遍较小，功能扩展困难，实用性不强，因此可以重新设置一个较大的信息箱，以便有足够的空间安置网络设备，同时具有良好的散热效果。

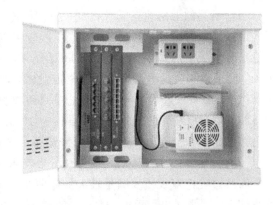

图 3-3　家庭多媒体信息箱

规划当前及今后一段时期的家庭联网需求，如计算机、网络打印机、网络电视的数量及其在各个房间的具体摆放位置。ISP 入户线路连接到信息箱后，再通过小型交换机向各个房间分别铺设网线，总体上呈一个星形拓扑结构，该结构具有网络稳定性高、易于故障排除、可最大限度避免单点故障、便于今后网络扩展等优点。由于用户所有的连接和网络设备都集中在一起，该信息箱同时又是电话、有线电视、家庭背景音响等设施的布线汇聚点，因此，此信息箱其实起到一个小型管理间的作用。

3.1.2　家居综合布线设计原则

为了实现"以人为本"的全新家居生活体验，智能家居布线设计与施工需遵循相应的原则。

（1）灵活布线、影音共享、同时上网的原则：通过家庭信息箱的管理，可任意增加、减少电话点的数量，可任意互换电话、数据点的功能，无须重新布线破坏装修风格。全家人都可在自己的房间独立上网、打电话、看电视、听音乐，避免互相干扰。

（2）信号传输优质稳定原则：所有进线都接在统一规范的标准接口上，线路连接也在功能模块中进行，不再有手工复接、搭接的问题，电话、电视、电脑不再为信号衰减或干扰等问题影响使用效果。

（3）方便控制管理的原则：可随时切断儿童房间的电话、电脑、有线电视信号等，以确保儿童学习时间不使用电话、电脑、电视、听音乐打游戏，有效实现对任意房间的信号实时控制。所有这些只在信息箱内控制即可达成，如果网络设备具有智能管理功能，控制将更为方便。

（4）轻松维护原则：线路中出现的任何故障，都可在信息箱内处理，无须大动干戈地开墙凿地，无须专业人员即可实现轻松管理和维护。

3.1.3　家居综合布线材料选型及施工原则

非屏蔽双绞线是网络布线最常用的传输介质，为了确保优良的电气性能和可靠的信号传输质量，建议使用优质的 5e 类双绞线或 6 类双绞线，5e 类双绞线的传输速率仅为 100 Mb/s，而 6 类双绞线的最高传输速率可达到 250 Mb/s，且抗干扰性能大幅提高。6 类 E 级布线是目前网络布线的最佳选择。

根据不同的上网地点需求，如书房、卧室、客厅、阳台等，从多媒体信息箱起向上述位置墙面或地面开槽，全部铺设暗线管。线管可以是钢管也可以是 PVC 线管，所有双绞线电缆都敷设在线管内，注意强电和弱电要分开，强电电缆和弱电电缆尽量不要并排或交叉，否则，应采取相应的屏蔽措施。并排走线时，非屏蔽双绞线电缆和强电电缆间距至少要大于 30 cm，屏蔽双绞线电缆和强电电缆间距要大于 7 cm，这样可大大降低信号干扰。线管内布线，要根据线管的规格布线，直径为 16 mm 的线管，所容纳的双绞线最多为 2 根，直径为 20 mm 的线管，所容纳的双绞线最多为 3 根，线管的截面利用率大概为 30%，这样的要求一方面是方便穿线，另一方面也不会破坏双绞线的缠绕节距。

布线过程中双绞线要满足较大的弯曲半径，如果不能满足，双绞线电缆的缠绕节距会发生变化，严重时电缆可能损坏，会直接影响电缆的传输性能。

缆线的弯曲半径应符合下列规定：

（1）非屏蔽 4 对对绞电缆的弯曲半径应至少为电缆外径的 4 倍。

（2）屏蔽 4 对对绞电缆的弯曲半径应至少为电缆外径的 8 倍。

（3）2 芯或 4 芯水平光缆的弯曲半径应大于 25 mm。

（4）光缆容许的最小曲率半径在施工时应不小于光缆外径的 20 倍，在施工完毕时应不小于光缆外径的 15 倍。

每一条双绞线的敷设应该完整，中间不得有短路、续接现象，一根双绞线的最大长度不得超过 90 m。双绞线一端在家庭信息箱内预留 20～30 cm 的长度，另一端在插座底盒内预留 10～20 cm 的长度。各房间的电视墙除了要预留有线电视接口外，还应预留网络接口，便于接收网络电视和其他多媒体设备信号应用。

对于信息插座面板、底盒及模块的选择，家庭装修时一般选用双口多用户信息插座，一个为语音模块，另一个为网络模块，或者两个均为网络模块。面板规格为 86 系列面板，且暗装底盒，网络模块多为免打式信息模块。

综合布线是为了享受更舒适、更安全的生活，因此家居综合布线产品的选型也要考虑以下原则：

（1）与工程实际相结合。产品选型必须与工程实际相结合，从工程实际和用户需求考虑，应选用合适的产品（包括各种缆线和连接硬件）。

（2）符合技术标准。选用的产品应符合有关技术标准，包括国际标准、我国国家标准和行业标准。所用的国内外产品均应以我国国家标准或行业标准为依据进行检测和鉴定，未经鉴定合格的设备和器材不得在工程中使用。

（3）近远期结合。根据近期信息业务和网络结构的需要，适当考虑今后信息业务种类和信息点增加的可能性，预留一定的发展余地。在考虑近远期结合时，不应强求一步到位、贪大求全，要保障用户的利益，允许系统逐步到位。

（4）技术先进性和经济合理性相统一。我国已执行符合国际标准的通信行业标准，对综合布线系统产品的技术性能应以系统指标来衡量。在产品选型时，所选设备和器材的技术性能指标要高于系统指标，但是也不宜太高，以免徒增成本。

3.1.4　无线网络设备的安置

在家庭网络中，无线网络是有线网络的重要扩展，尤其适合笔记本电脑、智能手机等设备使用。无线路由器、无线 AP 等设备的缆线敷设与安装位置也是一个重点。由于家庭多媒体信息箱空间较小，平时金属箱门呈关闭状态，如果放置无线路由设备后，金属箱体会严重屏蔽无线信号的发射与接收。因此必须在室内设置无线接入点，同时选择质量可靠、无线覆盖面积大、无线传输信号好、无线传输标准技术先进与高速的路由器。考虑到无线信号通过的墙壁数量、厚度以及产生无线电频率噪声的电子设备会限制和干扰无线网络的覆盖范围等，使无线范围最大化的方法就是尽量选择空旷的、住宅内部尽量居中的地方、使穿越的墙或天花板的数量最少，以便于更好地接收信号。如选择客厅电视柜或客厅与卧室通道的天花板处、较高的墙面等。

各小组委派 1 名代表展示并介绍任务的完成情况，然后完成评价反馈表 3-2。

表 3 - 2　评 价 反 馈 表

序号	评 价 项 目	自我评价	小组评价	教师评价	综合评价
1	学习准备				
2	引导问题填写				
3	考勤情况				
4	听课情况				
5	知识点掌握情况				
6	任务书完成质量				
7	参与讨论的主动性				
8	回答问题的准确度				
9	任务创新扩展情况				
10	材料(作业)上交情况				
	总　评				

注：评价档次统一采用 A(优秀)、B(良好)、C(合格)、D(努力)。

工程案例

某住宅家居布线示意如图 3 - 4 所示。

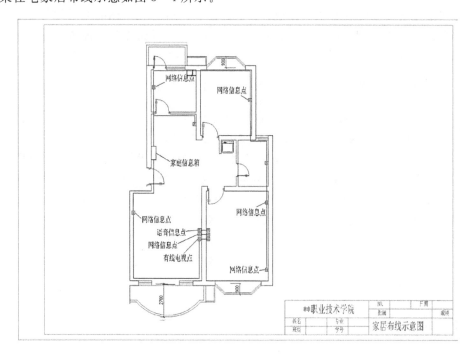

图 3 - 4　家居布线示意图

思考与练习

1. 信息插座底盒内安装了各种信息模块，包括下列哪些模块？（　　　）

A. 网络模块　　　　　B. 语音模块　　　　　C. 通信连接块　　D. USB 接口

2. 家庭书房装修，一般应配置数据信息点（　　　）个。

A. 1　　　　　　　　B. 2　　　　　　　　C. 3　　　　　　　D. 4

3. 安装在墙上的信息插座，其位置宜高出地面（　　　）mm。

A. 100　　　　　　　B. 200　　　　　　　C. 300　　　　　　D. 400

4. 信息插座和电源插座的距离应不小于（　　　）mm。

A. 100　　　　　　　B. 200　　　　　　　C. 300　　　　　　D. 400

5. 信息插座与计算机终端的距离一般保持在（　　　）m 以内。

A. 10　　　　　　　 B. 5　　　　　　　　C. 4　　　　　　　D. 2

任务 3.2　设计住宅综合布线施工图

➡ 引言

根据户型图设计一个弱电综合布线施工图，家居布线施工图的设计主要是信息管线和信息插座的布局及安装，线管可以使用金属管或 PVC 塑料管，采用暗埋敷设。一般在墙面或楼板埋管时可以使用 φ16 或 φ20 的线管。信息插座一般安装在墙面，使用 86 系列插座，同时注意电源插座和信息插座的间距及安装位置。

➡ 学习目标

（1）能合理配置住宅信息点的数量及位置。

（2）能利用 AutoCAD 绘制出住宅信息布线施工图。

➡ 任务书

根据给定的住宅平面图 3-5，设计该住宅的弱电布线施工图。

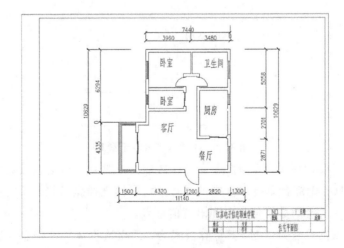

图 3-5　住宅平面图

➡ 引导问题

1. 从综合布线设计角度看，家庭中的信息接入箱属于管理间子系统，线管属于水平子系统，信息插座属于＿＿＿＿＿＿子系统。

2. 信息插座安装位置一般为地面＿＿＿＿cm以上。

3. 一般情况下，家庭装修优先选用＿＿＿＿＿口插座。

4. 信息插座模块在综合布线设计中称为＿＿＿＿＿＿。

5. 进行工程概算时，一般是以信息点作为概算的依据，工程概算的计算公式为＿＿＿＿。

6. 双口信息插座一般左边插孔为＿＿＿＿＿＿＿＿插孔，右边插孔为＿＿＿＿＿＿＿插孔。

7. 线管布线根数要满足一定的要求，家庭装修一般使用线管规格为 φ16 或 φ20 的钢管或 PVC 管。其中，φ16 线管最多容纳双绞线的根数为 2 根，φ20 线管最多容纳双绞线的根数为＿＿＿＿＿根。

任务指导及相关知识点

3.2.1　知识准备

从综合布线设计角度看，家庭多媒体信息箱属于管理间子系统，线管属于水平子系统，信息插座的安装则属于工作区子系统的范畴。工作区是一个独立的需要设置终端设备(TE)的区域，工作区应包括信息插座模块(TO)、终端设备处的连接缆线及适配器。

注意，这里的终端设备包括但不仅限于计算机，还包括网络打印机、电话机、复印机、视频探头、摄像机等需要连接网络模块的设备。实际工程应用中，一个信息插座对应一个工作区，也就是说，一个房间往往有多个工作区。一个工作区的信息插座模块数量不宜少于 2 个，并可满足各种业务需求，如图 3-6 所示。

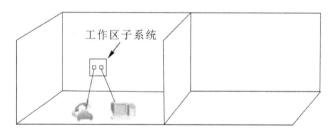

图 3-6　工作区子系统示意图

住宅综合布线设计相对简单，在正式设计之前，一般会给出信息点数统计表和工程概算两个文件。信息点是综合布线设计中的术语，是指信息插座模块，而信息点数统计表用于统计设计区域内所有的数据信息点和语音信息点。

工程概算则以信息点为依据，其计算公式为：工程造价概算＝信息点数量×信息点价格。其中信息点价格包括材料费、工程费、管理费、税金等全部费用。

住宅信息点的设计主要根据用户的需求进行。除了书房之外，在客厅、卧室乃至卫生间都需要设置信息点，在客厅影视墙处信息点较多，可以设置一个数据、一个语言、一个电视信息点。为了上网方便，也可以在沙发处设置一个信息点，卧室信息点的设置和客厅信息点的设置类似。除了信息点的设置外，电源插座也是必不可少的，并且要注意电源插座和信息插座之间的距离要保持 20 cm 以上，以防止电磁干扰影响网络信号的传输质量。为了防止插座污损及美观的需要，在墙面安装的信息插座要距离地面高度为 30 cm，在有遮挡等特殊应用情况下信息插座的高度也可以设置在写字台以上的位置。比如，上床下桌结构的学生公寓信息插座就设置在写字台以上位置。

由于是住宅内布线，可以优先考虑墙面或地面刻槽埋管布线。线管优选钢管，网线选用 6 类或超 5 类非屏蔽双绞线，为了以后的扩展需要，电话线也用非屏蔽双绞线代替，有线电视缆线使用 SYWV 同轴电缆，信息插座使用 86 系列暗装底盒，嵌入墙面。各种布线材料如图 3 - 7 所示。

（a）刻槽埋管　　　　（b）金属线管　　　　（c）双绞线　　　　（d）同轴电缆

图 3 - 7　布线材料

在明确了综合布线系统的基本结构和连接关系的情况下，就可以进行布线路由的设计了。布线路由取决于房间的结构和功能，布线管道一般安装在墙体内部或地面刻槽埋管。施工图设计的目的是规定布线路由在建筑物中安装的具体位置，一般在房屋平面图的基础上进行二次设计就可以了。

施工图设计的一般要求如下：

（1）图形符号正确。施工图设计的图形符号要符合相关建筑设计标准和图集的规定。

（2）布线路由合理正确。施工图设计了全部缆线和设备等器材的安装管道、安装路径、安装位置等，也直接决定工程项目的施工难度和成本。

（3）位置设计合理正确。在施工图中，对穿线管、网络插座等的位置设计要合理，符合相关标准规定。

（4）说明完整。

（5）图面布局合理。

（6）标题栏完整。

3.2.2　设计综合布线施工图

下面利用 AutoCAD 软件，完成本节的教学任务，即设计图 3 - 5 所示住宅平面图的综合布线弱电施工图（如图 3 - 8 所示的住宅布线施工图）。具体设计步骤如下：

（1）打开住宅平面图 3-5。

（2）设计多媒体信息接入箱的位置。外部缆线一般接入到家庭入口部位，所以信息接入箱会在入户门口位置。

（3）从信息接入箱位置绘制直线，该直线代表 φ20 的线管，根据所接信息插座的不同，布放不同的缆线。由需求分析，可以设计出信息点的数量和位置。例如：在客厅电视墙上设计一个数据点和一个语音点，以及一个有线电视插口。数据和语音可以使用一个双口信息插座，左口数据、右口语音。有线电视信息点使用专用有线电视插座，旁边再安装两个电源插座面板，如图 3-9 所示。由于综合布线设计属于弱电设计范畴，因此，在设计综合布线施工图时不需要设计电源插座，但应考虑到电源插座，一般信息插座旁边都会有一个电源插座。

（4）设计水平布线路由。在地板刻槽暗埋钢管或 PVC 管，应沿墙体和踢脚线暗埋；在墙面刻槽暗埋钢管或 PVC 管，线管敷设注意横平竖直。

（5）设计局部大样图。由于建筑物体积很大，往往在图纸中无法绘制出局部细节的位置和尺寸，因此需要在图纸中增加局部大样图。如图 3-9 所示，设计了客厅 A 面视图，标注了具体的安装位置和高度。

（6）添加设计说明。

（7）设计标题栏。

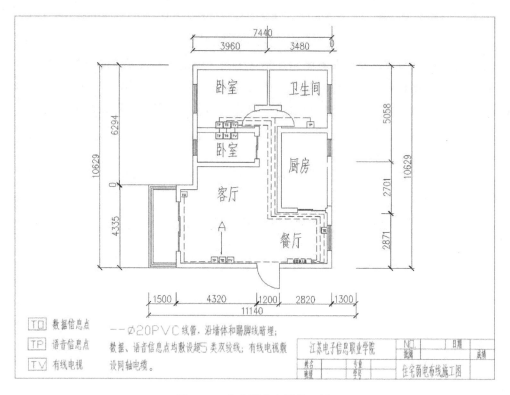

图 3-8　住宅弱电布线施工图

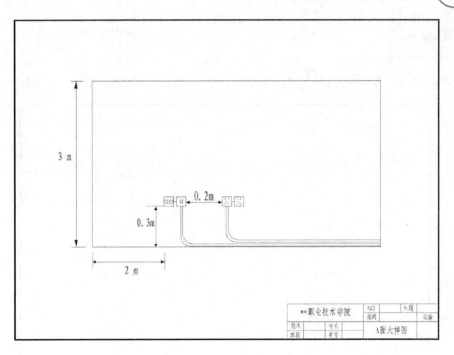

图 3-9　客厅 A 面施工图

评价反馈

各小组委派 1 名代表展示并介绍任务的完成情况，然后完成评价反馈表 3-3。

表 3-3　评价反馈表

序号	评价项目	自我评价	小组评价	教师评价	综合评价
1	学习准备				
2	引导问题填写				
3	考勤情况				
4	听课情况				
5	知识点掌握情况				
6	任务书完成质量				
7	参与讨论的主动性				
8	回答问题的准确度				
9	任务创新扩展情况				
10	材料（作业）上交情况				
	总　评				

注：评价档次统一采用 A（优秀）、B（良好）、C（合格）、D（努力）。

工程案例

某办公室布线施工图，如图3-10所示。

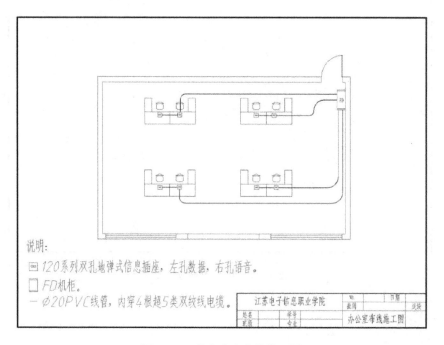

说明：
⊡ 120系列双孔地弹式信息插座，左孔数据，右孔语音。
□ FD机柜。
— Ø20PVC线管，内穿4根超5类双绞线电缆。

江苏电子信息职业学院		图号	日期	
姓名 班级	学号 专业		办公室布线施工图	比例

图3-10　某办公室布线施工图

思考与练习

1. 建筑施工图是用来表示房屋的内部布置、内外装修、细部构造以及（　　）的图纸。

A. 施工要求　　　　B. 规划位置　　　　C. 外部造型　　　　D. 固定设施

2. 建筑施工图包括施工图首页、剖面图和（　　）等。

A. 总平面图　　　　B. 平面图　　　　C. 详图　　　　D. 立面图

3. 在家庭布线施工中，信息插座面板一般选用（　　）面板。

A. 单口　　　　B. 双口　　　　C. 三口　　　　D. 四口

4. 常用的语音模块一般为（　　）类模块。

A. 三　　　　B. 四　　　　C. 五　　　　D. 六

任务3.3　综合布线工程材料选型

➡ **引言**

要建立一个技术先进、经济实用的综合布线系统，必须统一规划布线。家庭内的弱电布线相对简单，选用一定规格的网线、有线电视电缆，使用正确的工具施工即可。如果是较

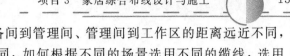

大工程的综合布线，其楼宇之间、楼内设备间到管理间、管理间到工作区的距离远近不同，而不同的缆线其传输速率和传输距离也不同，如何根据不同的场景选用不同的缆线，选用合适的布线器材等，都是保证综合布线工程质量的重要前提。

➡ **学习目标**

（1）认识双绞线和光缆，了解其种类和性能，掌握其功能和作用。

（2）认识综合布线中常见的电缆连接器件及光纤连接器件。

（3）认识常用的布线器材和机柜等，掌握其性能和选用方法。

➡ **任务书**

（1）制作表格，列出不同双绞线的带宽和最高传输速率。

（2）制作表格，比较单模光纤和多模光纤的特性。

（3）制作表格，列出综合布线常用的工具及用途。

（4）制作表格，列出综合布线常用的线管、线槽的规格及型号。

➡ **引导问题**

1. 网络通信分为有线通信和无线通信，其中，有线通信是利用缆线来充当传输导体，常用的缆线有_____、_____、_____。

2. 双绞线分为两大类，屏蔽双绞线简称为_____，非屏蔽双绞线简称为_____。

3. 在屏蔽双绞线的命名中，字母 F 表示_____，字母 S 表示_____。

4. 超 5 类双绞线支持带宽为_____，6 类双绞线支持带宽为_____，7 类双绞线电缆支持的带宽高达_____。

5. 电缆中导线的规格单位是 AWG（American Wire Gauge），指美国线规，其中 AWG 的值越小，代表导线直径越大。超 5 类对绞电缆的导体线规为_____，直径为_____。6 类对绞电缆的导体线规为_____。

6. 光纤主要分为两大类，即_____和_____。

任务指导及相关知识点

计算机网络分为有线网络和无线网络两大类，但不论有线还是无线，它们的基础都是通过有线来传输信号的。目前，在通信线路上使用的有线传输介质主要有双绞线、大对数双绞线、光缆、同轴电缆等。其中，同轴电缆最重要的用途是音视频信号的传输，在早期的总线型拓扑结构网络中使用同轴电缆作为传输介质，但由于总线型拓扑结构的缺陷，总线型网络已退出市场，因此在网络综合布线中，同轴电缆逐渐被双绞线或光缆所取代。

3.3.1　网络缆线

1. 双绞线电缆

电缆又叫铜缆，是以铜导体作为信息传输介质的缆线。双绞线（Twisted Pair）是由两根具有绝缘保护层的铜导线按一定绞距逆时针相互缠绕组成。

电缆内部的铜芯线对采用两两相绞的绞线技术，可以抵消相邻线对之间的电磁干扰和减少串音，绞距越小，抗干扰的能力越强。

1）双绞线电缆的分类

双绞线电缆有多种分类方法，下面介绍 3 种常用的分类方法。

（1）按是否有屏蔽层进行分类，可以分为非屏蔽双绞线（Unscreened Twisted Pair，UTP）和屏蔽双绞线（Screened Twisted Pair，STP）两大类，如图 3-11、图 3-12 所示。

图 3-11　非屏蔽双绞线　　　　**图 3-12　屏蔽双绞线**

UTP 是不带任何屏蔽物的对绞电缆，具有重量轻、体积小、弹性好和价格便宜等优点，但抗外界电磁干扰的性能较差，不能满足电磁兼容（EMC）规定的要求。目前，非屏蔽双绞线的市场占有率高达 90%，主要用于楼层管理间到工作区信息插座等配线子系统之间的布线。

STP 是带有总屏蔽物和/或每线对均有屏蔽物的对绞电缆，具有防止外来电磁干扰和防止向外辐射电磁波的优点，但也有重量重、体积大、价格贵和不易施工等缺点。

屏蔽双绞线的命名，通常采用 ISO/IEC 11801 推荐的统一命名方法，如图 3-13 所示。

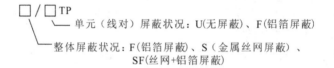

图 3-13　屏蔽双绞线电缆命名方法

对于屏蔽双绞线，根据防护的要求可以分为 F/UTP（电缆铝箔屏蔽）、U/FTP（线对铝箔屏蔽）、SF/UTP（金属丝网＋金属铝箔屏蔽）和 S/FTP（电缆金属丝网＋线对铝箔屏蔽）几种结构。常见的屏蔽双绞线如图 3-14 所示。

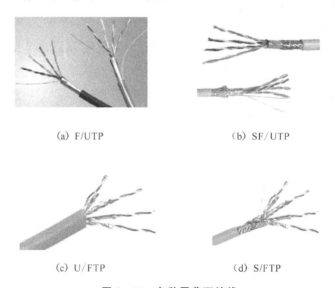

（a）F/UTP　　　　　　　　（b）SF/UTP

（c）U/FTP　　　　　　　　（d）S/FTP

图 3-14　各种屏蔽双绞线

不同的屏蔽电缆会产生不同的屏蔽效果。一般认为，金属铝箔对高频、金属编织丝网对低频的电磁屏蔽效果较佳。如果采用双重屏蔽，则屏蔽效果更为理想。

（2）按双绞线带宽分类。双绞线的传输性能与带宽有直接关系，带宽越大，双绞线的传输速率越高，根据带宽的不同，可将双绞线分为 3 至 7 类缆线，如表 3－4 所示。

表 3－4　各类双绞线的带宽和传输速率的关系

双绞线类别	双绞线类型	带宽/Hz	最高传输速率/(b/s)
屏蔽双绞线	5 类	100 M	100 M
	超 5 类	100 M	1000 M
	6 类	250 M	1 G
	7 类	600 M	10 G
非屏蔽双绞线	3 类	16 M	10 M
	4 类	20 M	16 M
	5 类	100 M	100 M
	超 5 类	100 M	1000 M
	6 类	250 M	1 G

超 5 类双绞线的特点是衰减小、串扰少，并且具有更高的衰减串扰比（ACR）和信噪比（SNR）、更小的时延误差，主要用于千兆以太网。6 类线的传输性能远远高于超 5 类标准，最适用于传输速率达到 1 Gb/s 的应用。目前，新建建筑数据布线主要使用超 5 类或 6 类双绞线，语音系统布线常用 3 类或 5 类双绞线。

（3）按照线对多少进行分类，分为 4 对双绞线和大对数双绞线两大类。

4 对双绞线主要用于数据网络布线，4 个线对的颜色依次为蓝色、橙色、绿色和棕色。此外，不同线对的缠绕密度也不相同，但是，差别不会太大，时延偏离在 50 ns 以内。

大对数双绞线主要用于语音布线，常用的对数有 3 类的 25 对、50 对、100 对、200 对和 5 类的 25 对、50 对、100 对的通信电缆，如图 3－15 所示。大对数对绞电缆共有 10 种颜色组合，主色为白、红、黑、黄、紫 5 种，副色为蓝、橙、绿、棕、灰 5 种。5 种主色和 5 种副色组成 25 对色谱，依次如下：

白蓝、白橙、白绿、白棕、白灰；

红蓝、红橙、红绿、红棕、红灰；

黑蓝、黑橙、黑绿、黑棕、黑灰；

黄蓝、黄橙、黄绿、黄棕、黄灰；

紫蓝、紫橙、紫绿、紫棕、紫灰。

图 3－15　25 对非屏蔽大对数双绞线电缆

2）双绞线的导线规格

双绞线电缆的导线规格提供了电缆导线横截面直径、截面积以及单位长度导线电阻值等数据。目前市场上双绞线导线的规格多为 AWG，即美国线规，AWG 的值越小，导线直径越大。常用的美国线规（AWG）和中国线规（CWG）的对比如表 3－5 所示。

表 3 - 5　常用导线的 AWG 和 CWG 数据

线号	美国线规（AWG）			中国线规（CWG）	
	直径/mm	截面积/mm²	电阻/(Ω/km)	直径/mm	截面积/mm²
26	0.404	0.128	134	0.40	0.126
25	0.455	0.163	106	0.45	0.159
24	0.511	0.205	84	0.50	0.196
23	0.574	0.259	67	0.56	0.246
22	0.645	0.327	53	0.63	0.312

在导线规格方面，超 5 类双绞线的导体线规为 24AWG，6 类双绞线电缆的导体线规是 23AWG，7 类双绞线电缆的导体线规为 22AWG 或 23AWG。通常在非屏蔽布线系统中选用超 5 类、6 类的 UTP 电缆，而在屏蔽布线系统中选用 7 类双绞线（7 类线都是屏蔽线）。

2. 光缆

光缆是由单芯或多芯光纤构成的缆线。光纤是光导纤维的简称，是一种能传导光波的介质，其主要成分为石英，可以使用玻璃来制造光纤。光纤质地脆、易断裂，因此纤芯需要外加一层保护层。

1）光纤结构

光纤结构如图 3 - 16 所示，自里向外依次为纤芯（外径为几微米至几十微米）、包层（外径一般为 125 μm）和涂覆层（外径一般为 250 μm）。纤芯和包层是不可分离的，合起来组成裸光纤，决定光纤的光学特性和传输特性。涂覆层是光纤的第一层保护，由一层或几层聚合物构成，在光纤制造过程中涂覆到光纤上，在光纤受到外界震动时可以保护光纤的光学性能和物理性能，还可以隔离外界水汽的侵蚀，并提高光纤的柔韧性。

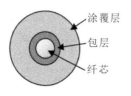

图 3 - 16　光纤结构示意图

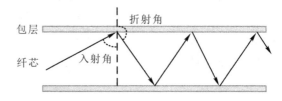

图 3 - 17　光波在光纤中的传输

2）光纤通信原理

光纤包层的折射率要低于纤芯，当光线由高折射率的介质射向低折射率的介质时，其折射角大于入射角，因此，如果入射角足够大，就会出现全反射。简言之，光纤主要是利用光的全反射原理实现通信的。如图 3 - 17 所示为光波在光纤中的传输。

3）光纤种类

根据传输点模数的不同，光纤可分为单模光纤和多模光纤，如图 3 - 18 所示。所谓"模"是指以一定角速度进入光纤的一束光。单模光纤采用固体激光器做光源，多模光纤则采用发光二极管做光源。

(a) 单模光纤　　　　　(b) 多模光纤

图 3 - 18　单模光纤和多模光纤

单模光纤只能允许一束光传播，而且单模光纤没有模分散特性，因此，单模光纤的纤芯相对较细，传输频带宽、容量大，传输距离长，但因其需要激光源，故成本较高。多模光纤允许多束光在光纤中同时传播，从而形成模分散（因为每一个"模"光进入光纤的角度不同它们到达另一端点的时间也不同，这种特征称为模分散）。模分散限制了多模光纤的带宽和距离，因此，多模光纤的纤芯粗，传输速度低、距离短，整体的传输性能差，但其成本比较低，一般用于建筑物内或地理位置相邻的环境下。单模光纤和多模光纤的特性对比如表3-6所示。

表 3 - 6　单模光纤与多模光纤的特性对比

项　　目	单模光纤	多模光纤
纤芯直径	细	粗
光源	激光	发光二极管
效率	高	低
耗散	极小	大
成本	高	低

光纤的类型是由纤芯和外层尺寸决定的，芯的尺寸大小决定了光的传输质量。目前，常用的光纤类型有：$9.5~\mu m/125~\mu m$ 的单模光纤、$62.5~\mu m/125~\mu m$ 的多模光纤、$50~\mu m/125~\mu m$ 的多模光纤、$100~\mu m/140~\mu m$ 的多模光纤。（注：$62.5~\mu m/125~\mu m$ 中，$62.5~\mu m$ 为纤芯直径，$125~\mu m$ 为包层后的直径，加上涂覆层之后直径大约 $250~\mu m$）

光缆内部一般含有多根光纤，且为偶数，如 6 芯光缆、8 芯光缆、12 芯光缆、24 芯光缆等，甚至可以容纳上千根光纤。户外布线大于 2000 m 时可选用单模光纤。

3. 同轴电缆

早期网络以同轴电缆作为传输介质，但此时的网络主要为总线型拓扑结构的网络，支持的数据传输速度只有 10 Mb/s，无法满足目前局域网传输速度的要求，再加之总线型拓扑结构网络自身的缺陷，因此在计算机网络布线中已不再使用同轴电缆。

同轴电缆分为两种：一种是阻抗为 50 Ω 的基带同轴电缆；另一种是阻抗为 75 Ω 的宽带同轴电缆。基带同轴电缆主要用于传输数字信号，根据其直径大小可分为粗缆和细缆；宽带同轴电缆用于传输模拟信号，主要用于视频传输，它是有线电视系统 CATV 中的标准传输电缆。如图 3-19 所示的同轴电缆结构图中，中心铜芯为内导体，用来传输信号；内导体外面是一层绝缘材料，外面再套一个通常由铜网包围的空心圆柱形导体，可以屏蔽噪声，也可以作为信号地线；最外面则是起保护作用的塑料封套。

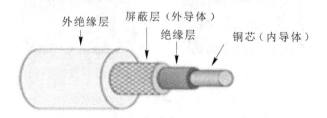

图 3 - 19　同轴电缆结构图

3.3.2　综合布线电缆连接器件

1. 信息插座

信息插座为用户提供数据或语音接口，一般安装在墙面，也有安装在桌面和地面的。其中安装在墙面和桌面的信息插座为塑料材质，一般为 86 系列（即尺寸为 86 mm×86 mm）的底盒和面板；地面型信息插座为金属材质，黄铜制作，具有抗压、防尘、防水功能，一般为 120 系列的方形插座或直径为 150 mm 的圆形插座，如图 3 - 20 所示。

(a) 墙面型　　　　(b) 嵌入式桌面型　　　　(c) 地面型

图 3 - 20　信息插座

信息插座由面板、底盒、信息模块 3 部分组成。面板有单孔面板、双孔面板，最多不应超过 4 孔。底盒分为明装底盒和暗装底盒两种，其中明装底盒明装在墙面，和线槽配套使用；暗装底盒嵌入墙面安装，和线管配套使用，如图 3 - 21 所示。信息模块是端接双绞线并提供连接接口的器件。从卡线方式上分类，信息模块可以分为打线式和免打式两大类；从传输性能上分类，信息模块又分为屏蔽模块和非屏蔽模块。信息模块两侧都有 T568A 和 T568B 的打线色标，用于指示接线顺序。打线式信息模块需要使用打线工具把对绞电缆的 8 根导线逐一打入对应的接线槽中。免打式信息模块不用专门的工具，只用将对绞电缆的 8 根导线按色标指示放进相应接线槽中，再压下压盖即可。免打式信息模块安装方便、节省时间，目前此产品已成为主流，如图 3 - 22 所示。

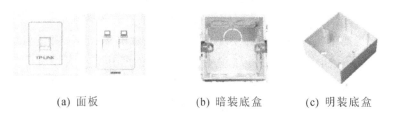

(a) 面板　　　　　(b) 暗装底盒　　　　　(c) 明装底盒

图 3 - 21　面板和底盒

(a) 打线式信息模块　　　　　(b) 免打式信息模块　　　　　(c) 屏蔽信息模块

图 3 - 22　信息模块

2. 水晶头

水晶头有两种，一种是 RJ45 水晶头，另一种是 RJ11 水晶头。其中 RJ45 水晶头是国际标准化的接插件，含有 8 个金属接触片连接 RJ45 模块化插孔，用于提供数据信息。RJ11 水晶头是非标准的接插件，一般有 4 个金属触片，但也有 2 个触片或 6 个触片的水晶头，电话用的水晶头一般是 4 个金属触片，但只使用 2 芯线，插入中间的两个触片中，提供语音信息。

RJ45 水晶头按照传输速率可以分为 5 类、超 5 类、6 类水晶头等，同样，可以分为屏蔽水晶头和非屏蔽水晶头两大类，如图 3 - 23 所示。

(a) 屏蔽水晶头　　　　　　　(b) 非屏蔽水晶头

图 3 - 23　RJ45 水晶头

3. 电缆配线架

配线架是管理子系统中最重要的组件，是实现垂直干线和水平配线两个子系统交叉连接的枢纽。配线架通常安装在机柜或墙上。在网络工程中常用的电缆配线架有 24 口或 48 口配线架，根据使用地点、用途的不同，又可分为总配线架和中间配线架两大类。

1) RJ45 网络配线架

RJ45 网络配线架用于端接配线电缆，并通过设备缆线连接交换机等网络设备。根据其端接电缆类型（屏蔽还是非屏蔽）的不同，分为非屏蔽 RJ45 网络配线架和屏蔽 RJ45 网络配线架两类；根据其端接电缆型号的不同，分为 5 类、超 5 类或 6 类网络配线架等。图 3 - 24 所示为超 5 类网络配线架。RJ45 网络配线架结构简单，可安装在 19 英寸（1 英寸＝2.54 cm）机柜内，并且 24 口、48 口配线架随意选择，可灵活配合系统的扩充。

图 3 - 24　超 5 类网络配线架

2) 110 通信跳线架

110 通信跳线架（见图 3 - 25）需要和连接模块（见图 3 - 26）配合使用，用于端接配线电缆和干线电缆，并通过跳线连接配线子系统和干线子系统。

图 3 - 25　110 通信跳线架

(a) 4对连接模块　　　　　　　　　　(b) 5对连接模块

图 3 - 26　跳线架连接模块

　　110 通信跳线架上面装有若干齿形条,俗称鱼骨架。将对绞电缆的每根线卡入齿形条的槽缝里,利用打线工具将多余的线头打断,然后,将连接模块推入 110 通信跳线架的齿形条中即可完成连接。连接模块内部每个槽缝间有双头刀片,将露出刀片的一头称为模块下层,隐藏刀片的一头称为模块的上层,模块上层用于交叉连接,上层连线通过连接块与齿形条内的缆线相连,常用的连接模块有 4 对线和 5 对线两种规格,如图 3 - 26 所示。110 通信跳线架主要用于语音系统,有时也可用于网络系统。在信息点较多的布线系统中,可以利用大对数电缆结合110 通信跳线架完成语音、数据信息点的转接,以节约成本。5 对连接模块在 110 通信跳线架上的安装顺序如图 3 - 27 所示,图 3 - 28 所示为一个端接好的 110 通信跳线架。

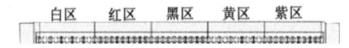

图 3 - 27　5 对连接模块在 110 通信跳线架上的安装顺序

图 3 - 28　110 通信跳线架端接成品

4. 电缆跳线

　　电缆跳线是带或不带连接器件的电缆线对,用于配线设备之间的连接,如图 3 - 29 所示。4 对 RJ45 型跳线用于配线架到交换机或者信息插座到电脑网卡的连接,长度不超过 5 m;一对或多对压接跳线(也叫鸭嘴跳线)用于 110 型配线架的跳接管理。110 型语音跳线在 110型配线架与 110 型或 RJ45 型配线架之间使用,有 110-110、110-RJ45 型跳线,有 1 对、2 对、4 对三类。

图 3 - 29　电缆跳线

3.3.3　综合布线光纤连接器件

综合布线系统使用的光纤连接器件有光纤插座、光纤配线架、光纤连接器、光纤适配器、光纤跳线、尾纤等。

1. 光纤插座

光纤信息插座可分成 ST、SC、LC、FC 等几种类型。按连接的光纤类别又分成多模、单模两种。信息插座的规格有单孔、二孔、三孔、四孔、多用户等，如图 3-30 所示。

图 3-30　光纤插座

2. 光纤配线架

光纤配线架（Optical Distribution Frame，ODF）是用于光缆成端和光路分配及管理的装置，具有光缆固定、保护和接地、光缆纤芯与尾纤熔接、冗余光纤及尾纤的存储管理等功能。根据安装方式的不同，光纤配线架有机柜（架）式光纤配线架和壁挂式光纤配线架等类型。机柜式光纤配线架可以安装于 19 英寸标准机柜内，可以实现在 1U（1U＝4.445 cm）高度上的 6 口至 24 口的应用，如图 3-31 所示。

图 3-31　光纤配线架

注：光缆线路最终都必须进入终端局或中继站，终端局与中继站统称为局站。光缆线路到局站后需与光端机相连，这种连接称为光缆成端。

此外，还有光缆接续盒、光纤终端盒等光纤接续装置。光缆接续盒可将两根或多根光缆连接在一起，具有保护接头的作用，如图 3-32 所示；光纤终端盒是用于保护光缆终端和尾纤熔接的盒子，如图 3-33 所示。

图 3-32　光缆接续盒

图 3-33　光纤终端盒

3. 光纤连接器

光纤连接器是光纤与光纤之间进行可拆卸连接的器件,它把光纤的两个端面精密对接起来,在一定程度上,光纤连接器影响了光传输系统的可靠性和各项性能。光纤连接器按连接头结构的不同分为 FC、SC、ST、LC、MU、MT-RJ 等形式;按光纤芯数的多少分为单芯、双芯光纤连接器。如图 3-34 所示,传统主流光纤连接器有 3 种。其中,FC 型光纤连接器的外壳呈圆形,紧固方式为螺丝扣;SC 型光纤连接器的外壳呈方形,紧固方式为插拔式;ST 型光纤连接器的外壳呈圆形,紧固方式为卡扣式。

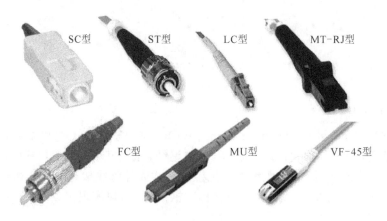

图 3-34　光纤连接器

小型化光纤连接器所占的面积只相当于传统光纤连接器的一半,已越来越受到用户的喜爱,大有取代传统光纤连接器的趋势。目前主要有 LC 型光纤连接器、MU 型光纤连接器、MT-RJ 型光纤连接器和 VF-45 型光纤连接器。

4. 光纤适配器

光纤适配器又称光耦合器或法兰,如图 3-35 所示。它是将两对或一对光纤连接器件进行连接的器件,用于连接已成端的光纤或尾纤,是实现光纤活动连接的重要器件之一。光纤适配器实现了光纤连接器的紧密对准连接,保证两个连接器之间有一个较低的连接损耗。

图 3-35　光纤适配器

5. 光纤跳线和尾纤

光纤跳线有单芯和双芯、多模和单模之分。单模光纤跳线为黄色,多模光纤跳线为橙色。光纤跳线主要用于光纤配线架到交换机光口或光电转换器之间、光纤插座到计算机之间的连接,根据需要,光纤跳线两端的连接器可以是同类型的,也可以是不同类型的,其长度一般在 5 m 以内,如图 3-36 所示。

图 3-36　光纤跳线

光纤尾纤的一端是光纤连接器,另一端是光纤,用于光纤熔接。事实上,一条光纤跳线剪断后,就成了两条尾纤。

3.3.4　综合布线常用器材

1. 线管

在综合布线中使用的线管主要有塑料管和金属管(钢管)两种。大多数情况下要求线管具有一定的抗压强度,可明敷于墙外或暗敷于混凝土内;具有耐一般酸碱腐蚀的能力,防虫蛀、鼠咬;具有阻燃性,能避免火势蔓延;表面光滑、壁厚均匀。

1) 塑料管

塑料管由树脂、稳定剂、润滑剂及添加剂配制挤塑成型。目前用于综合布线缆线保护的塑料管主要有 PVC 管、PVC 蜂窝管、波纹管等。

PVC 管是以聚氯乙烯为主要原料挤压成型的硬质导管,是综合布线工程中使用最多的一种塑料管,如图 3-37 所示。小管径的 PVC 管可在常温下进行弯曲,便于用户使用。PVC 管有 D16、D20、D25、D32、D40、D45、D63 等多种规格,但是 PVC 管的成品弯头不适合用于综合布线,在综合布线工程中应现场制作大弯头来满足布线曲率半径的要求。

(a) PVC线管　　　　(b) 蜂窝管　　　　(c) 波纹管　　　(d) 金属蛇皮管

图 3-37　线管

PVC 蜂窝管是一种新型的护套管,采用一体多孔蜂窝结构,便于缆线的穿入、隔离及保护,并具有提高功效、节约成本、安装方便可靠等优点。PVC 蜂窝管有 3 孔、4 孔、5 孔、6 孔、7 孔等规格。波纹管是一种外壁呈波纹状的新型塑料管,根据管径的大小有不同的规格。

2) 金属管

金属管是用于分支结构或暗埋的线路,具有多种规格,以外径 mm 为单位。工程施工中常用的金属管有 D16、D20、D25、D32、D40、D50、D63、D110 等规格。

在金属管内穿线比线槽布线难度更大一些，在选择金属管时要将管径选择大一点；一般管内填充物占 30% 左右，便于穿线。金属管还有一种是软管（俗称蛇皮管），供弯曲的地方使用。

2. 线槽

线槽是综合布线工程中很重要的一种材料，分为金属线槽和塑料线槽两种，塑料线槽安装在墙面，金属线槽安装在地面或墙面，金属线槽又称槽式桥架。PVC 线槽是综合布线工程中明敷线路时广泛使用的一种材料，它是一种带盖板的、封闭式的线槽，盖板和槽体通过卡槽合紧。PVC 线槽常用的规格有 20 mm×10 mm、25 mm×12.5 mm、25 mm×25 mm、30 mm×15 mm、39 mm×18 mm 等。配套的连接件有阳角、阴角、直转角、终端头、大小转换头等，如图 3 - 38 所示。

图 3 - 38　PVC 线槽及连接件

3. 桥架

桥架是建筑物内布线不可缺少的一部分，广泛出现在楼道、地下停车场、工厂等地方。桥架按照形式可以分为托盘式桥架、槽式桥架、梯级式桥架三种，如图 3 - 39 所示。其中托盘式桥架和槽式桥架在结构上很相似，区别在于：槽式桥架是全封闭的，而托盘式桥架底部有很多透气孔；槽式桥架不利于散热，托盘式桥架散热较好；由于托盘式桥架底部有散热孔，其厚度要比槽式桥架厚一些。

（a）托盘式桥接　　　　（b）槽式桥架　　　　（c）梯级式桥架

图 3 - 39　桥架

托盘式桥架是应用最广泛的一种桥架设备，具有重量轻、载荷大、造型美观、结构简单、安装方便、散热透气性好等优点，适用于地下室、吊顶内等场所，广泛应用于动力电缆及控制电缆的敷设。

槽式桥架是全封闭的缆线桥架，对控制电缆的屏蔽干扰和重腐蚀环境中电缆的防护都有较好的效果。槽式桥架槽连接时，使用相应尺寸的连接板（铁板）和螺丝固定。常用槽式桥架的规格有 50 mm×25 mm、100 mm×25 mm、100 mm×50 mm、200 mm×100 mm、300 mm×150 mm、400 mm×200 mm 等多种。

梯级式桥架具有重量轻、成本低、造型别致、通风散热好等特点，适合安装大对数电缆和密集布线。

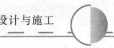

4. 机柜

机柜常用于布线配线设备、计算机网络设备、通信设备等的安置。机柜有立式机柜、壁挂式机柜、简易机架等几种形式，如图 3-40 所示。机柜也可分为网络机柜和服务器机柜两大类，它们均是 19 英寸标准机柜，区别在于：服务器机柜是用来安装服务器、显示器、UPS 等 19 英寸标准设备及非标准设备，在机柜的深度、高度、承重等方面均有要求，宽度为 600 mm，深度在 800 mm 以上，因内部设备散热量大，前后门均带通风孔。网络机柜主要是存放路由器、交换机、配线架等网络设备及配件，深度小于 800 mm，宽度 600 mm 和 800 mm 都有，前门为透明钢化玻璃门，对散热及环境要求不高。

图 3-40　机柜及机架

机柜有宽度、深度和高度三个常规指标。机柜内设备安装所占高度用一个特殊单位"U"表示，1U＝44.45 mm，在机柜内部就是 3 个安装孔的高度。机柜大多数是按 U 的整数倍的规格来制造的。多少个"U"的机柜表示能容纳多少个"U"的配线设备或网络设备。常见的机柜规格表见表 3-7。通常，18U 机柜的高度为 1 m，37U 机柜的高度为 1.8 m，42U 机柜的高度为 2 m。

表 3-7　常见机柜规格表

产品名称	用户单元	规格型号 （宽×深×高）	产品名称	用户单元	规格型号 （宽×深×高）
普通网络 机柜系列	18 U	600×600×1000	普通墙柜 系列	6 U	530×400×300
	22 U	600×600×1200		8 U	530×400×400
	27 U	600×600×1400		9 U	530×400×450
	32 U	600×600×1600		12 U	530×400×600
	37 U	600×600×1800	服务器机柜 系列	31 U	600×800×1600
	42 U	600×600×2000		40 U	600×800×2000

3.3.5　综合布线常用工具

在综合布线工程中，要用到多种电缆施工工具和光缆施工工具，目前市场上各大公司都推出了各自的工具箱，将各种工具组合出售。

1. 电缆施工常用工具

电缆施工常用工具如图 3-41 所示，其工具名称和用途如下：

（1）网络压线钳：主要用于压接 RJ45 水晶头，辅助作用是剥线。

（2）单口打线钳：主要用于 110 配线架打线。一次打一芯线，打线时应注意将刀口朝向线头方向。

（3）五对打线钳：打线工具，一次打十芯线，也可以用于压接 110 连接模块。

（4）200 mm 活扳手：主要用于拧紧螺母。操作时要用力适当，防止扳手滑脱。

（5）十字螺丝刀：主要用于十字螺钉的拆装。

（6）手工锯：主要用于锯切 PVC 管槽或线管。

（7）美工刀：主要用于切割实训材料或剥开线皮。

（8）线管剪：主要用于剪切 PVC 线管。

（9）200 mm 老虎钳：主要用于拔插连接块、剪断钢丝等。

（10）150 mm 尖嘴钳：主要用于夹持缆线等器材、剪断缆线等。

（11）弯管器：用于弯制 PVC 冷弯管。

（12）麻花钻头($\phi10$、$\phi8$、$\phi6$)：用于在需要开孔的材料上钻孔。钻孔时应根据钻孔尺寸选用合适规格的钻头，保持电钻垂直于钻孔表面，并且用力适当，防止钻头滑脱。

（13）测线仪：用于测试双绞线跳线的连通性及线序。

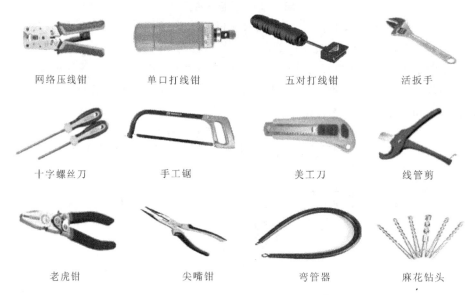

| 网络压线钳 | 单口打线钳 | 五对打线钳 | 活扳手 |

| 十字螺丝刀 | 手工锯 | 美工刀 | 线管剪 |

| 老虎钳 | 尖嘴钳 | 弯管器 | 麻花钻头 |

图 3-41　电缆施工常用工具

2. 光缆施工常用工具

光缆施工工具主要用于通信光缆线路的施工、维护等，如图 3-42 所示。常用光缆施工工具的名称及用途如下：

（1）光纤剥皮钳：主要用于光缆或尾纤的护套剥皮，但不适合剪切室外光缆的钢丝。剪剥外皮时，要注意剪口的选择。

（2）150 mm 斜口钳：主要用于剪光缆外皮，但不适合剪切钢丝。

（3）光纤剥线钳：适用于剪剥光纤的各层保护套，有 3 个剪口，可依次剪剥尾纤的外护套、中间保护套和树脂保护层。

（4）横向开缆刀：用于切割室外光缆的黑色外皮。

（5）酒精泵：用于盛放酒精。

（6）光纤熔接机：用于光纤的熔接施工和维护。

（7）红光笔：用于检查光纤的通断。

（8）老虎钳：用来剪断室外光缆内部的钢丝。

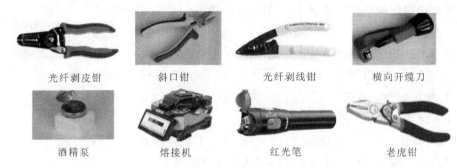

光纤剥皮钳　　　斜口钳　　　光纤剥线钳　　　横向开缆刀

酒精泵　　　熔接机　　　红光笔　　　老虎钳

图 3-42　光缆施工常用工具

评价反馈

各小组委派 1 名代表展示并介绍任务的完成情况，然后完成评价反馈表 3-8。

表 3-8　评价反馈表

序号	评价项目	自我评价	小组评价	教师评价	综合评价
1	学习准备				
2	引导问题填写				
3	考勤情况				
4	听课情况				
5	知识点掌握情况				
6	任务书完成质量				
7	参与讨论的主动性				
8	回答问题的准确度				
9	任务创新扩展情况				
10	材料（作业）上交情况				
	总　评				

注：评价档次统一采用 A（优秀）、B（良好）、C（合格）、D（努力）。

思考与练习

1. ANSI/TIA/EIA 568B 中规定，双绞线的线序为（　　）。

A. 白橙、橙、白绿、蓝、白蓝、绿、白棕、棕

B. 白橙、橙、白绿、绿、白蓝、蓝、白棕、棕

C. 白绿、绿、白橙、蓝、白蓝、橙、白棕、棕

D. 以上都不是

2. 若要求网络传输带宽达到 600 Mb/s，则选择（　　）双绞线。

A. 5 类　　　　　　B. 超 5 类　　　　　　C. 6 类　　　　　　D. 7 类

3. 关于非屏蔽双绞线电缆的说法错误的是（　　）。

A. 大量用于水平子系统布线　　　　　　B. 无屏蔽外套，直径小

C. 比屏蔽电缆成本低　　　　　　D. 比同类的屏蔽双绞线更能抗干扰

4. 以下通信方式中，传播时延最大的是（　　）。

A. 无线电波　　　　　B 微波　　　　　C. 卫星通信　　　　D. 红外线

5. 双绞线按频率和信噪比分类，以下属于其中的是（　　）。

A. 5 类　　　　　　B. 超 5 类　　　　　　C. 6 类　　　　　　D. 7 类

6. 光缆是数据传输中最有效的一种传输介质，它的优点是（　　）。

A. 频带较宽　　　　　B. 电磁绝缘性能好　C. 衰减较小　　　　D. 无中继段长

7. 下列哪些属于有线传输介质？（　　）

A. 双绞线　　　　　　B. 同轴电缆　　　　　C. 光缆　　　　　　D. 微波

任务 3.4　PVC 线管安装实训

➡ 引言

不论是家居综合布线还是新建楼宇综合布线，在土建施工阶段建筑物墙面或地面都必须暗埋线管，并且穿好钢丝，以备后续穿线使用。这些线管的安装都十分隐蔽，在楼宇建成交工后，该部分很难接近，一旦暗埋线管出现问题，会造成巨大的经济损失。因此，PVC 线管安装是综合布线工程中很重要的一项工作。

➡ 学习目标

（1）掌握 PVC 线管的安装要求及规范。

（2）掌握制作 PVC 线管大弯头的方法。

（3）掌握 PVC 线管的安装步骤，能够独立进行 PVC 线管的安装。

➡ 任务书

（1）设计一种线管安装路由，画出示意图。

（2）根据设计图确定信息插座底盒的安装位置。

（3）安装插座底盒，给线管起点定位。

（4）根据设计图，安装 φ20 管卡。用 M6 螺丝将管卡固定在实训墙上，螺丝头应沉入管卡内。实训墙结构如图 3-43 所示。

（5）将线管安装在管卡中。

（6）线管内穿钢丝，牵引双绞线。

说明：本节课 PVC 线管安装实训为明装施工操作，在钢制实训墙上安装 PVC 线管，其中该实训墙每隔 100 mm 有直径 6 mm 的小孔，便于 M6 螺丝拧入。

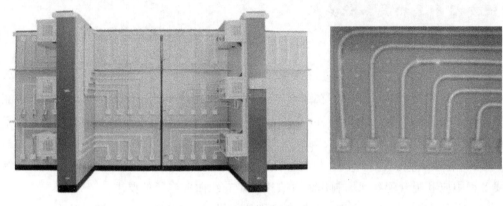

图 3-43 全钢结构综合布线实训装置

➡ **任务分组**

说明：3～4 人为一组分工操作，每人完成一根线管路由，分组情况如表 3-9 所示。

表 3-9 学生任务分配表

班级		组号		指导老师	
组长		学号			
组员	姓名		学号	姓名	学号
任务分工					

➡ **引导问题**

1. 常用 PVC 线管的规格有哪些：_____

_____。

2. 与 PVC 线管配套使用的常用附件有：管卡、接头、_____、_____等。

3. 工业成品弯头一般不能满足双绞线曲率半径的要求，所以需要使用_____对 PVC 线管进行现场弯管。

任务指导及相关知识点

3.4.1 主要材料简介

（1）PVC 线管：PVC 线管是在综合布线工程中使用最多的一种塑料管，它是以聚氯乙烯为主要原料挤压成型，如图 3-44 所示。小管径的 PVC 管可在常温下进行弯曲，便于用户使用。PVC 线管有 φ16、φ20、φ25、φ32、φ40、φ50、φ63 等多种规格，并且有众多的连接件，例如，管接头、弯头、三通等，但是 PVC 线管的成品弯头不适合用于综合布线，在综合布线工程中应利用弯管器现场制作大弯头来满足布线曲率半径的要求。

（2）管卡：由于是教学实训，在钢制实训墙上操作，所以必须使用配套的专用管卡，例如 φ20 管卡或 φ16 管卡，并使用 M6 螺丝固定，如图 3-45 所示。

图 3-44 PVC 线管　　　　　　　图 3-45 管卡

（3）弯管器（弯管弹簧），如图 3-46 所示，工业成品弯头一般不能满足双绞线布线曲率半径的要求，所以在综合布线中不使用成品弯头，而是利用弯管器现场制作大弯头，如图 3-43 所示。具体步骤如下：

① 准备好线管，确定弯管的位置，可用记号笔在线管上做好标记。

② 将弯管器插入线管到需要弯曲的位置。如果弯曲的位置较长，可以在弯管器一端绑一根绳子，然后放到要弯曲的位置。

图 3-46 弯管器

③ 弯管时不要用力过急过猛，以防线管破损，要缓慢用力弯出所需要的弯度。

④ 抽出弯管器，安装弯管。

3.4.2　实训步骤

PVC 线管在新建楼宇中都是预埋管，在土建阶段就预先埋好线管，并穿好钢丝，以备后期穿线。在教学实训中，PVC 线管安装是在实训墙上进行，其具体步骤如下：

（1）准备好材料和工具。

（2）分组，3～4 人为一组，设计 PVC 线管安装图。要求：每人安装一个 PVC 线管路由，整体安装要合理美观。

（3）根据设计图安装信息底盒（暗盒），确定线管的起始位置。

（4）用 M6 螺丝固定管卡，螺丝头需沉入管卡内，如图 3 - 47 所示。

（5）安装线管时两根线管连接处须用管接头，拐弯处必须使用弯管器制作的大弯头。

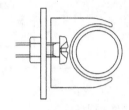

图 3 - 47　管卡安装图

（6）穿线。本次实训可以先将钢丝穿入，为了顺利穿入钢丝，可将钢丝两头弯成环状。

PVC 线管安装实训质量和评分要求如表 3 - 10 所示。

表 3 - 10　PVC 线管安装实训评分表

评分项目	序号	评分细则（每项 25 分，共 100 分）	得分
PVC 线管安装	1	小组里每人完成一个线管路由，若有 1 人没完成，直接扣除该项全部分数（25 分）	
	2	线管安装位置正确合理，横平竖直，接缝小于 1 mm（25 分）	
	3	大弯头处理合理美观，弯曲半径符合要求（25 分）	
	4	钢丝顺利穿入，预留合理（5 分）	
	5	和其他组合理分配实训墙空间，整体美观大方（10 分）	
	6	实训后清洁工位（10 分）	
总　　分			

实训报告的具体格式见表 3 - 11，填不下可附页。

表 3-11　PVC 线管安装实训报告

课程名称		班级	
实训名称		学号	
实训时间		姓名	
实训目的	（1）通过线管的安装和穿钢丝，熟悉水平子系统的施工方法。 （2）通过使用弯管器制作弯头，熟练掌握弯管器的使用方法及布线曲率半径的要求。 （3）通过核算、列表、领取材料和工具，训练规范施工的能力		
PVC 线管安装路由图（以小组为单位绘制）			
以表格形式列出实训材料及工具			
实训过程或步骤			
工程经验总结及心得体会			

任务 3.5　缆线敷设技术

➡ **引言**

综合布线在前期设计的基础上完成了管槽系统的安装，接下来要进行布放缆线的工作。配线子系统使用 4 对双绞线作为传输介质，干线子系统则使用大对数双绞线或光缆作为传输介质。不同的子系统缆线的敷设难度是不同的，有些地方可以手工布线，有些则需要借助工具才能完成布线任务。

➡ **学习目标**

（1）掌握电缆敷设的基本要求。

（2）掌握电缆拉环的制作方法。

（3）掌握水平电缆的敷设技术。

（4）掌握垂直主干电缆的敷设技术。

➡ **任务书**

（1）完成任务 3.4 PVC 线管安装实训的后续工作。在线管内布线时，缆线的预留长度要合适，对于较难穿过的管路，可以借助钢丝穿线。

（2）训练缆线拉环的制作方法。要求缆线拉环牢固平滑，保证在拉线过程中连接点不散开。

➡ **任务分组**

说明：3～4 人为一组分工操作，各人完成自己所安装线管的布线工作，分组情况如表 3-12 所示。

表 3-12　学生任务分配表

班级			组号		指导老师	
组长		学号				
组员	姓名		学号	姓名		学号
任务分工						

➡ **引导问题**

1. 在室内 PVC 线管中穿线，需要使用_____穿线。

2. 在室外管道内穿线，需要使用管道穿线器，称为_____。

3. 当大楼主干布线采用向下垂放方式时，为了保护缆线护套，需要使用布线滑轮或_____。

4. 非屏蔽 4 对双绞线的曲率半径至少为电缆外径的_____倍；屏蔽 4 对双绞线的曲率半径至少为电缆外径的_____倍。

5. n 根 4 对双绞线的布线拉力为_____N；25 对大对数 UTP 电缆，最大拉力不能超过_____N，拉线速度不宜超过 15 m/min。

6. 在水平布线系统中，双绞线布线方式一般有三种方式：_____、_____、_____。

7. 在竖井通道内的垂直干线电缆布线，一般有两种方法：向下垂放缆线和_____。

3.5.1　缆线敷设工具

1. 牵引钢丝

在完成土建埋管后，就需要穿钢丝（如图 3-48 所示），以方便后续穿线。穿牵引钢丝的步骤如下：

（1）把钢丝一端用尖嘴钳弯曲成一个 φ10 mm 左右的拉环，以防止钢丝在 PVC 管接头处被顶住。

（2）把钢丝从插座底盒内的 PVC 管一端往里面送，一直送到另一端出来。

（3）把钢丝两端折弯，防止钢丝缩回管内。

（4）穿线时用钢丝把缆线拉出。

2. 管道穿线器

如图 3-49 所示的管道穿线器又叫玻璃钢穿孔器或玻璃钢穿管器，可用于电信管道的清洗及电缆、光缆的布放，适用于管道较长的缆线敷设。

图 3-48　牵引钢丝　　图 3-49　管道穿线器

3. 线轴支架

大对数电缆和光缆一般都采用卷轴式包装，放线时可将缆线卷轴架设在线轴支架上，并从顶部放线，如图 3-50 所示。

4. 牵引绞车

当大楼主干布线采用向上牵引的方法时，就需要使用牵引绞车向上牵引缆线，图 3-51 所示为电动牵引绞车。

图 3-50　线轴支架　　图 3-51　电动牵引绞车

5. 布线滑车

当大楼主干布线采用向下垂放的方法时，为了保护缆线不被划伤，需要使用布线滑轮或布线滑车，从而保证缆线从卷轴拉出后平滑地往下放线。图 3-52 所示为架空滑车，使用时悬挂在垂井上方；图 3-53 所示为井口滑车，使用时安放在垂井的井口。

图 3-52 架空滑车　　　　图 3-53 井口滑车

3.5.2 缆线牵引技术

1. 电缆敷设基本要求

电缆敷设基本要求如下：

（1）缆线的线型、规格、敷设方式以及布放间距均应与设计相符。

（2）缆线的布放应自然平直，不得产生扭绞、打圈、接头等现象，不应受到外力的挤压和损伤。

（3）缆线两端应贴有标签，标签的书写应清晰、端正。

（4）布放缆线应有余量以适应端接或终接、检测和变更。对绞电缆的预留长度为：在工作区宜为 3～6 cm，电信间宜为 0.5～2 m，设备间宜为 3～5 m；光缆布放路由宜盘留，预留长度宜为 3～5 m，有特殊要求的应按设计要求预留长度。

（5）缆线的弯曲半径应符合下列规定：

① 非屏蔽 4 对对绞电缆的弯曲半径应至少为电缆外径的 4 倍；

② 屏蔽 4 对对绞电缆的弯曲半径应至少为电缆外径的 8 倍；

③ 主干对绞电缆的弯曲半径应至少为电缆外径的 10 倍；

④ 2 芯或 4 芯光缆的弯曲半径应大于 25 mm；其他芯数光缆的弯曲半径应至少为光缆外径的 10 倍。

（6）控制缆线布放时牵引缆线拉绳的速度和拉力。有经验的安装者在布放缆线时采取慢速而平稳的拉线，以防缆线缠绕或被绊住。若拉力过大，则会使缆线变形，引起缆线传输性能下降。n 根 4 对双绞线允许的最大拉力计算公式为：$n \times 50 + 50$(N)，但是不管有多少根电缆，最大拉力不得超过 400 N。例如：

1 根 4 对双绞线电缆的拉力为：100 N(10 kg)；

2 根 4 对双绞线电缆的拉力为：150 N(15 kg)；

3 根 4 对双绞线电缆的拉力为：200 N(20 kg)；

n 根 4 对双绞线电缆的拉力为：$n \times 50 + 50$(N)。

（7）电源线、双绞线缆线应间隔布放，缆线间的最小间距应符合设计要求。当电力电缆与双绞线电缆平行敷设时，最小间距不小于 130 mm；当有一方在金属线槽或钢管中，则最小间距不小于 70 mm；当双方都在金属线槽或钢管中，则最小间距不小于 10 mm。

（8）在暗管或线槽中缆线敷设完毕后，为了防止水泥砂浆或者垃圾进入管口堵塞管道，一般要在通道两端出口处用填充材料进行封堵，最简单的方法就是用纸团塞住。

2. 缆线牵引技术

在缆线敷设之前，建筑物内的各种暗敷管道都已安装完成，因此缆线要敷设在管道内就必须使用缆线牵引技术。

在安装各种管路和槽道时，为了后续缆线的牵引，一般内置有一根拉绳（通常为钢丝），使用拉绳可以方便地将缆线从管道的一端牵引到另一端。

拉绳在电缆上固定的方法有拉环、牵引夹具和直接将拉绳系在电缆上等 3 种方法，下面重点介绍拉环法。拉环是将电缆的导线弯成一个环，导线通过带子束在一起然后束在电缆护套上，拉环可以使所有电缆线对和电缆护套均匀受力，是一种简单易行的拉线方法。

（1）牵引 4 对双绞线电缆。4 对双绞线电缆较轻，通常不需要做更多的准备，只需将其用电工胶带与拉绳捆扎在一起拉出即可（见本节牵引钢丝）。

如果牵引多条 4 对双绞线穿过一条路由，可用下列方法，如图 3-54 所示。

① 将多条电缆聚集成一束，并使它们的末端对齐；

② 用电工胶带紧绕在电缆束外面，在末端外缠绕 50～100 mm 长的距离即可，如图 3-54(a)所示；

③ 将拉绳穿过电工胶带缠好的电缆并打好结，再用胶带与线捆在一起，如图 3-54(b)所示；

④ 拉出。

(a) 胶带缠绕电缆末端　　　　　　　　　(b) 拉绳穿过电缆并打结

(c) 编织多条导线形成金属环

图 3-54　多根 4 对双绞线电缆牵引头制作方法

如果在拉动电缆的过程中，连接点散开了，则要收回电缆和拉绳重新制作更牢固的连接，如图 3-54(c)所示。具体方法如下：

① 除去一部分绝缘层暴露出 50～100 mm 的裸线；

② 将裸线分成两束；

③ 将两束导线互相缠绕形成环；

④ 将拉绳穿过此环并打结，然后用电工胶带缠绕连接点周围，需要缠得结实和平滑。

（2）牵引 25 对大对数电缆。具体牵引方法如下：

①　将电缆向后弯曲以便形成一个直径约为 15～30 cm 的环，并使电缆末端与电缆本身绞紧；

②　用电工胶带紧紧地缠在绞好的电缆上，对环进行加固；

③　把拉绳连接到电缆环上，用电工胶带将连接点紧紧地包扎起来后，用拉绳牵引大对数电缆。

如果需要制作更为牢固的连接，可以如图 3 - 55 所示进行制作。具体方法如下：

(a)　剥除护套后分为两组并缠绕

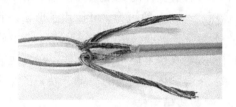
(b)　两组电缆交叉穿过拉线环

(c)　缆线缠绕在自身电缆上

(d)　连接处缠绕电工胶带

图 3 - 55　大对数电缆牵引头制作方法

①　剥除 20 cm 左右的电缆外护套，将大对数电缆均匀分为两组，如果缆线过多，可用斜口钳将过多的缆线切去，如图 3 - 55(a)所示。

②　将两组电缆交叉地穿过拉线环，如图 3 - 55(b)所示。

③　将两组缆线缠在自身电缆上，加固与拉线环的连接，如图 3 - 55(c)所示。

④　在缆线缠绕部分紧密地缠绕多层电工胶带，进一步加固电缆与拉线环的连接，如图 3 - 55(d)所示。

注意：使用拉绳牵引布线时，拉绳与缆线的连接处要尽量平滑，以减小牵引阻力。

3.5.3　建筑物内水平双绞线布线

建筑物内的水平布线是从管理间配线架到工作区信息插座的布线，通常选用暗埋管道、天花板吊顶、楼道桥架、墙壁线槽等多种布线方式。在决定采用哪种方法之前，应到施工现场进行比较，从中选择一种最佳的施工方案。

1. 暗埋管道布线

对于中小型综合布线工程，根据设计要求，在建筑施工时，就要从管理间到工作区预埋布线管道，并且在管道内附有牵引电缆的钢丝。施工人员只需根据建筑物的管道图纸来了解水平布线管道系统，实施缆线牵引即可。

2. 桥架布线

大中型综合布线工程的水平布线，其金属桥架从管理间内出发，沿楼层走道架设，在经过各个工作区处，用金属管或 PVC 管从桥架引出，以埋入方式沿墙壁抵达各个信息点。

在桥架内敷设缆线时应采用人工牵引方式，牵引速度要慢，不宜猛拉硬拽，以防止缆线外护套磨损或刮伤。在分线处利用预放的钢丝绑扎电缆，然后在工作区信息插座端牵引。

3．天花板吊顶内布线

天花板吊顶内布线是水平布线中最常使用的方式。具体施工步骤如下：

（1）根据建筑物的结构确定布线路由。

（2）沿着所设计的路由打开吊顶，用双手推开每块镶板。因为多条 4 对双绞线很重，为了减轻压在吊顶上的压力，可使用 J 形钩、吊索及其他支撑物来支撑。

（3）为了提高布线效率，线箱可以集中放在一起，出线口朝上，再把几根缆线绑扎在一起同时牵引。线箱上应写清楚标注，在缆线的末端贴上标签注明来源地。

（4）在离管理间最远的一端开始，将缆线拉到管理间。

4．墙壁线槽布线

墙壁线槽布线是一种明铺方式，距离较短。如已建成的建筑物中没有暗埋线管时，只能采用明敷线槽的方式将缆线直接敷设。在墙壁上布线槽应遵循下列步骤：

（1）索取施工图纸，确定布线路由。

（2）沿着路由方向布线。

（3）线槽每隔 1 m 要安装固定螺钉。

（4）布线。

（5）盖塑料槽盖，盖槽盖时应错位盖。

3.5.4　建筑物内垂直主干双绞线布线

建筑物主干缆线主要是光缆或 4 对双绞线电缆。对于语音系统，一般是 25 对、50 对或是更大对数的双绞线，它的布线路由是从设备间到楼层管理间之间。干线缆线通道多为建筑物的垂直弱电竖井或弱电间，垂直弱电井是专门为布放弱电电缆而设计的，是一个从地下室至楼顶的开放型空间。弱电间则是在每个楼层的对应位置建造的一连串上下对齐的封闭型小房间，也叫管理间或电信间。缆线孔或缆线井则是一连串穿过弱电间地板且垂直对准的通道。在实际工程施工中推荐使用缆线井作为垂直干线子系统的布线通道，如图 3 - 56 所示。

在弱电间中敷设干线电缆有两种选择：向下垂放和向上牵引。通常向下垂放比向上牵引容易，但如果将缆线卷轴抬到高层上去很困难的话，则只能由下向上牵引。

1．向下垂放电缆

向下垂放电缆的步骤如下：

（1）把缆线卷轴放到最顶层。

图 3 - 56　弱电间内的缆线井和缆线孔

（2）在离开口 3～4 m 处安装线缆卷轴，并从卷轴顶部馈线。

（3）在缆线卷轴处安排布线施工人员，每层楼上有一个工人，以便引寻下垂的缆线，在施工过程中每层施工人员之间必须能通过对讲机等通信工具保持联系。

（4）开始旋转卷轴，将缆线从卷轴上拉出。

（5）将拉绳固定在拉出的缆线上，并引导进竖井中的孔洞。在此之前先在孔洞中安放一个塑料的套状保护物，以防止孔洞不光滑的边缘擦破缆线的外皮，如图 3-57 所示。

（6）慢慢地从卷轴上放缆线进入孔洞并向下垂放，注意速度不要过快。

（7）继续放缆线，直到下一层布线人员将缆线引到下一个孔洞。

（8）按前面的步骤继续慢慢地放缆线，直至缆线到达指定楼层进入横向通道。

2. 向上牵引电缆

向上牵引缆线需要使用电动牵引绞车，如图 3-58 所示，其主要步骤如下：

（1）按照缆线的质量选定绞车型号，按说明书进行操作。先往绞车中穿一条拉绳，根据电缆的粗细和重量以及垂井的高度，确定拉绳的粗细和强度。

（2）启动绞车，并往下垂放一条拉绳，直到安放缆线的底层。

（3）如果缆线上有一个拉眼，则将绳子连接到此拉眼上。

（4）启动绞车，慢慢地将缆线通过各层的孔向上牵引。

（5）缆线的末端到达顶层时，停止绞车。

（6）在地板孔边沿上用夹具将线缆固定，当所有连接完成后，从绞车上释放缆线的末端。

（7）对电缆的两端进行标记。

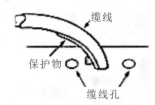

图 3-57 保护缆线的塑料靴状物　　　图 3-58 电动绞车

各小组委派 1 名代表展示并介绍任务的完成情况，然后完成评价反馈表 3-13。

表 3-13 评价反馈表

序号	评价项目	自我评价	小组评价	教师评价	综合评价
1	学习准备				
2	引导问题填写				
3	考勤情况				
4	听课情况				
5	知识点掌握情况				
6	线管穿线两端预留合理				
7	缆线拉环制作质量				
8	任务创新扩展				
9	清洁工位				
	总　评				

注：评价档次统一采用 A（优秀）、B（良好）、C（合格）、D（努力）。

思考与练习

1. 某 PVC 线管标称为 φ20，则最多能容纳（　　）根双绞线。

A. 2　　　　　　　　B. 3　　　　　　　　C. 4　　　　　　　　D. 5

2. PVC 线槽规格为 39×18，则最多能容纳（　　）根双绞线。

A. 2　　　　　　　　B. 4　　　　　　　　C. 7　　　　　　　　D. 12

3. 线管穿线时，电缆的最大拉力不得超过（　　）N。

A. 100　　　　　　　B. 200　　　　　　　C. 300　　　　　　　D. 400

4. 非屏蔽双绞线曲率半径不应小于电缆外径的（　　）倍。

A. 4　　　　　　　　B. 5　　　　　　　　C. 6　　　　　　　　D. 8

5. 管道内布设 4 对双绞线电缆时，管截面利用率为（　　）。

A. 25%～35%　　　　　　　　　　　B. 30%～50%

C. 30%～40%　　　　　　　　　　　D. 40%～60%

6. 某线槽的标称尺寸是 20×12，以下说法正确的是（　　）。

A. 高是 20 cm，宽是 12 cm　　　　　B. 宽是 20 mm，高是 12 mm

C. 宽是 20 cm，高是 12 cm　　　　　D. 以上都不是

任务 3.6　PVC 线槽安装实训

➡ 引言

线槽是一种常用的综合布线材料，明装于墙面，在公司、单位旧楼信息化的升级改造中比较常用，是一种经济适用的布线材料。线槽在家庭中用得较少，因为在家庭装修时会在墙面或地面刻槽埋管，在管内布线，以达到安全美观的效果。

➡ 学习目标

（1）了解 PVC 线槽的安装要求及规范。

（2）掌握制作 PVC 线槽弯头的方法和要求。

（3）掌握 PVC 线槽的安装步骤，能够独立进行 PVC 线槽的安装。

➡ 任务书

完成办公楼信息化改造的综合布线工作，具体步骤如下：

（1）确定每个房间信息插座的安装位置。

（2）安装设备或插座底盒，给线槽起点定位。

（3）画线，用水泥钉或自攻螺丝将线槽底板固定在墙面，保证安装横平竖直。

（4）布线和盖板。

（若实验室可在模拟墙上训练线槽安装，则要求学生分组设计线槽安装路由，如图 3-59 所示为一种线槽安装方案）

图 3-59　示例图

➡ **任务分组**

说明：3～4 人为一组分工操作，每人完成一根线槽路由，学生分配情况如表 3－14 所示。

表 3－14　学生任务分配表

班级		组号		指导老师	
组长		学号			
组员	姓名	学号		姓名	学号
任务分工					

➡ **引导问题**

1. 常用塑料线槽的规格有哪些？＿＿＿＿＿＿＿＿＿＿＿＿＿＿＿＿＿＿＿

＿＿＿＿＿＿＿＿＿＿＿＿＿＿＿＿＿＿＿＿＿＿＿＿＿＿＿＿＿＿＿＿＿。

2. 与塑料线槽配套的连接配件有阳角、阴角等，列举一些其他配件：＿＿＿＿＿＿＿

＿＿＿＿＿＿＿＿＿＿＿＿＿＿＿＿＿＿＿＿＿＿＿＿＿＿＿＿＿＿＿＿＿。

3. 安装线槽时，要求线槽接缝小于＿＿＿＿mm。

任务指导及相关知识点

3.6.1　PVC 线槽简介

PVC 线槽是综合布线工程中明敷线路时广泛使用的一种材料，以聚氯乙烯为主要原料制成。它是一种带盖板的、封闭式的线槽，盖板和槽体通过卡槽合紧。PVC 线槽常用的规格有：20 mm×10 mm、25 mm×12.5 mm、25 mm×25 mm、30 mm×15 mm、39 mm×18 mm等。配套的连接件有阳角、阴角、直转角、终端头、大小转换头等，如图 3－60 所示。

图 3－60　线槽及连接件

3.6.2　PVC 线槽安装的基本方法及步骤

PVC 线槽安装步骤如下：

（1）进行线槽的安装位置和路由设计。

（2）准备电钻、螺钉、十字螺丝刀、线槽、线槽连接件等工具和材料。

（3）在墙面测量并画线标出线槽的安装位置，保证水平安装的线槽与地面平行，垂直安装的线槽与地面垂直，没有可见的偏差。

（4）根据画线位置，安装线槽底板。安装时用水泥钉将线槽底板固定在墙面，或者用电钻夹持 φ6 mm 的钻头，每隔 300 mm 左右在墙面钻孔，置入膨胀管，再用自攻螺丝把线槽固定在墙面，固定必须保证长期牢固。

（5）在线槽内布线。

（6）安装线槽盖板。盖板接缝与线槽底板接缝要错开安装，两根线槽之间的接缝必须小于 1 mm。

3.6.3　线槽弯头手工制作

安装线槽过程中，在线槽拐弯处可以使用成品弯头，例如阳角、阴角、三通、直转角等，使用这些连接件可使施工简单、速度快，但是成本较高，并且在施工过程中，准确计算这些配件的使用数量也比较困难。所以，有经验的施工者都是在现场自制弯头，弯头接缝要求小于 1 mm，并且要美观实用，线槽弯头如图 3-61 所示。

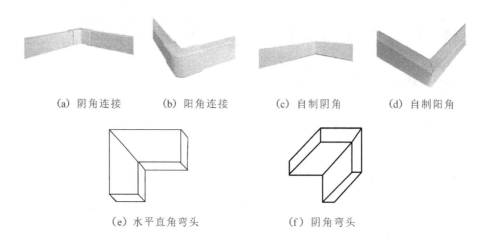

（a）阴角连接　　　（b）阳角连接　　　（c）自制阴角　　　（d）自制阳角

（e）水平直角弯头　　　　　　（f）阴角弯头

图 3-61　线槽弯头

下面以最常用的 39×18 mm PVC 线槽为例，简要说明如何手工快速地制作弯头。

1. 水平直角弯头

水平直角弯头的制作方法如下：

（1）线槽长度定位。

（2）以定位点为起点画一条直线。

（3）以所画直线作为高，画一个高为 39 mm，底边长为 78 mm 的等腰直角三角形。

（4）用剪刀沿着划线裁剪，将三角形及底边及相邻两边剪去。

（5）将线槽弯曲成型，如图 3-62 所示。

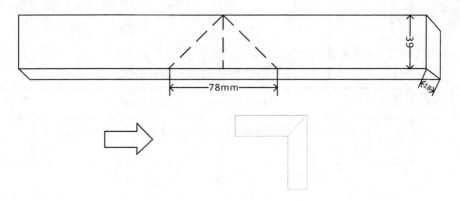

图 3-62 手工制作水平直角弯头

2. 阴角弯头

阴角弯头的制作方法如下：

（1）线槽长度定位。

（2）在线槽底板侧边以定位点为起点画一条直线。

（3）以所画直线作为高，此高长度为 18 mm，再画一个底边长为 36 mm 的等腰直角三角形。

（4）在线槽另一侧边相应的位置画相同的等腰直角三角形。

（5）剪去这两个三角形，然后将线槽弯曲成型，如图 3-63 所示。

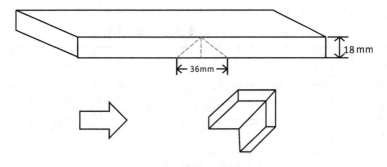

图 3-63 手工制作阴角弯头

3.6.4 利用配套连接件完成线槽拐弯

利用阴角、阳角、直转角、三通等和线槽配套的连接件完成线槽的拐弯、连接等操作，如图 3-64 所示。

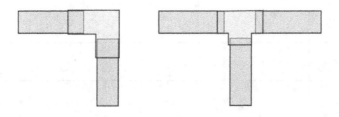

图 3-64 直角弯头和三通安装示意图

评价反馈

PVC 线槽安装实训质量和评分要求如表 3-15 所示。

表 3-15 PVC 线槽安装实训评分表

评分项目	序号	评分细则（每项 20 分，共 100 分）	得分
PVC 线槽安装	1	每人完成一个线槽路由，若有 1 人没完成，直接扣除该生全部分数	
	2	线槽安装位置正确横平竖直	
	3	弯头处理合理美观，接缝小于 1 mm	
	4	布线正确，预留合理	
	5	实训后清洁工位	
总　　分			

实训报告

实训报告的具体格式见表 3-16，填不下可附页。

表 3-16 PVC 线槽安装实训报告

课程名称		班级	
实训名称		学号	
实训时间		姓名	
实训目的	（1）了解 PVC 线槽的安装要求及规范。 （2）掌握 PVC 线槽弯头的制作方法和要求及 PVC 线槽的安装步骤		
PVC 线槽安装路由图（以小组为单位绘制）			
以表格形式列出实训材料及工具			
实训过程或步骤			
工程经验总结及心得体会			

任务 3.7　信息插座安装实训

➡ 引言

上网、看电视都需要信息插座，这是一个家庭中必不可少的信息接入点。在双绞线敷设完成之后，接下来就要安装网络信息插座。信息插座安装的好坏直接影响美观度和最终网络的连通性，因此在工作区子系统中，必须严格按照要求进行施工。

➡ 学习目标

(1) 熟悉网络模块的端接方法。

(2) 熟悉网络信息插座的安装方法和步骤。

(3) 了解免打式信息模块的接线方法。

➡ 任务书

在前面实训（线槽（管）安装实训、缆线敷设）的基础上端接信息模块，安装面板，完成信息插座的安装，并且要求每人安装 4 个信息插座，如图 3-65 所示。

图 3-65　信息插座安装

➡ 引导问题

1. 信息插座有墙面安装和地面安装两种方式。墙面安装的信息插座底盒又分为_____底盒和_____底盒两类。其中，新建建筑物的信息插座安装一般采用_____底盒，旧楼信息化改造一般使用_____底盒。

2. 地面安装的信息插座也称为"地弹式插座"，一般用金属材料制造，有方形和圆形两种，其中方形地弹式插座为 120 系列插座，即长宽均为_____mm，圆形地弹式插座直径为_____mm。

3. 信息模块根据是否使用打线工具，可分为_____和_____两种。

4. 信息插座由_____、_____和_____3 部分组成。

5. 在综合布线工程中，安装在墙壁上的信息插座应距离地面_____mm 以上，信息插座和电源插座应保持_____mm 的距离。

3.7.1　信息插座及配线端接的重要性

信息插座是为用户提供数据或语音的接口，由网络信息模块、底盒和面板 3 部分组成，如图 3-66 所示。网络信息模块是端接双绞线并提供连接接口的器件，按是否使用打线工具可以分为打线式和免打式两大类。信息插座底盒分为明装底盒和暗装底盒两种，明装底盒一般在旧楼改造中与线槽配合使用，暗装底盒一般与线管配合使用，新建建筑物必须使用暗盒、线管也必须暗装在墙面内。墙面安装信息插座的面板通常为塑料材质、86 系列，即长宽均为 86 mm 的正方形。地面安装的信息插座面板及底盒均为金属材质，黄铜制作，具有抗压、防尘和防水功能，一般为 120 系列的方形插座或直径为 150 mm 的圆形插座。（信息插座详细内容请查阅 3.3 综合布线工程材料选型：信息插座）

图 3-66　信息插座的组成

信息插座安装的关键是网络信息模块的端接，这属于电缆的配线端接技术。电缆端接是综合布线工程施工和维护的基本操作技能，包括电缆和网络信息模块的端接、电缆和水晶头的端接、电缆和配线架的端接等。在工程施工中，每个信息点的开通，即从电信部门引入缆线到单位园区开始，一直到终端设备接收到数据为止，平均要端接 10～12 次，如图 3-67 所示，每次端接双绞线 8 芯线，也就是说每个信息点接通至少要端接 80～96 芯线。任何一芯线端接失误，都会造成网络故障，并且线芯端接失误的地方很难及时发现和纠正，一旦出错，就需要花费大量人力物力来解决。因此，电缆端接技术是保证综合布线施工质量的关键。

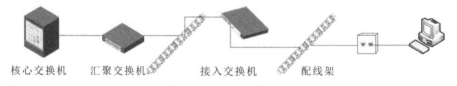

核心交换机　　汇聚交换机　　　　接入交换机　　　配线架

图 3-67　配线端接路由示意图

3.7.2　信息模块的端接方法及步骤（以打线式模块为例）

信息模块的端接方法及步骤如下：

（1）剥线：剥线之前先将受损线头剪去，然后剥除大概 20～30 mm 的外护套，注意不能损伤线芯和绝缘层。

（2）分线：将双绞线拆开，分成独立的 8 芯线。

（3）卡线：按照模块两侧的 B 色标线序，如图 3 - 68 所示，将 8 芯线逐一卡入对应的线槽内。

（4）端接：用单口打线钳逐一将 8 芯线压入线槽内，然后打断多余的线头。

（5）安装防尘帽：压接完成后，将与模块配套的防尘帽安装好，这样既能防尘又能防止线芯脱落。

图 3 - 68　网络模块色标

3.7.3　信息插座安装的方法及步骤

信息插座安装的方法及步骤如下：

（1）端接信息模块。

（2）将冗余的缆线盘于底盒内。

（3）将信息模块卡入面板中。如果同时装有语音模块，一般数据在左口，语音在右口。

（4）合上面板，紧固螺钉，插入标识，完成安装。

信息插座安装实训质量和评分要求如表 3 - 17 所示。

表 3 - 17　信息插座安装实训评分表

项目	评分细则	分值	插座 1	插座 2	插座 3	插座 4	得分
信息插座安装	底盒安装位置正确，牢固	5 分					
	模块端接线序正确	5 分					
	模块线头切断	5 分					
	面板安装到位	5 分					
	工具回收及清洁工位	20 分					
	总　分						

实训报告

实训报告的具体格式见表 3 - 18，填不下可附页。

表 3-18 信息插座安装实训报告

课程名称		班级	
实训名称		学号	
实训时间		姓名	
实训目的	（1）掌握网络信息模块的端接方法。 （2）掌握信息插座的安装方法和步骤		
实训设备及材料			
实训过程或步骤			
工程经验总结及 心得体会			

项目 4　楼宇综合布线设计与施工

一幢大楼的综合布线设计包括楼层综合布线设计和整栋楼宇的综合布线设计。楼层布线系统主要由信息插座、信息插座至楼层管理间配线架的缆线、配线架及跳线组成。从空间上看，信息插座位于房间工作区、水平缆线通过楼道桥架到达管理间配线架、配线架在管理间。从设计角度看，信息插座对应工作区子系统、水平缆线对应配线子系统、机柜及配线架对应管理间子系统。也就是楼层综合布线设计主要是工作区子系统、配线子系统和管理间子系统的设计，如图 4-1 所示。

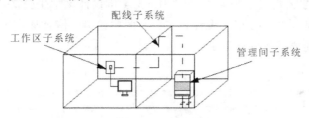

图 4-1　楼层布线系统

一栋楼的综合布线工程主要包括两个子系统，即干线子系统和配线子系统。首先要确定设备间(每栋楼一个)和管理间(一个楼层一个或几个楼层共用一个)的位置，然后再进行垂直干线子系统和水平配线子系统的详细设计。

楼宇综合布线设计的具体步骤如下：设备间子系统的设计→干线子系统的设计→管理间子系统的设计→配线子系统的设计→工作区子系统的设计。再加上楼宇之间的综合布线工程：建筑群子系统和进线间子系统。这就是国标 GB 50311—2016《综合布线系统工程设计规范》中对于综合布线工程设计的基本要求。

项目 4 以楼宇的室内综合布线设计与施工为例学习工作区子系统、配线子系统、管理间子系统、干线子系统以及设备间子系统的设计与施工方面的内容，如图 4-2 所示。

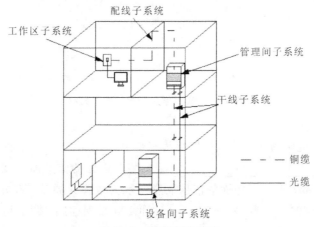

图 4-2　楼宇布线系统

任务 4.1   楼宇工作区子系统设计

➡ 引言

综合布线系统设计分为 7 个子系统，其中工作区子系统是最接近用户的系统，也是用户需求最为集中的子系统。工作区可支持电话机、数据终端、计算机、视频监控等终端设备，也是构建完整的计算机网络系统的关键环节。

➡ 学习目标

(1) 掌握工作区子系统的概念，理解工作区子系统的设计要点。

(2) 掌握工作区子系统的设计步骤及方法。

➡ 任务书

现给出某校学生公寓二层平面图（见图 4 − 3），试设计该学生公寓（4 人间）的工作区子系统。要求：采用基本型综合布线设计，在平面图中绘制，信息插座统一安装在桌面以上 30 cm 的位置，并简要进行设计说明。

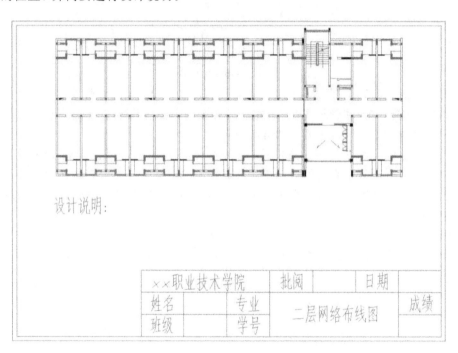

图 4 − 3   某校学生公寓二层平面图

➡ 引导问题

1. 工作区子系统中的网络信息插座分为三部分：＿＿＿＿＿＿、底盒、面板。其中，底盒可以分为两种：＿＿＿＿＿和＿＿＿＿＿。安装在墙面的信息插座规格一般为 86 系列，即尺寸为 86×86 mm；安装在地面的信息插座一般为地弹式插座，有方形和圆形两种，其中，方形地弹式插座的尺寸为 120×120 mm，即 120 系列插座，圆形地弹式插座的直径一般为＿＿＿＿＿。

2. 信息插座通常安装在距离地面 300 mm 的位置，请解释原因：

_____

_____

_____。

3. 安装信息插座的同时要安装电源插座，为了避免电磁干扰的影响，信息插座与电源插座的距离应该大于_____mm。

4. 从信息插座到计算机等终端设备的连线宜采用双绞线跳线，其长度不应超过_____m。

5. 信息点分为数据信息点和语音信息点。信息点数统计表是工作区子系统设计中的一项重要工作，该表一般用 Excel 软件制作，可以统计信息点的_____和_____。

6. 信息点的数量直接影响布线工程的造价，一般在工作区子系统初步设计阶段就可以给出工程的造价概算。计算公式为：工程概算＝_____其中，信息点的价格包括材料费、工程费、管理费、税金等全部费用。

任务指导及相关知识点

4.1.1　工作区基本概念

工作区子系统是指从信息插座延伸到终端设备的整个区域，即一个独立的需要设置终端设备的区域宜划分为一个工作区。工作区包括信息插座模块（TO）、终端设备处的连接缆线及适配器。终端设备包括但不局限于计算机，还可以是电话机、数据终端、电视机、监视器以及传感器等终端设备。典型的工作区子系统如图 4-4 所示。

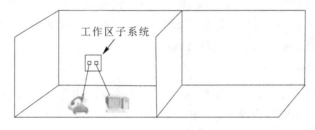

图 4-4　工作区子系统

4.1.2　工作区子系统设计要点

工作区子系统的设计要点如下：

（1）暗装或明装在墙体或柱子上的信息插座盒底距地面高度宜为 300 mm。

（2）安装在工作台侧隔板面的信息插座盒底距地面宜为 1.0 m。

（3）暗装在地面上的信息插座应满足防水和抗压要求，且必须为金属底盒，地弹式插座。

（4）信息插座模块宜采用标准 86 系列面板安装，安装光纤模块的底盒深度不应小于 60 mm。

（5）信息插座与计算机终端设备的距离应在 5 m 以内。

（6）电源插座与信息插座的距离应大于 200 mm，以避免电磁干扰的影响。

（7）网卡接口类型要与线缆接口类型一致。

（8）所有工作区所需的信息模块、信息插座和面板的数量要准确。

（9）CP 集合点箱体、多用户信息插座箱体宜安装在导管的引入侧和便于维护的柱子及承重墙上等处，箱体底边距地面高度宜为 500 mm，当在墙体、柱子的上部或吊顶内安装时，距地面的高度不宜小于 1800 mm。

4.1.3　工作区电源安装要求

工作区电源的安装要求如下：

（1）每个工作区宜配置不少于 2 个单相交流 220 V/10 A 的电源插座盒。

（2）电源插座应选用带保护接地的单相电源插座。

（3）工作区电源插座宜嵌墙暗装，高度应与信息插座一致。

4.1.4　工作区子系统设计步骤及方法

1. 需求分析

需求分析主要掌握用户的当前用途和未来的扩展需要，目的是把设计对象归类，按照写字楼、宾馆、综合办公室、生产车间、会议室、商场等类别进行归类，为后续设计确定方向和重点。

2. 技术交流

在需求分析后，要与用户进行技术交流，不仅要与技术负责人交流，也要与项目或者行政负责人进行交流，充分和广泛地了解用户的需求，特别是未来的扩展需求。

3. 阅读建筑物图纸和工作区编号

对建筑物的设计图纸必须要认真阅读。通过阅读建筑物图纸掌握建筑物的土建结构、强电路径、弱电路径等，特别是主要电气设备和电源插座的安装位置，重点掌握在综合布线路径上的电气设备、电源插座、暗埋管线等。

4. 初步设计方案

（1）工作区面积的确定。每个工作区应按不同的应用功能确定服务面积。目前建筑物的功能类型较多，大体可分为商业、文化、学校、住宅、工业等类型，因此，对工作区面积的划分应根据应用的场合具体分析后确定，工作区面积需求可参照表 4-1 所示。

表 4-1　工作区面积划分表

建筑物类型及功能	工作区面积/m^2
网管中心、呼叫中心、信息中心等终端设备较为密集的场地	3～5
办公区	5～10
会议、会展	10～60
商场、生产机房、娱乐场所	20～60
体育场馆、候机室、公共设施区	20～100
工业生产区	60～200

① 如果终端设备的安装位置和数量无法确定，或使用场地为大客户租用并考虑自行设置计算机网络，则工作区的面积可按区域（租用场地）面积来确定。

　　② 对于 IDC 机房（数据通信托管业务机房或数据中心机房），可按生产机房每个机架的设置区域考虑工作区面积。此类项目涉及数据通信设备的安装工程设计，因此应单独考虑实施方案。

　　（2）工作区信息点的配置。一个独立的需要设置终端设备的区域宜划分为一个工作区，每个工作区需要设置一个计算机网络数据点或者电话语音点，或按用户需求设置。对于用户不能明确信息点数量的情况，可以根据表 4 - 2 确定（表 4 - 2 做了一些分类，仅供设计参考）。

表 4 - 2　信息点数量配置

建筑物功能区	信息点数量（每一工作区）		
	电话（个）	数据（个）	光纤（双工端口）
办公区（一般）	1	1	
办公区（对数据信息有较大需求）	1	2	1
商场、会议、会展中心等大客户区域	不少于 2 个	不少于 2 个	不少于 1 个
政务工程	2~8 个	2~8 个	不少于 1 个

　　（3）工作区的信息插座类型。工作区的信息插座要具有开放性，要能兼容多种系统的设备连接要求。通常 RJ45 信息插座可以满足计算机设备的连接要求，RJ11 信息插座可以满足电话机和传真机等语音设备的连接，有线电视 CATV 插座可以满足电视机的连接要求。

　　（4）信息点的数量。工作区信息点数量的统计可以利用信息点数统计表来完成，信息点数统计表简称点数表，是统计信息点数量的基本工具和手段。编制信息点数统计表的目的是快速准确地统计建筑物的信息点。设计人员为了快速合计和方便制表，通常会使用 Microsoft Excel 软件或 Word 软件编制表格。当确定每个房间或者区域的信息点数量后，再填写点数统计表。

　　信息点数量统计表的编制方法在项目 2 任务 2.4 中已有讲解，在此不再赘述。

　　（5）信息插座的数量。当信息点的数量确定后，信息插座的数量就确定了。在实际工程中用得最多的是双孔信息插座，则信息插座的数量就为信息点数量的一半。考虑到系统以后的扩充，信息插座的数量应有一定的冗余量，通常冗余量为信息插座的 3%。

　　（6）电源插座的设置。每组信息插座的附近宜配备 220 V 带保护接地的单相电源插座，且电源插座与信息插座的距离应在 200 mm 以上。

5. 概算

　　在完成初步设计后要给出该项目的概算，此概算是整个综合布线系统工程的造价概算，也包括工作区子系统的造价。工程概算的计算公式如下：

工程造价概算＝信息点数量×信息点的价格

其中，信息点的价格包括材料费、工程费、管理费、税金等全部费用。

6. 初步设计方案确认

　　初步设计方案主要包括信息点数统计表和概算两个文件，因为工作区子系统的信息点数量直接决定综合布线系统工程的造价，信息点数量越多，工程造价越高。工程概算的多少与选用产品的品牌和质量有着直接的关系，工程概算多的时候宜选用高质量的知名品牌，工程概算少的时候宜选用区域知名品牌。信息点数统计表和概算也是综合布线系统工程设计的依据和基本文件，因此必须经过用户确认。

用户确认的程序如下：

整理点数统计表→准备确认签字文件→和用户交流沟通→用户签字确认→设计方签字和盖章→双方存档。

用户确认签字文件至少一式四份，双方各两份。设计单位一份存档，一份作为设计资料。

7. 正式设计

新建建筑物和旧楼的信息化改造设计有所不同，根据国标规定，新建建筑物必须设计网络综合布线系统，新建建筑物的信息插座底盒必须暗埋在建筑物的墙内，一般使用金属底盒。而旧楼增加信息插座一般多为明装的 86 系列插座，也可以在墙面开槽暗装信息插座。

（1）信息点安装位置。在大门入口或者重要办公室门口宜设计门禁系统信息点插座；在公司入口或者门厅宜设计指纹考勤机、电子屏幕使用的信息点插座；在会议室主席台、发言席和投影机位置宜设计信息点插座；在各种大卖场的收银区、管理区和出入口宜设计信息点插座。表 4-3 给出了一般情况下办公场所的信息点安装位置。

表 4-3　信息点的安装位置

场　　　景	信息点安装位置
工作台（靠墙）	工作台侧面的墙面
工作台（不靠墙）	工作台下面的地面
集中或者开放办公区域	安装在以工作台或隔断为中心的地面或者隔断上

（2）信息点面板。信息点面板包括地弹插座面板、墙面插座面板、桌面型面板等。地弹插座面板一般为黄铜制造，只适合在地面安装，每只售价在 100～200 元。该面板具有防水、防尘、抗压功能，使用时打开盖板，不使用时，盖好盖板与地面平齐。

墙面插座面板一般为塑料制造，只适合在墙面安装，每只售价在 5～20 元。该面板具有防尘功能，使用时打开防尘盖，不使用时，防尘盖自动关闭。

桌面型面板一般为塑料制造，适合安装在桌面或者台面上，在实际设计中很少应用。

信息点插座底盒常见有两个规格，适合墙面或者地面安装。墙面安装的底盒是长、宽均为 86 mm 的正方形盒子，此种底盒又分为暗装和明装两种。

地面安装的底盒一般只有暗装底盒，常见有方形和圆形两种面板，方形的长、宽均为 120 mm，圆形的直径为 150 mm。

（3）图纸设计。工作区信息点的图纸设计是综合布线系统设计的基础工作，直接影响工程的造价和施工难度，大型工程会直接影响工期，因此工作区子系统的信息点设计工作非常重要。

在一般综合布线工程设计中，不会单独设计工作区信息点布局图，而是综合在网络布线施工图纸中。

评价反馈

各小组委派 1 名代表展示并介绍任务的完成情况，然后完成评价反馈表 4-4。

表 4-4　评 价 反 馈 表

序号	评 价 项 目	自我评价	小组评价	教师评价	综合评价
1	学习准备				
2	引导问题填写				
3	考勤情况				
4	听课情况				
5	知识点掌握情况				
6	任务书完成质量				
7	参与讨论的主动性				
8	回答问题的准确度				
9	任务创新扩展情况				
10	材料（作业）上交情况				
	总　评				

注：评价档次统一采用 A（优秀）、B（良好）、C（合格）、D（努力）。

工程案例

某高校学生宿舍的插座安装位置设计，如图 4-5 所示。

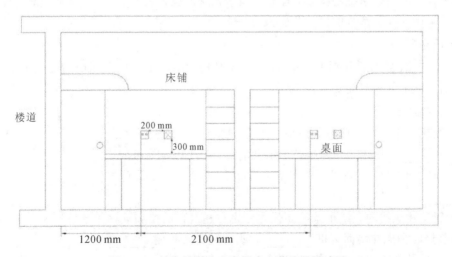

图 4-5　某高校学生宿舍插座安装位置设计图

思考与练习

1. 工作区子系统所指的范围是（　　　）。

A. 信息插座到楼层配线架　　　　　　　　B. 信息插座到主配线架

C. 信息插座到用户终端　　　　　　　　　D. 信息插座到计算机

2. 信息插座在综合布线系统中主要用于连接（　　　）。

A. 工作区子系统与水平干线子系统　　　　B. 水平干线子系统与管理子系统

C. 工作区子系统与管理子系统　　　　　　D. 管理子系统与垂直干线子系统

3. 插座底盒内安装了各种信息模块，包括下列哪些模块（　　　）。

A. RJ45 模块　　　　B. RJ11 模块　　　　C. 5 对通信连接块　　D. USB 接口

4. 办公室的每一个工作区面积宜为（　　　）。

A. 3～5 m²　　　　　B. 5～10 m²　　　　C. 10～15 m²　　　　D. 20～30 m²

5. 一般墙面安装（　　　）系统信息插座。

A. 50×50　　　　　　B. 86×86　　　　　C. 120×120　　　　D. 150×150

任务 4.2　楼宇配线子系统设计

➡ 引言

配线子系统也叫水平子系统，是把信息插座缆线延伸到楼层管理间，这是整个综合布线工程中工作量最大的一个子系统。配线子系统绝大部分是暗埋在墙壁里的线管，安装十分隐蔽，一旦出现故障，更换和维护水平缆线的费用很高，技术要求也很高，因此，配线子系统的管路敷设和缆线选择是综合布线系统中重要的组成部分。

➡ 学习目标

（1）掌握配线子系统的概念，理解配线子系统的设计要点。

（2）掌握配线子系统的设计步骤及方法。

➡ 任务书

在 4.1 节任务书的基础上，完成图 4－3 某校学生公寓二层平面图的配线子系统设计。要求设计合理，并进行简要设计说明。

➡ 引导问题

1. 配线子系统在工程实践中也叫水平子系统，是从工作区的　　　　　　　到管理间的　　　　　　　　　　，由用户信息插座、水平电缆、配线设备等组成。

2. 在实际工程中，配线子系统常用的布线方式有三种，即　　　　　　　、　　　　　　　、　　　　　　　。

3. 新建建筑物的配线子系统要优先考虑在建筑物的梁和立柱中预埋　　　　　　　，旧楼改造或者装修时考虑在墙面刻槽　　　　　　　，或者在墙面明装　　　　　　　。

4. 水平子系统的拓扑结构为　　　　　　　　　结构。

5. 水平子系统信道最大长度不应大于　　　　　　　m，其中，水平电缆长度不大于　　　　　　　m，工作区跳线和设备跳线的长度不大于_____m，如果工作区跳线和设备跳线之和大于 10 m 时，水平电缆的长度应适当减小。

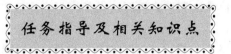

4.2.1　配线子系统的基本概念

配线子系统在工程实践中也叫水平子系统，是综合布线 7 个子系统之一，它将垂直子系统线路延伸到用户工作区，实现信息插座和管理间子系统的连接，包括工作区与楼层管理间之间的所有缆线、连接硬件（信息插座模块、端接水平传输介质的配线架、跳线架等）及附件，如图 4-6 所示。

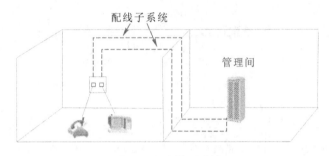

图 4-6　配线子系统

4.2.2　配线子系统布线的基本要求

配线子系统通常安装得十分隐蔽，绝大部分是埋在墙壁里的信息管线，在智能建筑交工后，该子系统就很难接触到，因此更换和维护水平线缆的费用很高、技术要求也很高。如果经常对水平缆线进行维护和更换的话，就会影响楼宇内用户的正常工作，严重时就要中断用户的通信系统。由此可见，水平子系统的管路敷设、缆线选择将成为综合布线系统中重要的组成部分。其基本要求如下：

（1）新建建筑物布线优先考虑预埋穿线管，旧楼信息化改造优先考虑墙面刻槽埋管。管路敷设要求最短，这样，既能节约成本，又能降低布线的施工难度。

（2）配线子系统水平缆线宜选用 6 类及以上对绞电缆或室内光缆，6 类 E 级布线是目前智能建筑结构化布线的最佳选择，其中电缆信道的长度不得超过 100 m，水平缆线的长度不得超过 90 m。

（3）水平布线应采用星形拓扑结构，每个工作区的信息插座都要与管理间相连，每个工作区需要提供语音和数据两种信息模块。

4.2.3　配线子系统的设计要点

配线子系统的设计要点如下：

（1）配线子系统应根据工程提出的近期和远期终端设备的设置要求、用户性质、网络构成及实际需要确定建筑物各层需要安装信息插座模块的数量及其位置，配线应留有扩展余地。

（2）配线子系统水平缆线采用的非屏蔽或屏蔽 4 对对绞电缆、室内光缆应与各工作区光、电信息插座类型相适应。

（3）电信间 FD（设备间 BD、进线间 CD）处，通信缆线和计算机网络设备与配线设备之间的连接方式应符合下列规定：

① 在 FD、BD、CD 处，电话交换系统的配线设备之间宜采用跳线互连，如图 4-7(a) 所示。

② 计算机网络设备与配线设备的连接方式应符合下列规定：

a. 在 FD、BD、CD 处，计算机网络设备与配线设备模块之间宜经跳线交叉连接，如图 4-7(b)所示。

b. 在 FD、BD、CD 处，计算机网络设备与配线设备模块之间可经设备缆线互连，如图 4-7(c)所示。

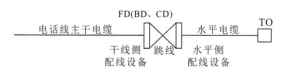

(a) 电话交换系统中缆线与配线设备间连接方式

(b) 交叉连接方式

(c) 互连方式

图 4-7　缆线与配线设备连接方式

（4）每一个工作区信息插座模块的数量不宜少于 2 个，并应满足各种业务的需求。

（5）底盒数量应由插座面板设置的开口数确定，并应符合下列规定：

① 每一个底盒支持安装的信息点（RJ45 模块或光纤适配器）数量不宜大于 2 个。

② 光纤信息插座模块安装的底盒大小与深度应充分考虑到水平光缆（2 芯或 4 芯）终接处的光缆预留长度的盘留空间和满足光缆对弯曲半径的要求。

③ 信息插座底盒不应作为过线盒使用。

（6）工作区的信息插座模块应支持不同的终端设备接入，每一个 8 位模块通用插座应连接 1 根 4 对对绞电缆；每一个双工或 2 个单工光纤连接器件及适配器应连接 1 根 2 芯光缆。

（7）从电信间至每一个工作区的水平光缆宜按 2 芯光缆配置。电信间至用户群或大客户使用的工作区域时，备份光纤芯数不应小于 2 芯，水平光缆宜按 4 芯或 2 根 2 芯光缆配置。

（8）连接至电信间的每一根水平缆线均应终接于 FD 处相应的配线模块，配线模块与缆线容量要相适应。

（9）电信间 FD 主干侧各类配线模块应根据主干缆线所需容量要求、管理方式及模块类型和规格进行配置。RJ45 配线架的每个 RJ45 插座应可卡接 1 根 4 对对绞电缆；光纤连接器件每个单工端口应支持 1 芯光纤的终接，双工端口则支持 2 芯光纤的终接。

（10）电信间 FD 采用的设备缆线和各类跳线宜根据计算机网络设备使用端口容量和电话交换系统的实装容量、业务的实际需求或信息点总数的比例进行配置，比例范围宜为 25%～50%。其中，电话跳线按每根 1 对或 2 对对绞电缆容量配置；数据跳线按每根 4 对对绞电缆配置；光纤跳线按每根 1 芯或 2 芯光纤配置，光纤跳线连接器件采用 SC 型或 LC 型。

4.2.4 配线子系统的规划与设计

配线子系统的设计步骤和工作区子系统的设计步骤类似，也是要经过需求分析、技术交流、阅读图纸和规划设计 4 个步骤。其中在需求分析阶段重点要分析和确定每个楼层管理间到信息点的布线距离及路径；在技术交流阶段要了解布线路径上是否存在电路、水路、气路及电气设备的安装位置等信息，以免发生冲突；阅读建筑物图纸也是弱电设计之前的重要一步，可以对建筑物的整体结构、强电路径、弱电路径等有更为清晰的认识。下面重点讲解配线子系统的规划与设计。

1. 布线距离的规定

配线子系统各缆线应符合图 4-8 所示的划分要求：

① 配线子系统信道的最大长度不应大于 100 m，其中水平缆线长度不大于 90 m。一端工作区设备连接的跳线不大于 5 m，另一端设备间（电信间）的跳线不大于 5 m，如果两端的跳线之和大于 10 m 时，水平缆线的长度（90 m）应适当减少，以保证配线子系统的信道最大长度不大于 100 m。

② 信道总长度不应大于 2000 m。信道总长度包括了综合布线系统水平缆线、建筑物主干缆线和建筑群主干缆线三部分之和。

③ 建筑物或建筑群配线设备之间（FD 与 BD、FD 与 CD、BD 与 BD、BD 与 CD 之间）组成的信道出现 4 个连接器件时，主干缆线的长度不应小于 15 m。

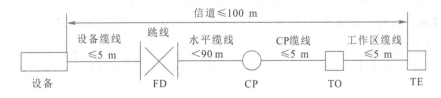

图 4-8 配线子系统的缆线划分

2. 开放型办公室布线系统长度的计算

对于办公楼、综合楼等商用建筑物或公共区域大开间的场地，宜按开放型办公室综合布线系统的要求进行设计。

在采用多用户信息插座（MUTO）时，每一个多用户插座应能支持 12 个工作区所需的 8 位模块通用插座，并应包括备用量。

布线系统各段电缆的长度应符合表 4-5 的规定,其中 C、W 取值应按下列公式进行计算:

$$C = \frac{102 - H}{1 + D}$$

$$W = C - T$$

其中:C 为工作区设备电缆、电信间跳线及设备电缆的总长度;H 为水平电缆的长度,$(H+C) \leqslant 100$ m;T 为电信间内跳线和设备电缆长度;W 为工作区设备电缆的长度;D 为调整系数,对 24 号线规 D 取为 0.2,对 26 号线规 D 取为 0.5。

表 4-5　各段电缆长度限值

电缆总长度 H/m	24 号线规(AWG)		26 号线规(AWG)	
	W/m	C/m	W/m	C/m
90	5	10	4	8
85	9	14	7	11
80	13	18	11	15
75	17	22	14	18
70	22	27	17	21

开放型办公室布线系统对配线设备的选用及电缆长度的要求不同于一般的综合布线系统。24 号线规(AWG),导体直径的标称值为 0.511 mm,实心导体和柔性软导体的最小值分别为 0.5 mm 和 0.506 mm,最大值为 0.516 mm;26 号线规(AWG),导体直径的标称值为 0.404 mm,实心导体和柔性软导体的最小值分别为 0.396 mm 和 0.399 mm,最大值为 0.409 mm。

采用集合点(CP)时,集合点配线设备与 FD 之间水平缆线的长度不应小于 15 m,并应符合下列规定:

① 集合点配线设备容量宜满足 12 个工作区信息点的需求;

② 同一个水平电缆路由中不应超过一个集合点(CP);

③ 从集合点引出的 CP 电缆应终接于工作区的 8 位模块通用插座或多用户信息插座;

④ 从集合点引出的 CP 光缆应终接于工作区的光纤连接器。

3. 管道缆线的布放根数

在水平布线系统中,缆线必须安装在线槽或者线管内。在建筑物墙内或者地面内暗设布线时,一般选择线管,不允许使用线槽。在建筑物墙上明装布线时,一般选择线槽,很少使用线管。

缆线布放在导管与槽盒内的管径与截面利用率应符合下列规定:

(1) 管径利用率和截面利用率应按下列公式计算:

$$管径利用率 = \frac{d}{D}$$

$$截面利用率 = \frac{A1}{A}$$

其中:d 为缆线外径;D 为管道内径;$A1$ 为穿在管内的缆线总截面积;A 为管径的内截面积。

（2）弯导管的管径利用率应为 40%～50%。

（3）导管内穿放大对数电缆或 4 芯以上光缆时，直线管路的管径利用率应为 50%～60%。

（4）导管内穿放 4 对对绞电缆或 4 芯及以下光缆时，截面利用率应为 25%～30%。

（5）槽盒内的截面利用率应为 30%～50%。缆线的占空比会直接影响到施工的质量与网络的正常运行，应根据项目特点考虑未来发展的需要，特别是采用槽盒方式布线时，应预留一定的冗余量。为了保证水平电缆的传输性能，以及成束缆线在槽盒中或弯角处布放不会产生溢出的现象，故提出了线槽利用率应在 30%～50% 的范围。

常规通用线槽内布放缆线的最大条数可以按照表 4-6 进行选择，常规通用线管内布放缆线的最大条数可以按照表 4-7 进行选择。

表 4-6　线槽规格型号与容纳的双绞线最多条数表

线槽/桥架类型	线槽/桥架规格/mm	容纳双绞线最多条数	截面利用率
PVC	20×10	2	30%
PVC	25×12.5	4	30%
PVC	30×16	7	30%
PVC	39×18	12	30%
金属、PVC	50×25	18	30%
金属、PVC	100×50	60	30%
金属、PVC	200×100	150	30%

表 4-7　线管规格型号与容纳的双绞线最多条数表

线管类型	线管规格/mm	容纳双绞线最多条数	截面利用率
PVC、金属	16	2	30%
PVC	20	3	30%
PVC、金属	25	5	30%
PVC、金属	32	7	30%
PVC	40	11	30%
PVC、金属	50	15	30%
PVC	80	30	30%
PVC	100	40	30%

4. 综合布线系统管线的弯曲半径

综合布线系统管线的弯曲半径应符合表 4-8 的规定

表 4-8　管线敷设弯曲半径

缆　线　类　型	弯　曲　半　径
2 芯或 4 芯水平光缆	>25 mm
其他芯数和主干光缆	不小于光缆外径的 10 倍
4 对屏蔽、非屏蔽电缆	不小于电缆外径的 4 倍
大对数主干电缆	不小于电缆外径的 10 倍
室外光缆、电缆	不小于缆线外径的 10 倍

注：当缆线采用电缆桥架布放时，桥架内侧的弯曲半径不应小于 300 mm。

5. 网络缆线与电力电缆的间距

在水平子系统中，经常出现综合布线电缆与电力电缆平行布线的情况，为了减少电力电缆的电磁场对网络系统的影响，综合布线电缆与电力电缆必须保持一定的距离，并应符合表 4-9 的规定。

表 4-9　网络缆线与电力电缆的间距

类　　别	与综合布线接近状况	最小间距/mm
380 V 以下电力电缆<2 kV·A	与缆线平行敷设	130
	有一方在接地的金属线槽或钢管中	70
	双方都在接地的金属线槽或钢管中	10
380 V 电力电缆 2～5 kV·A	与缆线平行敷设	300
	有一方在接地的金属线槽或钢管中	150
	双方都在接地的金属线槽或钢管中	80
380 V 电力电缆>5 kV·A	与缆线平行敷设	600
	有一方在接地的金属线槽或钢管中	300
	双方都在接地的金属线槽或钢管中	150

注：双方都在接地的线槽中是指两个不同的线槽，也可在同一线槽中用金属板隔开，且平行长度不大于 10 m。

6. 综合布线与其他管线的间距

在室外墙上敷设的综合布线管线与其他管线的间距应符合表 4-10 的规定。

表 4 - 10　综合布线缆线及管线与其他管线的间距

其 他 管 线	平行净距/mm	垂直交叉净距/mm
防雷专设引下线	1000	300
保护地线	50	20
给水管	150	20
压缩空气管	150	20
热力管(不包封)	500	500
热力管(包封)	300	300
煤气管	300	20

综合布线系统应根据环境条件选用相应的缆线和配线设备，或采取防护措施，并应符合相关规定。

7. 缆线的暗埋设计

在新建建筑物设计时，水平子系统缆线的路径宜采用暗埋线管。暗管的转弯角度应大于 90°，在路径上每根暗管的转弯不得多于 2 个，并不应有 S 弯出现，有弯头的管段长度超过 20 m 时，应设置管线过线盒装置；如果有 2 个弯时，管段长度不超过 15 m 应设置过线盒。

设置在墙面的信息点布线路径宜使用暗埋钢管或 PVC 管，对于信息点较少的区域管线可以直接铺设到楼层的管理间机柜内，对于信息点比较多的区域先将每个信息点管线分别铺设到楼道或者吊顶上，然后再集中进入楼道或者吊顶上安装的线槽或者桥架内。

新建建筑物墙面暗埋管的路径一般有两种方法，第一种方法是从墙面插座向上垂直埋管到横梁，然后在横梁内埋管到楼道本层墙面出口，如图 4-9 所示。第二种方法是从墙面插座向下垂直埋管到横梁，然后在横梁内埋管到楼道下层墙面出口，如图 4-10 所示。

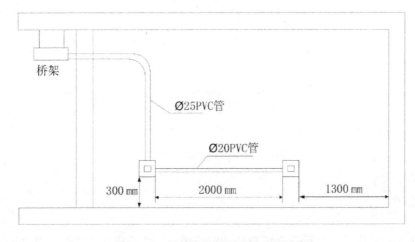

图 4 - 9　同层水平子系统暗埋管路图

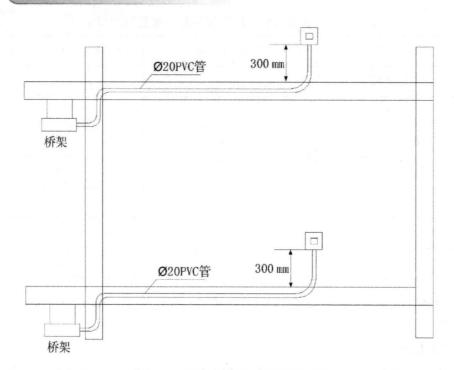

图 4 - 10　跨层水平子系统暗埋管路图

8. 缆线的明装设计

旧楼信息化改造时，通常采取墙面明装线槽的布线方式，线槽从信息插座开始明装至桥架，如图 4 - 11 所示。

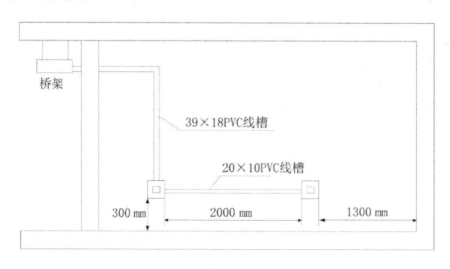

图 4 - 11　墙面明装线槽布线

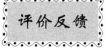

各小组委派 1 名代表展示并介绍任务的完成情况，然后完成评价反馈表 4 - 11。

表 4 - 11 评 价 反 馈 表

序号	评 价 项 目	自我评价	小组评价	教师评价	综合评价
1	学习准备				
2	引导问题填写				
3	考勤情况				
4	听课情况				
5	知识点掌握情况				
6	任务书完成质量				
7	参与讨论的主动性				
8	回答问题的准确度				
9	任务创新扩展情况				
10	材料(作业)上交情况				
	总 评				

注：评价档次统一采用 A(优秀)、B(良好)、C(合格)、D(努力)。

工程案例

某宿舍楼二层桥架布线施工图，如图 4 - 12 所示。

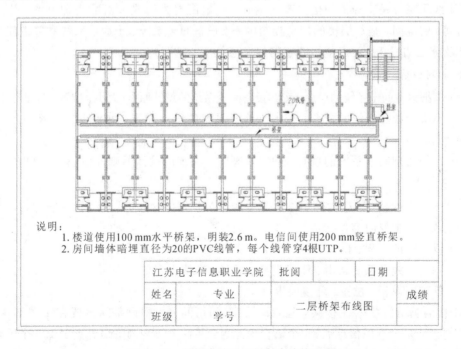

说明：
1. 楼道使用100 mm水平桥架，明装2.6 m。电信间使用200 mm竖直桥架。
2. 房间墙体暗埋直径为20的PVC线管，每个线管穿4根UTP。

江苏电子信息职业学院		批阅		日期	
姓名	专业		二层桥架布线图		成绩
班级	学号				

图 4 - 12 某宿舍楼二层桥架布线施工图

思考与练习

1. 从楼层的配线架到计算机终端的距离不应超过（　　）m。

A. 90　　　　　　　　B. 95　　　　　　　　C. 100　　　　　　　　D. 150

2. 水平子系统的拓扑结构一般为（　　）。

A. 总线型　　　　　　B. 星型　　　　　　　C. 树型　　　　　　　D. 环型

3. 下列哪些属于水平子系统的布线原则（　　）。

A. 预埋管原则　　　　　　　　　　　　　　B. 水平缆线最短原则

C. 水平缆线不宜超过 90 m　　　　　　　　D. 直线布线原则

4. 线槽内布设 4 对双绞线电缆时，线槽内截面利用率为（　　）。

A. 25％～35％　　　B. 30％～50％　　　C. 30％～40％　　　D. 40％～60％

5. 每个工作区水平缆线的数量不宜少于（　　）根。

A. 1　　　　　　　　B. 2　　　　　　　　C. 3　　　　　　　　D. 4

任务 4.3　设备间子系统、干线子系统及管理间子系统设计

➡ 引言

综合布线工程中的各种缆线从设备间引出通过垂直干线子系统连接到各个楼层管理间，是整个楼宇信息通信的主干道和控制中枢。设备间一般设置在建筑物中部或在建筑物的一、二层，主要设备有程控交换机、网络通信设备、建筑物配线设备等，是整幢楼的信息中心；干线子系统是整幢楼的信息高速通道，一般配置光缆或大对数语音电缆；管理间也叫电信间、弱电间，是每层楼的信息控制中心。设备间子系统、干线子系统和管理间子系统的设计及施工的好坏，对于整幢楼宇的信息通信至关重要。

➡ 学习目标

（1）掌握设备间子系统的概念，理解设备间子系统的设计原则（大小、位置、环境要求等）。

（2）掌握干线子系统的概念，理解干线子系统的设计原则，掌握干线子系统的布线方式及端接方法。

（3）掌握管理间子系统的概念，理解管理间子系统的设计原则及设计步骤和方法。

➡ 任务书

以本校学生公寓 X1 楼的网络综合布线项目为例，对设备间、干线子系统和管理间方案进行简要设计。主要内容包括：

（1）设备间的面积、位置、环境、设备管理等。

（2）垂直干线子系统路由、缆线类型、容量、布线方案等。

（3）管理间面积、位置、环境要求等。

X1 楼的基本信息：X1 楼共 5 层，每层 40 间房间。其中设备间设置在 1 楼某一房间，每间房间接入 1 个网络信息点、1 个语音信息点，共计 199 个网络信息点和 199 个语音信息点（设备间不需要安装信息点）。

➡ 引导问题

1. 设备间中应有足够的设备安装空间，一般设备间的面积不应小于＿＿＿＿＿＿＿ m²。

2. 设备间应尽量设置在建筑物的中间位置，也可设置在＿＿＿＿＿＿＿层。

3. 干线子系统垂直通过楼板时一般采用电缆竖井方式，或＿＿＿＿＿＿＿方式。

4. 垂直子系统的缆线敷设方式通常有＿＿＿＿＿＿＿＿＿＿＿＿电缆和向上牵引电缆两种方式。

5. 干线缆线的端接方法有两种，即＿＿＿＿＿＿＿＿＿＿＿＿＿端接法和＿＿＿＿＿＿＿＿＿＿＿＿＿端接法。

6. 目前，针对电话语音传输一般采用＿＿＿＿＿＿＿类大对数电缆，针对数据和图像传输采用＿＿＿＿＿＿＿＿＿或五类以上 4 对双绞线电缆以及 5 类大对数对绞电缆，针对有线电视信号的传输采用 75 Ω ＿＿＿＿＿＿＿＿＿。

7. 管理间的使用面积不应小于＿＿＿＿＿＿＿ m²。

8. 管理间的落地式机柜安装时，机柜前面的净空不应小于＿＿＿＿＿＿＿ mm，后面的净空不应小于＿＿＿＿＿＿ mm。安装壁挂式机柜时，一般在楼道安装高度不小于＿＿＿＿＿ m。

9. 管理间应采用外开丙级防火门，门宽应大于＿＿＿＿＿＿＿ m。

任务指导及相关知识点

　　干线子系统是综合布线系统的主干路由，连接设备间和管理间，而设备间和管理间是各种网络设备和缆线的汇集地，是管理和维护的主要场所，其设计的好坏，直接影响综合布线系统的应用。设备间子系统、干线子系统和管理间子系统如图 4-13 所示。

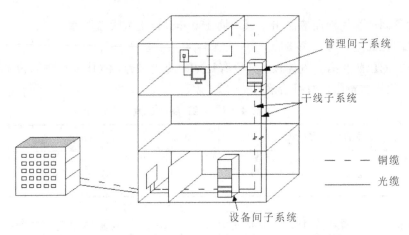

图 4-13　设备间子系统、干线子系统和管理间子系统示意图

4.3.1　设备间子系统

1. 设备间子系统的基本概念

　　设备间子系统是建筑物综合布线系统的线路汇聚中心，也称建筑物机房，是大楼的电话交换设备、计算机网络设备以及建筑物配线设备(BD)安装的场地，同时也是进行网络管理的场所。

工作区信息插座经水平线缆连接至管理间，再经干线缆线汇聚到设备间。所以设备间是一种特殊类型的管理间，它为整幢建筑物或整个建筑群提供服务；而管理间只为楼宇的某一层提供服务。设备间须支持所有的电缆和电缆通道，保证电缆和电缆通道在建筑物内部的连通性。每幢建筑物内至少设置 1 个设备间，如果电话交换机与计算机网络设备分别安装在不同的场地或根据安全需要也可设置 2 个或 2 个以上设备间，以满足不同业务的设备安装需要。

2. 设备间设计

（1）设备间的大小及位置。设备间的使用面积既要考虑所有设备的安装面积，还要考虑预留工作人员管理操作设备的地方。设备间最小使用面积不得小于 20 m²。设备间梁下净高不小于 2.5 m，采用外开双扇门，门宽不应小于 1.5 m。

设备间一般应建在建筑物的中间位置，在高层建筑内，设备间也可以设置在第 1 或第 2 层，避免设置在顶层或地下室。确定设备间的位置可以参考以下因素：

① 宜处于干线子系统的中间位置，并考虑主干缆线的传输距离与数量。

② 尽可能靠近建筑物缆线竖井位置，有利于主干缆线的引入。

③ 设备间宜设置在建筑物的一层或二层。当地下室为多层时，也可设置在地下一层。

④ 应尽量远离高低压变配电、无线电发射等有干扰源存在的场地。

⑤ 应远离粉尘、油烟、有害气体以及存有腐蚀性、易燃、易爆物品的场所。

⑥ 不应设置在厕所、浴室或其他潮湿、易积水区域的正下方或毗邻场所。

（2）设备间的环境要求。

① 设备间的室内环境温度应为 10～35℃，相对湿度应为 20%～80%，并应有良好的通风。

② 设备间的水泥地面应高出本层地面 100 mm 以上或设置防水门槛。

③ 室内地面应具有防潮措施。

④ 设备间应防止有害气体侵入，应有良好的防尘措施，工作人员进入设备间应更换干净的鞋具。尘埃含量限值宜符合表 4-12 的规定。

表 4-12　尘埃限值

尘埃颗粒的最大直径/μm	0.5	1	3	5
灰尘颗粒的最大浓度/(粒子数/m³)	1.4×10^7	7×10^5	2.4×10^5	1.3×10^5

⑤ 设备间应设置不少于 2 个单相交流 220 V/10 A 的电源插座盒，每个电源插座的配电线路均应装设保护器。设备间如果安装有源的信息通信设施或其他有源设备，设备供电应符合相应的设计要求。

（3）接地要求。设备间的设备安装必须考虑设备的接地。根据 GB 50311—2016 国家标准规定的接地要求如下：

① 在建筑物电信间、设备间、进线间及各楼层信息通信竖井内均应设置局部等电位联结端子板。

② 综合布线系统应采用建筑物共用接地的接地系统。当必须单独设置系统接地体时，

其接地电阻不应大于 4 Ω。当布线系统的接地系统中存在两个不同的接地体时，其接地电位差不应大于 1 Vr. m. s.。

③ 配线柜接地端子板应采用两根长度不等，且截面不小于 6 mm² 的绝缘铜导线接至就近的等电位联结端子板。

④ 屏蔽布线系统的屏蔽层应保持可靠连接、全程屏蔽，在屏蔽配线设备安装的位置应就近与等电位联结端子板可靠连接。

⑤ 综合布线的电缆采用金属管槽敷设时，管槽应保持连续的电气连接，并应有不少于两点的良好接地。

⑥ 当缆线从建筑物外面引入建筑物时，电缆、光缆的金属护套或金属构件应在入口处就近与等电位联结端子板连接。

⑦ 当电缆从建筑物外面进入建筑物时，应选用适配的信号线路浪涌保护器。注意：本条为强制性条文。为防止雷击瞬间产生的电流与电压通过电缆引入建筑物布线系统，对配线设备和通信设施产生损害，甚至造成火灾或人员伤亡的事件发生，应采取相应的安全保护措施。

4.3.2　干线子系统

1. 干线子系统的基本概念

干线子系统是设备间子系统与管理间子系统之间的连接电缆或光缆，是建筑物中的主干缆线。干线子系统在工程行业中习惯称为垂直子系统，因为在实际工程中，干线子系统多数采用的是垂直布线方式，但是对于一些单层建筑，干线子系统也会采用水平布线方式。因此，干线路由既可能是垂直的，也可能是水平的，或是两者的结合。

2. 干线子系统的设计原则

(1) 应选择干线缆线最短、最安全和最经济的路由。

(2) 干线电缆可采用点对点端接，也可以采用分支递减端接的方法。

(3) 干线子系统所需要的电缆总对数和光纤总芯数，应满足工程的实际需求，并留有适当的备份容量。

(4) 为便于综合布线的路由管理，干线电缆、干线光缆布线的交接不应多于两次。

(5) 主干电缆和光缆所需的容量要求及配置应符合以下规定：

① 对于语音业务，大对数主干电缆的对数应按每一个电话模块配置 1 对线，并在总需求线对的基础上至少预留约 10% 的备用线对。

② 对于数据业务，主干线缆应按每台以太网交换机设置 1 个主干端口和 1 个备份端口配置。当主干端口为电接口时，应按 4 对线对容量配置，当主干端口为光端口时，应按 1 芯或 2 芯光纤容量配置。

③ 当工作区至电信间的水平光缆需延伸至设备间的光配线设备(BD/CD)时，主干光缆的容量应包括所延伸的水平光缆光纤的容量。

(6) 选择带门的封闭型综合布线专用通道敷设干线缆线，也可与弱电竖井合用。

(7) 缆线不应分布在电梯、供水、供气、供暖、强电等竖井中。

(8) 干线子系统缆线穿过建筑物有电缆孔和电缆竖井两种方式，推荐使用电缆竖井方式，水平通道可选择预埋暗管或桥架方式。

（9）在同一层若干电信间之间应设置干线路由。

3. 干线缆线的类型及线对

干线子系统的缆线主要有电缆和光缆两种类型，具体选择要根据布线环境的限制和用户对综合布线系统的设计等级进行考虑。目前，针对电话语音传输一般采用 3 类大对数电缆，针对数据和图像传输采用光缆或五类以上 4 对双绞线电缆以及 5 类大对数对绞电缆，针对有线电视信号的传输采用 75 Ω 同轴电缆。主干电缆的线对要根据水平布线缆线的对数以及应用系统的类型来确定。

垂直子系统所需要的电缆总对数和光纤总芯数，应满足工程的实际需要，并留有适当的备份容量。主干缆线宜设置电缆与光缆，并互相作为备份路由。

4. 干线子系统的布线通道

（1）开放型通道。开放型通道是从建筑物的地下室到楼顶的开放空间，中间没有任何楼板隔开，例如风道或电梯通道。

（2）封闭型通道。封闭型通道是一连串上下对齐的小房间，也就是弱电间（管理间），每层一间或几间，缆线利用电缆孔、管道或电缆井穿过这些房间的地板。

5. 垂直干线缆线穿过建筑物的方法

（1）电缆孔法。电缆孔是很短的管道，如图 4 - 14（a）所示，常用一根或数根外径为 63～102 mm 的刚性金属管制成。在浇注混凝土地板时，将它们嵌入其中，金属管高出地面 25～50 mm，也可直接在地板中预留一个大小适当的孔洞。

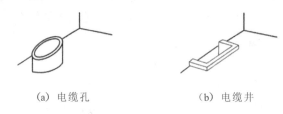

(a) 电缆孔　　　　　(b) 电缆井

图 4 - 14　干线缆线通道

（2）电缆井法。电缆竖井是在楼板上开出的一些方孔，从一个楼层到另一个楼层，如图 4 - 14（b）所示。其大小依所穿缆线的数目而定，一般不小于 600 mm×400 mm。当然也可在竖井中敷设桥架，再在桥架中敷设缆线。电缆竖井比电缆孔灵活，可让粗细不同的各种缆线以任意组合方式通过，但造价相对较高。

6. 干线缆线的端接方法

干线电缆可采用点对点端接，也可采用分支递减端接连接。其中，点对点端接是最简单、最直接的接合方法，电信间的每根干线电缆都可以直接从设备间延伸到指定的楼层电信间，如图 4 - 15 所示。

分支递减端接是用一根大对数电缆来支持若干个电信间的通信容量，经过电缆接头保护箱分出若干根小电缆，它们分别延伸到相应的电信间，并终接于目的地的配线设备，如图 4 - 16 所示。分支递减端接方法的优点是干线中的主干缆线总数较少，可以节省一些空间，但维护成本很高，实际中很少使用。

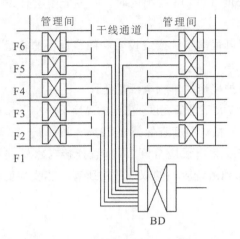

图 4-15 干线电缆点对点端接方式

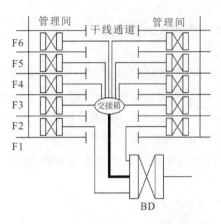

图 4-16 干线电缆分支递减端接方法

4.3.3 管理间子系统

1. 管理间的基本概念

管理间也叫电信间、弱电间，是为楼层安装配线设备和计算机网络设备的场地，并可考虑在该场地设置缆线竖井、等电位接地体、电源插座、UPS 配电箱等设施。在综合布线系统中，管理间子系统包括楼层配线间、二级交接间、配线架及相关接插跳线等。管理间内应设置缆线竖井，配线子系统和干线子系统的缆线在电信间的楼层配线架上进行端接，如图 4-17 所示。

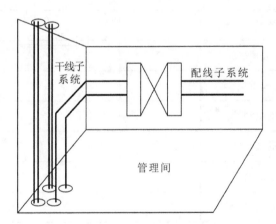

图 4-17 管理间配线架示意图

通过管理间子系统，可以直接管理整个应用系统的终端设备，从而实现综合布线的灵活性、开放性和扩展性。

2. 管理间子系统的设计

（1）电信间的数量应按所服务楼层的面积及工作区的信息点密度与数量确定。

（2）当楼层信息点数量不大于 400 个时，宜设置 1 个管理间；当楼层信息点数量大于 400 个时，宜设置 2 个及以上管理间。

（3）楼层信息点数量较少，且水平缆线长度在 90 m 范围内时，可多个楼层合设一个管理间。

（4）管理间的使用面积应不小于 5 m²，也可根据实际配线设备和网络设备的容量进行调整。

（5）电信间应提供不少于 2 个 220 V 带保护接地的单相电源插座。

（6）管理间应采用外开丙级防火门，门净宽应大于设备宽度，房门的高度不应小于 2.0 m，净宽不应小于 0.9 m。室温应保持在 10～35℃，相对湿度宜保持在 20％～80％。

（7）语音配线架和数据配线架应分开；进线和出线应分开（即垂直连接与水平连接分开）。此外为了保证系统未来的扩展应用，数据和语音应用的双绞线的所有 8 芯线都要打在配线架上。

各小组委派 1 名代表展示并介绍任务的完成情况，然后完成评价反馈表 4-13。

表 4-13　评价反馈表

序号	评价项目	自我评价	小组评价	教师评价	综合评价
1	学习准备				
2	引导问题填写				
3	考勤情况				
4	听课情况				
5	知识点掌握情况				
6	任务书完成质量				
7	参与讨论的主动性				
8	回答问题的准确度				
9	任务创新扩展情况				
10	材料（作业）上交情况				
总　评					

注：评价档次统一采用 A（优秀）、B（良好）、C（合格）、D（努力）。

宿舍楼信息点比较集中，考虑使用壁挂式机柜作为管理间将其安装在楼道两侧，这样可以减少水平布线的距离，同时也方便网络布线施工的进行，如图 4-18 所示。

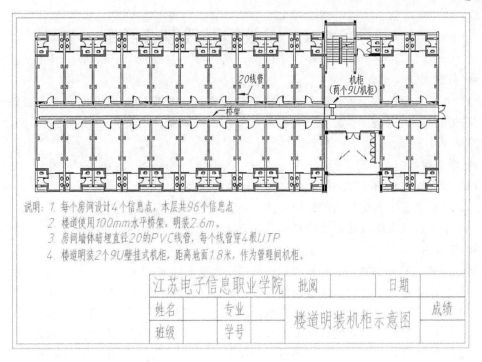

说明：1. 每个房间设计4个信息点，本层共96个信息点。
2. 楼道使用100mm水平桥架，明装2.6m。
3. 房间墙体暗埋直径20的PVC线管，每个线管穿4根UTP。
4. 楼道明装2个9U壁挂式机柜，距离地面1.8米，作为管理间机柜。

江苏电子信息职业学院		批阅		日期		
姓名	专业	楼道明装机柜示意图				成绩
班级	学号					

图 4 - 18 宿舍楼管理间设计

思考与练习

1. 垂直子系统的设计范围包括（　　）。

A. 管理间与设备间之间的电缆

B. 信息插座与管理间配线架之间的连接电缆

C. 设备间与网络引入口之间的连接电缆

D. 主设备间与计算机主机房之间的连接电缆

2. 垂直干线子系统布线中，经常采用光缆传输加（　　）备份的方式。

A. 同轴粗电缆　　　　B. 同轴细电缆　　　　C. 双绞线　　　　D. 光缆

3. 干线子系统设计时要考虑到（　　）。

A. 整座楼的垂直干线要求　　　　　　B. 从楼层到设备间的垂直干线路由

C. 工作区位置　　　　　　　　　　　D. 建筑群子系统的介质

4. 下列通道中不能用来敷设干线缆线的是（　　）。

A. 通风通道　　　　B. 电缆孔　　　　C. 电缆井　　　　D. 电梯通道

5. 综合布线系统的电信间、设备间内安装的设备、机架、金属线管、桥架、防静电地板以及从室外进入建筑物内的电缆都需要（　　），以保证设备的安全运行。

A. 接地　　　　B. 防火　　　　C. 屏蔽　　　　D. 阻燃

6. 为了获得良好接地，推荐采用联合接地方式，接地电阻要求小于或等于（　　）。

A. 1 Ω　　　　B. 2 Ω　　　　C. 3 Ω　　　　D. 4 Ω

任务 4.4　双绞线跳线制作实训

➡ 引言

学校组建计算机实验室，需要大量跳线将计算机与交换机相连构成一个小型局域网。而购买的跳线不符合各个计算机所需跳线长度不一的要求，必须手工制作跳线来满足组建实验室的基本需求。

➡ 学习目标

(1) 掌握端接水晶头 T568A 和 T568B 标准的线序。

(2) 掌握直通线和交叉线的制作方法及步骤。

(3) 掌握双绞线跳线连通性测试的基本方法。

➡ 任务书

独立制作 5 根网络跳线，并且测试合格，具体要求如下：

(1) 制作 2 根超 5 类双绞线直通跳线，T568B—T568B 线序，长度 500 mm。

(2) 制作 2 根超 5 类双绞线直通跳线，T568A—T568A 线序，长度 500 mm。

(3) 制作 1 根超 5 类双绞线交叉跳线，T568A—T568B 线序，长度 400 mm。

注意：跳线制作长度的误差不超过 1 cm，线序正确，压接护套到位，剪掉撕拉线。

➡ 引导问题

1. T568B 标准线序为＿＿＿＿＿＿＿＿＿＿＿＿＿＿＿＿＿＿＿＿＿＿＿＿＿＿＿＿

＿＿＿＿＿＿＿＿＿＿＿＿＿＿＿＿＿＿＿＿＿＿＿＿＿＿＿＿＿＿＿＿＿＿＿。

2. T568A 标准线序为＿＿＿＿＿＿＿＿＿＿＿＿＿＿＿＿＿＿＿＿＿＿＿＿＿＿＿

＿＿＿＿＿＿＿＿＿＿＿＿＿＿＿＿＿＿＿＿＿＿＿＿＿＿＿＿＿＿＿＿＿＿。

3. 总结出 4 种跳线制作过程中常见的错误＿＿＿＿＿＿＿＿＿＿＿＿＿＿＿＿＿

＿＿＿＿＿＿＿＿＿＿＿＿＿＿＿＿＿＿＿＿＿＿＿＿＿＿＿＿＿＿＿＿＿＿。

4. 直通线测试合格，测试仪指示灯的闪烁次序为＿＿＿＿＿。

A. 1—1、2—2、3—3、4—4、5—5、6—6、7—7、8—8

B. 1—8、2—7、3—6、4—5、5—4、6—3、7—2、8—1

C. 1—3、2—6、3—1、4—4、5—5、6—2、7—7、8—8

D. 1—2、2—1、3—4、4—3、5—6、6—5、7—8、8—7

5. 交叉线测试合格，测试仪指示灯的闪烁次序为＿＿＿＿＿。

A. 1—1、2—2、3—3、4—4、5—5、6—6、7—7、8—8

B. 1—8、2—7、3—6、4—5、5—4、6—3、7—2、8—1

C. 1—3、2—6、3—1、4—4、5—5、6—2、7—7、8—8

D. 1—2、2—1、3—4、4—3、5—6、6—5、7—8、8—7

任务指导及相关知识点

双绞线跳线是常用的连接电缆，双绞线跳线制作也是综合布线工程中的基本功，所用到的材料及工具如图 4-19 所示。其中，RJ45 水晶头由 8 个金属触片和塑料外壳组成，其前端有 8 个凹槽，简称 8P（Position），凹槽内有 8 个金属接刀片，简称 8C（Contact），因此 RJ45 水晶头又称为 8P8C 接头。端接水晶头时，要注意它的引脚次序，当金属片朝上时，1～8 的引脚次序应从左往右数。

(a) 双绞线　　(b) RJ45 水晶头　　(c) 网络压线钳　　(d) 网线测试仪

图 4 - 19　制作双绞线跳线所用到的材料及工具

4.4.1　跳线的类型

按照跳线两端端接线序的不同，跳线通常划分为两类，即直通线和交叉线。直通线用来连接不同的设备，比如电脑网卡和网络插座、配线架端口和交换机以及交换机和路由器。交叉线用来连接相同的设备，比如两台电脑网卡相连、两台交换机相连等。随着网络技术的发展，目前一些新的网络设备，可以自动识别连接的网线类型，不管用户采用直通线还是交叉线均可以正确连接设备。

直通线是两头使用相同标准端接的跳线，即双绞线两端使用 T568B－T568B 标准端接，或两端使用 T568A－T568A 标准端接。

交叉线是两头使用不同标准端接的跳线，即双绞线两端使用 T568A－T568B 标准端接。

4.4.2　水晶头端接原理

水晶头的 8 个金属刀片在端接之前是凸起的，端接时利用网络压线钳一次性压入水晶头 8 个金属刀片，压入过程中刀片划破线芯绝缘护套，同时压紧铜线芯，从而实现刀片与线芯的电气连接。其端接原理图和实物图如图 4 - 20 所示。

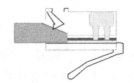

(a) 端接前刀片位置　　　　　　　　(b) 端接后刀片位置

图 4 - 20　水晶头端接原理及实物图

注意：水晶头端接后，尾部三角塑料块同时压下将双绞线外护套压扁固定，水晶头内部线芯的长度大约为 13 mm，这样端接的水晶头才更加美观牢固。

4.4.3　水晶头端接线序

RJ45 水晶头端接按照 T568A 和 T568B 线序排序：

T568A 的线序是：白绿、绿、白橙、蓝、白蓝、橙、白棕、棕；

T568B 的线序是：白橙、橙、白绿、蓝、白蓝、绿、白棕、棕。

4.4.4　端接步骤(以 T568B 标准为例)

跳线的端接步骤如下:

(1) 剥线:剥除双绞线外护套大概 20～30 mm,剪除撕拉线。

(2) 拆线:拆开 4 对双绞线和单绞线。

(3) 理线:按 T568B 线序将 8 芯线水平排好。

(4) 剪线:将 8 芯线剪齐线端,线芯保留 13 mm 左右。

(5) 插线:将 8 芯线插入水晶头,线要插到底。

(6) 压线:利用网络压线钳压接水晶头。

(7) 测试:用网线测试仪对跳线进行测试。如果测试的为直通跳线的话,测试仪上的 8 对指示灯依次对应闪烁:1－1,2－2,3－3,4－4,5－5,6－6,7－7,8－8。如果为交叉跳线的话,测试仪指示灯闪烁次序为:1－3,2－6,3－1,4－4,5－5,6－2,7－7,8－8。

评价反馈

双绞线的跳线制作实训质量和评分要求如表 4-14 所示。

表 4-14　双绞线的跳线制作实训评分表

评分细则	分值	跳线 1	跳线 2	跳线 3	跳线 4	跳线 5	得分
跳线测试合格	4						
线序、端接正确	4						
长度正确(误差±1 cm)	4						
缆线护套剥除长度合适	4						
两端剪掉撕拉线	2				•		
清洁工位	10						
总分							

实训报告

实训报告的具体格式见表 4-15,填不下可附页。

表 4-15　双绞线的跳线制作实训报告

课程名称		班级	
实训名称		学号	
实训时间		姓名	
实训目的	掌握 RJ45 水晶头端接原理及双绞线的跳线制作方法		
实训设备及材料			
实训过程或步骤			
工程经验总结及 心得体会			

任务 4.5　网络配线架端接实训

➡ 引言

在学校实验室和管理间的机柜内，聚集了大量的网线。为了方便管理，必须使用配线架进行缆线端接，同时配合理线环进行缆线的整理。机柜内的配线设备主要包括：网络配线架、110 通信跳线架、理线环等。

➡ 学习目标

(1) 掌握网络配线架安装的基本要求。

(2) 掌握打线钳的使用方法。

(3) 掌握网络配线架端接对绞电缆的方法和步骤。

➡ 任务书

(1) 在机柜中安装网络配线架。

(2) 端接网络配线架（注意缆线的整理）。

(3) 在缆线另一端压接水晶头，如图 4-21 所示，利用网线测试仪测试配线架的端接是否正确。

(4) 在机柜内整理缆线。

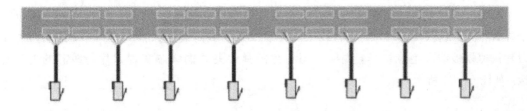

图 4-21　配线架端接-1

若实验室内配有综合布线实验台，则实验拓扑如图 4-22 所示。

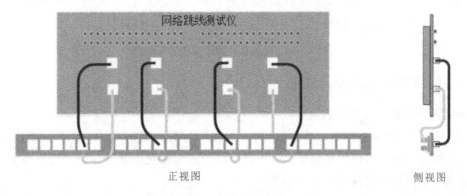

正视图　　　　　　　　　　　　　　侧视图

图 4-22　配线架端接-2

➡ 引导问题

1. 常见的网络配线架端口有＿＿＿＿＿口和＿＿＿＿＿口。

2. 配线架是管理子系统最重要的组件，是实现＿＿＿＿＿子系统和＿＿＿＿＿子系统交叉连接的枢纽。

3. 网络配线架根据是否有屏蔽功能，可以分为＿＿＿＿＿配线架和＿＿＿＿＿配线架两大类。

任务指导及相关知识点

网络配线架根据是否具有屏蔽功能可分为屏蔽配线架和非屏蔽配线架两大类，根据所连接缆线的类型可分为 5 类配线架、超 5 类配线架、6 类配线架、7 类配线架等。在工程实践中，常用的配线架有 24 口和 48 口配线架，如图 4 - 23 所示为超 5 类网络配线架。

图 4 - 23　超 5 类网络配线架

4.5.1　网络配线架的端接原理

网络配线架背面的接线模块是利用 8 个刀片通过电路板与配线架正面 RJ45 端口的 8 个弹簧相连。电缆端接时，利用打线工具将双绞线的 8 芯线压入 8 个刀口中，压入过程中刀片快速划破线芯绝缘护套，同时利用刀片的弹性夹紧铜线芯实现刀片与线芯的电气连接，如图 4 - 24 所示。

(a) 端接前　　　　　　　　　　　(b) 端接后

图 4 - 24　接线模块端接原理及实物图

4.5.2　网络配线架的安装要求

网络配线架的安装要求如下：

（1）为了方便管理，网络配线架和网络交换机一般安装在同一个 19 英寸的标准机柜中。

（2）缆线一般从机柜的底部进入，所以配线架通常安装在机柜下部，交换机安装在机柜的上部，也可根据进线方式作出调整。

（3）为了美观和方便管理，机柜正面配线架之间和交换机之间要安装理线环，跳线从配线架面板的 RJ45 口接出后通过理线环从机柜两侧进入交换机的理线环，然后再接入交换机端口。

（4）对于要端接的缆线，先以配线架为单位，在机柜内部进行整理、用扎带绑扎、将冗余的缆线盘放在机柜的底部后再进行端接，使机柜内整齐美观、便于管理和使用。

4.5.3 网络配线架的端接方法及步骤

网络配线架的端接步骤如下：

（1）剥线：剥除双绞线外护套大概 20～30 mm，剪除撕拉线。

（2）拆线：拆开 4 对双绞线和单绞线。

（3）卡线：将 8 芯线按照配线架背面的色标所示位置卡入相应的端接口中，如图 4 - 25 所示。

（4）打线：利用打线钳将 8 芯线打入刀口中，同时打断线头。

注意：端接配线架时，不能为了图省事，而把双绞线外护套剥除过长，否则会造成较大的串扰。配线架端接双绞线外护套剥除长度应尽量短，能正常端接即可，如图 4 - 26 所示。

图 4 - 25 配线架色标

图 4 - 26 配线架端接

配线架端接与网络模块端接类似，但是不同品牌的配线架，色标的线序可能会有所不同，这一点一定要注意。没有特别提示，通常选用 T568B 标准端接。常见色标有以下几种：

① 如图 4 - 27(a)所示，此种接法最为常见，按照 T568B 的标准，将线芯卡到对应的线槽中，对应的配线架的端口编号就是 21 号。网线的八根线芯分布在上下两侧，每侧各四根。

② 如图 4 - 27(b)所示，这种类型和第一种相似，不同的是，配线架后端没有对应的标号，每个端口后端都对应着单独的八个卡槽，很容易辨识。

③ 如图 4 - 27(c)所示，可以看到这种类型的线序标识只有一排，端口对应的卡槽也是连续的，并不像前面两种分布在两侧。在图 4 - 27(c)所示中，T568B 所对应的接线顺序从左到右依次为棕、白棕、绿、白绿、橙、白橙、蓝、白蓝。

④ 如图 4 - 27(d)所示，这种配线架的标识与第三种类似，可以看到它只有一种 T568B 的接线标识，每个端口对应的八个卡槽均有对应的线序颜色标识，即每个模块从左至右依次为白蓝、蓝、白橙、橙、白绿、绿、白棕、棕。

⑤ 如图 4 - 27(e)、4 - 27(f)所示，T568B 所对应的接线顺序从左到右依次为白蓝、蓝、白橙、橙、白绿、绿、白棕、棕。

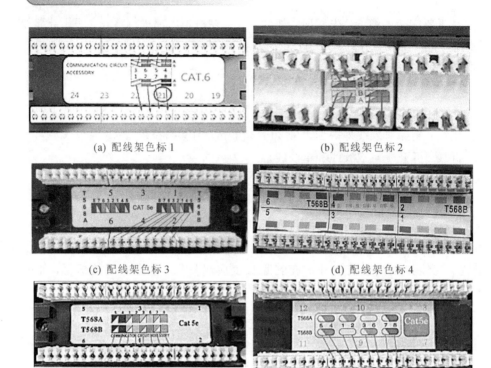

(a) 配线架色标1　　　　　　　　　　　(b) 配线架色标2

(c) 配线架色标3　　　　　　　　　　　(d) 配线架色标4

(e) 配线架色标5　　　　　　　　　　　(f) 配线架色标6

图 4-27　不同品牌配线架的色标

4.5.4　机柜内配线架的缆线端接步骤

机柜内配线架的缆线端接步骤如下：

（1）将配线架固定到机柜的合适位置，在配线架背面安装自带的理线架。

（2）从机柜进线处开始整理电缆，电缆沿机柜两侧整理至理线架处，用扎带固定好电缆，6根电缆为一组进行绑扎，并将电缆穿过理线架摆放至配线架处。

（3）根据每根电缆端接接口的位置，测量端接电缆应预留的长度，然后使用压线钳、剪刀、斜口钳等工具剪断电缆。

（4）根据配线架背面的色标将对应颜色的线芯逐一压入接线槽内，同时将突出槽位外多余的线头打断。

（5）将每组缆线压入配线架接线槽内，然后整理并绑扎固定缆线，端接好的配线架如图 4-28 所示。

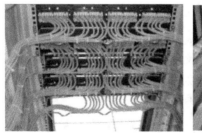

图 4-28　网络配线架端接后机柜内部示意图

评价反馈

网络配线架端接实训质量和评分要求如表 4 - 16 所示。

表 4 - 16　网络配线架端接实训评分表

评　分　细　则	分值	链路 1	链路 2	链路 3	链路 4	得分
电气不通、路由错误直接扣除该项得分	5					
端接线序正确	5					
缆线护套剥除长度合适	4					
每根跳线长度合适	3					
剪掉撕拉线	3					
缆线整理美观	3				·	
清洁工位	8					
总　　分						

实训报告

实训报告的具体格式见表 4 - 17，填不下可附页。

表 4 - 17　网络配线架端接实训报告

课程名称		班级	
实训名称		学号	
实训时间		姓名	
实训目的	（1）掌握网络配线架安装的要求。 （2）掌握网络配线架端接的方法和步骤。 （3）熟练使用打线钳		
实训设备及材料			
实训过程或步骤			
工程经验总结及心得体会			

任务 4.6　110 通信跳线架端接实训

➡ 引言

机柜内汇集了大量的缆线，有 4 对双绞线也有 25 对大对数电缆。4 对双绞线一般端接在网络配线架上提供数据信号。而大对数双绞线一般用来提供语音信号，可使用 110 通信跳线架端接，因此，110 通信跳线架也叫作 110 语音配线架。

➡ 学习目标

（1）掌握大对数双绞线的色谱。

（2）掌握大对数双绞线的端接方法。

（3）熟悉单口打线钳、5 对打线钳等常用打线工具的使用方法。

➡ 任务书

（1）在网络机柜中安装 110 通信跳线架。

（2）端接 25 对大对数对绞电缆，要求：机柜内缆线需整理整齐、美观，如图 4 - 29 所示。

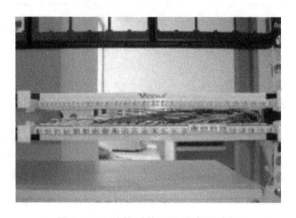

图 4 - 29　端接后的 110 语音配线架

若实验室内配有综合布线实验台，也可以端接 4 对双绞线进行试验。实验拓扑如图 4 - 30 所示。

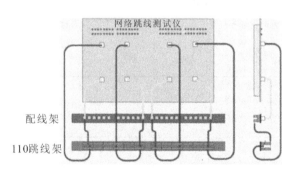

图 4 - 30　110 通信跳线架端接

➡ **引导问题**

1. 110 跳线架的连接模块分为 5 对连接模块和 4 对连接模块，所以，110 配线架每一排可插＿＿＿＿个 4 对连接模块和＿＿＿＿个 5 对连接模块，或者直接插＿＿＿＿个 5 对连接模块，共端接 50 芯线，中间不得有空余卡槽。

2. 压接 110 跳线架连接模块需借助＿＿＿＿＿＿，或用力将连接模块压入 110 配线架的齿形条中。

3. 大对数双绞线色谱分为主色和副色，其中主色为＿＿＿＿＿、副色为＿＿＿＿＿。

任务指导及相关知识点

110 语音跳线架也叫鱼骨配线架，连接模块分为 4 对连接模块和 5 对连接模块。110 跳线架用于大对数电缆的端接，大对数电缆有 25 对、50 对、100 对、200 对、300 对、400 对等对绞电缆。下面以 25 对大对数对绞电缆端接为例说明，具体端接方法及步骤如下：

（1）将 110 通信跳线架固定在机柜合适位置。将电缆沿机柜两侧整理至 110 跳线架处，留长度大约为 25 cm 的大对数电缆，将其外护套剥去，并使用扎带固定好电缆，如图 4-31(a) 所示。

（2）将电缆穿入 110 通信跳线架左右两侧的进线孔，摆放至跳线架打线处，如图 4-31(b) 所示。

（3）对 25 对缆线进行线序排序，首先进行主色分配，再进行副色分配，如图 4-31(c)、图 4-31(d) 所示。主色为：白、红、黑、黄、紫；副色为：蓝、橙、绿、棕、灰。5 种主色和 5 种副色组成 25 种色谱，其色谱如下：

- 白蓝、白橙、白绿、白棕、白灰；
- 红蓝、红橙、红绿、红棕、红灰；
- 黑蓝、黑橙、黑绿、黑棕、黑灰；
- 黄蓝、黄橙、黄绿、黄棕、黄灰；
- 紫蓝、紫橙、紫绿、紫棕、紫灰。

注意：对于更多对数的对绞电缆，1～25 对的对绞电缆为第一小组，用白蓝相间的色带缠绕；26～50 对的对绞电缆为第二小组，用白橙相间的色带缠绕；51～75 对的对绞电缆为第三小组，用白绿相间的色带缠绕；76～100 对的对绞电缆为第四小组，用白棕相间的色带缠绕。此 100 对为 1 大组用白蓝相间的色带把 4 小组缠绕在一起。200 对、300对等依次类推。

（4）根据色谱排列顺序将对应颜色的线对逐一压入线槽内，如图 4-31(e) 所示。

（5）使用打线工具固定线对连接，同时将多余的线头打断，如图 4-31(f) 所示。大对数电缆在 110 跳线架上的端接线序位置如图 4-32 所示。

（6）当线对逐一压入线槽内后，使用 5 对打线钳将 5 对连接模块压入槽内，如图 4-31(g) 所示。

（7）完成后的效果如图 4-31(h) 所示，根据需要可以安装语音跳线。

(a) 剥除外护套

(b) 将所有线对插入110配线架进线孔

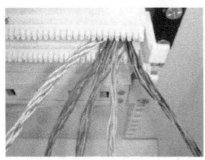

(c) 按主色排列

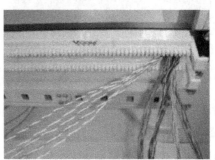

(d) 再按副色排列

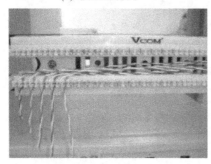

(e) 将线卡入线槽内

(f) 打线

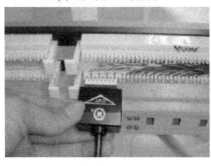

(g) 使用5对打线钳压接连接模块

(h) 完成后的效果

图 4 - 31   110 通信跳线架端接大对数电缆

图 4 - 32   大对数电缆在 110 跳线架上的端接位置图

评价反馈

110 跳线架端接实训质量和评分要求如表 4-18 所示。

表 4-18　110 跳线架端接实训评分表

评 分 细 则	分值	得分
电气不通、路由错误直接扣除该项得分	30	
线序、端接正确	30	
缆线剥线合适	10	
剪掉撕拉线	10	
缆线绑扎、整理美观	10	
清洁工位	10	
总　　分		

实训报告

实训报告的具体格式见表 4-19，填不下可附页。

表 4-19　110 通信跳线架端接实训报告

课程名称		班级	
实训名称		学号	
实训时间		姓名	
实训目的	(1) 熟练掌握 110 跳线架模块端接方法。 (2) 掌握大对数双绞线色谱		
实训设备及材料			
实训过程或步骤			
工程经验总结及心得体会			

项目5　园区综合布线设计与施工

　　园区综合布线系统主要是室外工程，通常包括进线间和建筑群子系统，如图 5-1 所示。建筑群子系统是实现建筑物之间的相互连接、提供楼宇之间相互通信的设施，由连接各建筑物之间的缆线、建筑群配线设备(CD)和跳线等组成。而进线间则是建筑物外部通信和信息管线的入口部位，一般位于地下 1 层，通过地埋管线进入建筑物内部，宜在土建阶段实施，若没有地下层，进线间也可与设备间合用。建筑群配线设备(CD)宜安装在进线间或设备间，并可与入口设施或建筑物配线设备(BD)合用场地。

　　建筑群子系统主要实现楼宇与楼宇之间的通信，一般采用光缆并配置相应设备，当采用大对数电缆作为语音电缆时，必须严格执行 GB 50311—2016《综合布线系统工程设计规范》国家标准中的强制条文 8.0.10 条。该条文规定"当电缆从建筑物外面进入建筑物时，应选用适配的信号线路浪涌保护器"。配置信号线路浪涌保护器的主要目的是防止雷电通过室外线路进入建筑物内部设备间，击穿或者损坏网络系统设备。

　　建筑群子系统所需要的电缆总对数和光纤总芯数应满足工程的实际需求，并留有适当的备份容量，当进入建筑物时，应在适当位置成端转换为室内电缆、光缆。有关电缆的设计与施工技术，在前面楼宇布线项目中已有讲述。本项目主要讲解进线间和建筑群子系统的设计及光缆施工技术。

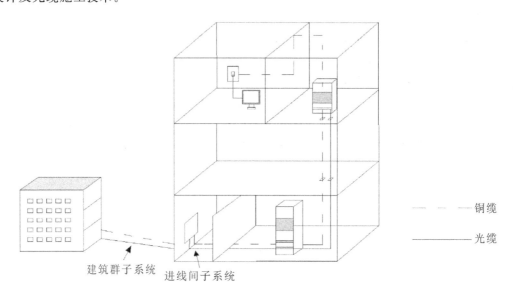

图 5-1　建筑群子系统、进线间子系统

任务 5.1 进线间和建筑群子系统设计

➡ 引言

学校内部除了教学楼、办公楼外，还有众多的实验楼、宿舍楼等，这些建筑物之间要实现通信，通常采用光缆并配置光纤配线架等相应设备，这就是建筑群子系统（单幢建筑物的综合布线系统可以不考虑建筑群子系统）。进线间则是建筑物外部通信和信息管线的入口部位，并可作为入口设施和建筑群配线设备的安装场地。

➡ 学习目标

（1）掌握进线间子系统的设计标准。
（2）掌握建筑群子系统的设计原则。
（3）了解建筑群子系统的缆线布线方法。

➡ 任务书

以本校学生公寓 X1 楼的网络综合布线项目为例，对进线间和建筑群子系统方案进行简要设计。主要内容包括：进线间的设置、进线间的系统配置（信息点容量、配线管理设备）、建筑群预埋管路设计图等。

X1 楼的基本信息：X1 共 5 层，每层 40 间房间，其中 1 楼的一间房间作为设备间用。每间房间接入 1 个网络信息点和 1 个语音信息点，共计 199 个网络信息点和 199 个语音信息点（设备间不需要安装信息点）。公寓楼外需要外接网络系统和电话语音系统，两个系统的缆线以暗埋管的方式接入。

➡ 引导问题

1. 进线间一般通过_____进入建筑物内部，宜在土建阶段实施。

2. 进线间是 GB 50311 国家标准中专门增加的，要求设置进线间，以满足多家网络运营商的业务需求，避免一家网络运营商自建进线间后独占该建筑物的_____。

3. 对于建筑群子系统，GB 50311—2016《综合布线系统工程设计规范》中有一条强制条文，要求：电缆从建筑物外面进入建筑物时，应选用适配的_____，配置该设备的目的是防止雷电通过室外线路进入建筑物内部设备间，击穿或损坏网络系统设备。

4. 建筑群子系统的室外缆线敷设方式有 4 种：架空方式、直埋方式、电缆沟方式和_____。

任务指导及相关知识点

5.1.1 进线间子系统的规划与设计

进线间是建筑物外部通信和信息管线的入口部位，并可作为入口设施和建筑物配线设备的安装场地。进线间一般提供给多家电信业务经营者使用，通常设于地下一层，以便外部地下管道与缆线的引入。进线间是 GB 50311 国家标准在系统设计内容中专门增加的，要求在建筑物前期系统设计中增加进线间，以满足多家运营商的需要。进线间一般通过地埋管线进入建筑物内部，宜在土建阶段实施。

进线间主要作为室外光缆和电缆引入楼内的成端与分支，以及光缆的盘长空间位置。因为光纤至大楼(Fiber to The Building，FTTB)、光纤至家庭(Fiber to The Home，FTTH)和光纤至桌面(Fiber to The Office，FTTO)的应用及容量日益增多，进线间就显得尤为重要。

(1) 进线间的数量。进线间内应设置管道入口，入口的尺寸应满足不少于3家电信业务经营者的通信业务接入及建筑群布线系统和其他弱电子系统的引入管道管孔容量的需求。在单栋建筑物或由连体的多栋建筑物构成的建筑群内应设置不少于1个进线间。

(2) 进线间的面积。进线间应满足室外引入缆线的敷设与成端位置及数量、缆线的盘长空间和缆线的弯曲半径等要求，并应提供安装综合布线系统不少于3家电信业务经营者入口设施的使用空间及面积。进线间面积不宜小于10 m²。

注意：进线间因涉及因素较多，所需面积难以统一提出具体要求，可根据建筑物的实际情况，并参照通信行业和国家的现行标准进行设计，这里只是一个原则性要求。

(3) 进线间的设计。进线间宜设置在建筑物地下一层临近外墙、便于管线引入的位置，其设计应符合下列规定：

① 管道入口位置应与引入管道高度相对应。

② 进线间应防止渗水，宜在室内设置排水地沟。

③ 进线间应与电信业务经营者的通信机房、建筑物内设备间、信息接入机房、信息网络机房、用户电话交换机房、智能化总控室及垂直弱电竖井之间设置互通的管槽。

④ 进线间应采用相应防火级别的外开防火门，门净高不小于2 m，门宽不小于0.9 m。

⑤ 进线间宜设置通风装置，排风量应按每小时不小于5次的换气次数计算。

⑥ 与进线间无关的管道不宜通过。

(4) 入口管孔数量。进线间的缆线引入管道管孔数量应满足建筑物之间、外部接入各类信息通信业务、建筑智能化业务及多家电信业务经营者缆线接入的需求，并应留有不少于4孔的余量。

(5) 进线间入口管道处理。进线间入口管道所有布放缆线和空闲的管孔应采用防火材料封堵，做好防水处理。

5.1.2 建筑群子系统的规划与设计

建筑群子系统主要应用于多幢建筑物组成的建筑群综合布线场合，单幢建筑物的综合布线系统可以不考虑建筑群子系统。建筑群配线设备(CD)宜安装在进线间或设备间内，并可与入口设施或BD合用场地。建筑群子系统的设计主要考虑布线路由选择、缆线选择、布线方式等内容。

1. 建筑群子系统设计

(1) 确定建筑群缆线路由和布线方法。建筑群缆线宜采用地下管道或电缆沟方式敷设，并应符合相关标准的规定。确定路由时，应尽量选择最短、最平直的路由，但须根据建筑物之间的地形和敷设条件来定，还应考虑已铺设的各种地下管道设施，并保证管道间间距的要求。通常需先确定每栋建筑物建筑群缆线的入口位置，然后了解敷设现场，确定主缆线路由和备用缆线路由。

（2）进行建筑群缆线设计。建筑群缆线设计时可用的缆线为：大对数对绞电缆、$62.5/125\ \mu m$ 多模光缆和 $8.3/125\ \mu m$ 单模光缆。针对电话应用可用 3 类或 5 类大对数对绞电缆；针对数据应用，当距离小于 2000 m 时，选用 $62.5/125\ \mu m$ 多模光缆，超过 2000 m 时，选用 $8.3/125\ \mu m$ 单模光缆。

建筑群主干电缆和光缆、公用网和专用网电缆、光缆等室外缆线进入建筑物时，应在进线间由器件成端转换成室内电缆和光缆。建筑群配线设备（CD）内线侧的容量应与各建筑物引入的建筑群主干缆线容量一致；建筑群配线设备（CD）外线侧的容量应与建筑群外部引入的缆线容量一致。

（3）确定建筑群子系统布线支撑部件的规格和数量。建筑群子系统布线的支撑部件是指建筑群缆线的支撑保护件和缆线绑扎件，需根据建筑群缆线的实际情况而定。

2. 建筑群子系统布线方案设计

建筑群子系统有架空、直埋、地下管道和电缆沟 4 种布线方式。

（1）架空布线。架空布线要求用电线杆将缆线在建筑物之间悬空架设，一般是先架设钢丝绳，然后将缆线沿钢丝绳挂放，如图 5-2 所示。架空缆线在引入建筑物时，通常先穿入建筑物外墙上的 U 型钢保护套，然后向下（或向上）延伸，从电缆孔进入建筑物内部，如图 5-2 所示。电缆入口的孔径一般为 5 cm，建筑物到最近处的电线杆的距离应小于 30 m。通信电缆与电力电缆之间的间距应遵守当地有关部门的规定。

（2）直埋布线。直埋布线是根据选定的布线路由在地面挖沟，然后将缆线直接埋在沟内的布线方法。如图 5-3 所示，除穿过建筑物墙体的那部分缆线有导管保护外，其余部分都没有管道给予保护。建筑物墙体的电缆孔应往外尽量延伸，达到不动土的地方，以免日后有人在墙边挖土时损坏缆线。直埋缆线应埋在距地面 0.6 m 以下的地方，或按当地有关法规去做。

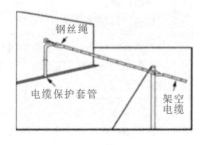

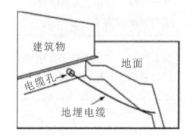

图 5-2　架空布线　　　　图 5-3　直埋布线

直埋布线适用于用户数量比较固定，缆线容量和条数不多，且今后不会扩建的场所，并要求缆线隐蔽，采用地下管道不经济或不能建管道的场合。不能在地下有化学腐蚀或电气腐蚀以及土质不好的地段使用。

（3）地下管道布线。地下管道布线是一种由管道和手孔井组成的地下系统，它把建筑群的各个建筑物进行互连，如图 5-4 所示。一般来说，埋设的管道要低于地面 0.8 m（在 0.8～1.2 m 之间），或者符合当地城管等部门有关法规规定的深度。安装管道时至少应埋设一个备用管道并放进 1 根拉线。为方便管理缆线，应在间隔 50～180 m 处设立手孔井，以方便维护。

注释：手孔井是指建筑或者市政工程中为方便缆线敷设，建造的不能进人只能伸手进去的井以方便穿线，一般以水泥砖结构为主。

（4）电缆沟布线。在有些特大型的建筑群体之间会设有公用的综合性隧道或电缆沟，若其建筑结构较好，且内部安装的其他管线设施不会对通信线路产生危害时，可以考虑利用该设施进行布线，若电缆沟中有其他危害通信线路的管线时应慎重考虑是否合用，如图5－5所示。如必须合用，应有一定的间距和保证安全的具体措施，并设置明显的标志。在合用的电缆沟中，通信缆线用的电缆托架位置应尽量远离电力电缆，当合用电缆沟中的两侧均有电缆托架时，通信电缆应与电力电缆各占一侧。

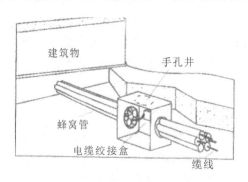
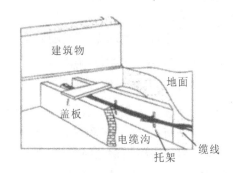

图5－4　管道布线　　　　　　　　图5－5　电缆沟布线

以上介绍了架空布线、直埋布线、管道布线和电缆沟布线的方式，他们的优缺点见表5－1。

表5－1　建筑群布线方式比较

方法	优点	缺点
架空布线	施工技术简单，不受地形限制； 易于拆除、迁移、更换或调整，便于扩建； 工程初次投资费用较低	通信安全性差，易受外界腐蚀和机械损伤； 灵活性差； 影响周围环境美观
直埋布线	施工简单，建筑条件不受限制； 线路隐蔽，不影响环境	挖沟成本较高，缆线故障必须挖掘； 与其他管线较为邻近时，双方维修会加大外界损伤机会
管道布线	提供缆线最佳保护； 线路隐蔽，不影响环境； 敷设方便，易于扩建和更换	施工难度大，技术复杂，要求高； 挖沟、布管和手孔井成本较高； 易与地下管线设施产生矛盾
电缆沟布线	线路隐蔽安全、不受外界影响； 施工简单，查修和扩建方便； 如与其他弱电线路共建，工程初次投资少	如为专用电缆沟，初次投资较高； 如公用设施中设有危害通信线路的管线，需增加保护措施，增加维护成本

【案例5－1】　建筑群子系统的设计案例

案例分析：在设计建筑群子系统的埋管图时，要根据建筑物之间的数据或语音信息点的数量来确定埋管规格，如图5－6所示。注意：室外管道进入建筑物的最大管外径不宜超过100 mm。

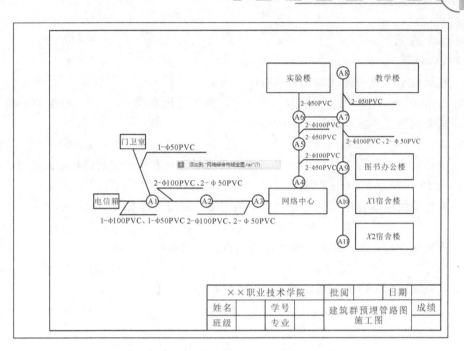

图 5-6　建筑群之间预埋管路图

评价反馈

各小组委派 1 名代表展示并介绍任务的完成情况，然后完成评价反馈表 5-2。

表 5-2　评价反馈表

序号	评价项目	自我评价	小组评价	教师评价	综合评价
1	学习准备				
2	引导问题填写				
3	考勤情况				
4	听课情况				
5	知识点掌握情况				
6	任务书完成质量				
7	参与讨论的主动性				
8	回答问题的准确度				
9	任务创新扩展情况				
10	材料(作业)上交情况				
	总　评				

注：评价档次统一采用 A(优秀)、B(良好)、C(合格)、D(努力)。

思考与练习

1. 建筑群子系统的缆线布设方式有（　　）。
A. 架空布线　　　　B. 直埋布线　　　　C. 地下管道布线　　　　D. 电缆沟布线
2. 进线间面积不宜小于（　　）m^2。
A. 10　　　　　　　B. 20　　　　　　　C. 30　　　　　　　D. 40
3. 进线间主要作为室外（　　）引入楼内的成端与分支及光缆的盘长空间位置。
A. 电缆　　　　　　B. 光缆　　　　　　C. 电线杆　　　　　　D. 建筑物
4. 直埋缆线应埋在距地面（　　）以下的地方，或按当地有关法规去做。
A. 0.5　　　　　　B. 0.6　　　　　　C. 0.7　　　　　　D. 0.8
5. 光缆转弯时，其转弯半径要大于光缆自身直径的（　　）倍。
A. 10　　　　　　　B. 15　　　　　　　C. 20　　　　　　　D. 25
6. 架空电缆时，建筑物到最近处的电线杆相距应小于（　　）m。
A. 20　　　　　　　B. 30　　　　　　　C. 40　　　　　　　D. 50

任务 5.2　光纤基础知识

➜ 引言

本项目以江苏电子信息职业学院综合布线系统为例，其中办公区需要使用光纤连接核心交换机和接入交换机，学生宿舍需要光纤到户，即把光纤接入到学生宿舍区。这与传统的电缆通信有很大不同，那什么是光纤？什么又是光缆？光纤通信又是怎么回事？本节课对光纤的基础知识进行简单的讲解。

➜ 学习目标

（1）了解光纤及其传输原理。
（2）理解单模光纤和多模光纤的区别。
（3）理解光缆的结构和分类。

➜ 任务书

（1）了解光纤和光缆的相关知识。
（2）在教师的指导下观察光纤，并使用红光笔进行导光测试，理解光在光纤中传播的原理，如图 5-7 所示。
（3）在教师的指导下观察光缆，查看光缆的结构及光纤芯的数量，如图 5-8 所示。

图 5-7　观察导光测试　　　　　　　　　　图 5-8　光缆

➡ **引导问题**

1. 常见的有线网络传输介质包括_____、_____和_____。你的家庭所安装的宽带网络是使用哪种介质接入的？

2. 数字信号和模拟信号的区别是什么？光纤适合于传输数字信号还是模拟信号？

3. 根据光在光纤中的传输模式，光纤分为_____和_____。

4. 根据光缆的结构和应用环境，可以将其分为_____、_____和_____。

任务指导及相关知识点

5.2.1　光纤及其传输原理

光纤是光导纤维的简称，是一种由玻璃或塑料制成的纤维，可作为光传导工具。光纤主要由光纤芯、包层和涂覆层三部分组成，其结构如图 5-9 所示，最里面的是光纤芯（折射率高），是采用特别工艺拉制而成的直径比头发丝还细的光纤芯，它的主要成分为二氧化硅；包层（折射率低）将光纤芯围裹起来，这样光信号才能在纤芯和包层的分界面发生全反射，实现光在光纤中的传播。纤芯和包层都由高纯度的二氧化硅制成，只不过在纤芯和包层中分别添加了不同的化学元素，以提高纤芯折射率和降低包层的折射率；最外面的涂覆层主要保护光纤不受水汽侵蚀和机械擦伤，同时又增加了光纤的机械强度和可弯曲性，起着延长光纤寿命的作用。单芯光缆涂覆层之外还有一层塑料套管，也叫作二次涂覆层。

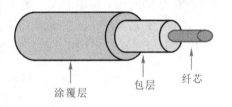

图 5-9　光纤结构

在进行光纤熔接等施工操作时，要将涂覆层用工具刮去，只留下纤芯和包层。只由纤芯和包层组成的光纤称为裸纤，直径为 125 μm，通常所说的光纤是指涂覆后的光纤。

光纤传输的是光信号而非电信号。它利用光脉冲形成的数字信号进行通信，也就是有光脉冲相当于 1，没有光脉冲相当于 0。当光线从高折射率的纤芯射向低折射率的包层时，其折射角会大于入射角，因此，当入射角足够大时，就会出现全反射。也就是说，光纤主要是利用光的全反射原理实现通信的，如图 5-10 所示。

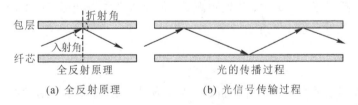

(a) 全反射原理　　　　　　(b) 光信号传输过程

图 5-10　光信号传输

光也是一种电磁波，有一定的波长。例如可见光的波长范围是 390～760 nm（1 nm＝10^{-9} m），波长小于 390 nm 的部分是紫外线，波长大于 760 nm 的部分是红外线。而光纤传输的光波波长范围为 850～1600 nm，也就是说光纤中传输的光信号主要位于红外波段。常用的光纤通信波长为 850 nm、1310 nm 和 1550 nm。

光纤的衰减系数是指每千米光纤对光信号功率的衰减值(dB/km)。影响光纤传输信号衰减的主要因素有：本征、杂质、不均匀、弯曲、挤压和对接等。其中，本征因素是由光纤自身特性决定的光纤的衰减；杂质是由于裸纤纯度不够造成的衰减；而不均匀则是生产工艺的落后引发的衰减，这三类因素都是在光纤生产过程中产生的。而后3类因素则是在光缆施工过程中弯曲、挤压等造成的衰减。

5.2.2　光纤的分类

根据光在光纤中的传输模式，可将光纤分为单模光纤(Single Mode Fiber)和多模光纤(Multi Mode Fiber)。这里的"模"是指以一定角速度进入光纤的一束光。

单模光纤的纤芯直径只有 $8\sim10~\mu m$，在给定的工作波长上只能以单一模式传输，光信号可以沿着光纤的轴向传播，如图5-11(a)所示。单模光纤光信号的损耗很小，离散也很小，传播距离较远，完全避免了模间色散，使得单模光纤的传输频带很宽，因而适用于大容量、长距离的光纤通信。单模光纤的工作波长通常为1310 nm，传输距离可达100 km。

多模光纤是在给定的工作波长上能以多个模式同时传输的光纤，易形成模间色散，如图5-11(b)所示。多模光纤由于色散或像差，传输性能较差，频带较窄。多模光纤的工作波长通常为850 nm，传输距离一般小于5 km。

(注：光纤输入端的入射光脉冲经过长距离传输后，在光纤输出端光脉冲信号的波形发生了时间上的展宽，这种现象称之为色散)

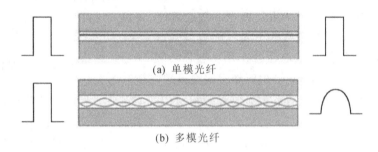

(a) 单模光纤

(b) 多模光纤

图5-11　单模光纤和多模光纤的模间色散

比较而言，多模光纤的纤芯粗，其传输速率低、距离短，整体的传输性能差，但它使用发光二极管作为光源，成本低，一般用于建筑物内或地理位置相邻的环境中。单模光纤的纤芯较细，传输频带宽、容量大、传输距离长，但需激光作为光源，成本较高，通常在建筑物之间或地域分散的环境中使用。

5.2.3　光缆

由于光纤细微且脆弱，非常容易折断，为了使光纤能在实际的通信线路上使用，使其能经受一定机械力的作用和化学环境的侵蚀，就需将光纤加以保护，才能在实际生产中加以应用。由单芯或多芯光纤制成的缆线称为光缆。光缆一般由缆芯、加强件和保护层三大部分组成。

缆芯由单根或多根光纤组成，有紧套和松套两种结构。紧套管内的光纤不能自由活动，松套管中的光纤可以在套管内自由活动，如图5-12所示。

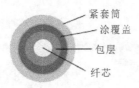
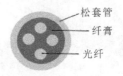

(a) 紧套缆芯结构　　　　(b) 松套缆芯结构

图 5-12　光缆结构

根据光缆中光纤芯的数量分为单芯光缆和多芯光缆，由于单芯光缆不能实现全双工（同时双向）传输，因此计算机网络中大多采用多芯光缆，比较常见的有 4 芯、8 芯、12 芯、24 芯、48 芯甚至更大芯数的光缆。

加强件用来保证光缆的抗拉伸、抗压扁和抗弯曲等机械性能。加强件有两种设置方式，一种是放在缆芯中心的中心加强方式，另一种是放在保护层中的外层加强方式。

保护层位于缆芯外围，对缆芯的机械性能和环境起保护作用，而且要求具有良好的抗压性能及密封防潮和耐腐蚀能力。一般来说，保护层可分为填充层、防水层、缓冲层、铠装层、外护层（外护套）等。

光缆通信有很多优点，在综合布线中得到了广泛的应用。其优点主要有三点：第一，光缆不受电磁辐射的影响。因为光缆中传输的是光脉冲，而光是不受电磁干扰影响的，而且光脉冲本身也不向外辐射信号，因此，光缆适用于电磁辐射较强或用户安全性要求较高的场所。第二，光缆频带较宽、衰减较小，适用于远距离通信。第三，中继段较长。在光缆通信中，中继器间隔距离较远，这样可降低成本。而双绞线通信超过 100 m 就需使用中继器来延长网段。

在不同的应用场合，可使用不同的光缆。根据光缆的结构和应用环境，可以将其分为室外光缆、室内光缆和皮线光缆。

1. 室外光缆

室外光缆主要用于建筑群子系统，一般采用钢带或者钢丝作为抗拉结构，其抗拉强度比较大，保护层厚重，又被称为铠装光缆。根据敷设方式的不同，室外光缆可以分为架空式光缆、管道式光缆、直埋式光缆、隧道光缆、水底光缆等。

如图 5-13 所示为室外光缆的典型结构。外护套和内护套主要起保护作用，钢带和加强芯用于增强光缆的机械抗拉强度，主要在室外布线工程中使用。

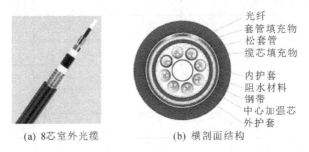

(a) 8 芯室外光缆　　　　(b) 横剖面结构

图 5-13　室外光缆

2. 室内光缆

室内光缆用于干线、配线子系统的布线。室内光缆比室外光缆柔软，在外皮与光纤芯之间加了一层纱线作为抗拉结构，其外皮材料有非阻燃、阻燃和低烟无卤等不同类别，以适应不同的消防级别，如图 5-14 所示。

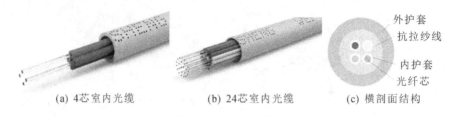

(a) 4芯室内光缆　　　　(b) 24芯室内光缆　　　(c) 横剖面结构

图5-14　室内光缆

3. 皮线光缆

皮线光缆是一种特殊的光缆,用于工作区子系统,常以管道或明线方式入户,既可用于室内也可用于室外。皮线光缆多为单芯或双芯结构,横截面呈8字形,一般使用钢丝作为加强件位于8字形的两圆中心,光纤位于8字形的几何中心,如图5-15所示。相对于室外光缆和室内光缆,皮线光缆的弯曲半径更小,可以以20 mm的弯曲半径敷设。

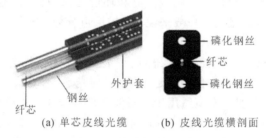

(a) 单芯皮线光缆　　　　(b) 皮线光缆横剖面

图5-15　皮线光缆

各小组委派1名代表展示并介绍任务的完成情况,然后完成评价反馈表5-3。

表5-3　评价反馈表

序号	评价项目	自我评价	小组评价	教师评价	综合评价
1	学习准备				
2	引导问题填写				
3	考勤情况				
4	听课情况				
5	知识点掌握情况				
6	任务书完成质量				
7	参与讨论的主动性				
8	回答问题的准确度				
9	任务创新扩展情况				
10	材料(作业)上交情况				
	总　评				

注:评价档次统一采用 A(优秀)、B(良好)、C(合格)、D(努力)。

思考与练习

1. 光纤的组成部分，包括（　　）。

A. 纤芯　　　　　　B. 玻璃封套（包层）　　　C. 涂覆层　　　　D. 纱线

2. 常用的光纤耦合器有（　　）。

A. ST 型　　　　　B. SC 型　　　　　C. FC 型　　　　D. LC 型

3. 光缆是数据传输中最有效的一种传输介质，它的优点有（　　）。

A. 频带较宽　　　B. 电磁绝缘性能好　　　C. 衰减较小　　　D. 中继段长

4. 光纤导光原理要求纤芯的折射率（　　）包层的折射率。

A. 大于　　　　　B. 小于　　　　　C. 等于　　　　D. 以上都正确

5. 单模光纤的纤芯直径比多模光纤的纤芯直径（　　）。

A. 大　　　　　　B. 小　　　　　C. 相等　　　　D. 以上都正确

6. 光纤的包层直径为（　　）。

A. 150 μm　　　B. 250 μm　　　C. 125 μm　　　D. 100 μm

任务 5.3　光纤熔接技术实训

➡ 引言

在室外建筑群子系统的施工中，室外光缆的施工长度如果不够时需要将光缆熔接成一个长的中继段，或者光缆因意外中断，也需要进行接续，光缆接续实际上就是光纤熔接，光纤熔接技术是建筑群子系统施工技术中的关键技术。

➡ 学习目标

（1）了解光纤熔接的原理。

（2）掌握光纤熔接机的使用。

（3）掌握光纤的切割与熔接。

（4）掌握光纤盘纤的技巧。

➡ 任务书

注：此题目来自第 43 届世界技能大赛全国选拔赛信息网络布线项目技术指导文件。

准备 3 m 长 48 芯单模光缆 2 根，如图 5-16 所示用尼龙扎带和粘扣固定在台面，在中间做一个圈，同时考虑熔接机和工具等位置，方便快速操作。

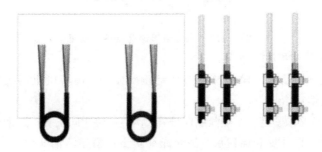

图 5-16　光缆在台面的固定方式

第一步，固定光缆。

第二步，光缆开缆，首先剥去光缆两端外皮 500 mm，然后保留内护套 30 mm，剥除 470 mm，如图 5 - 17 所示。

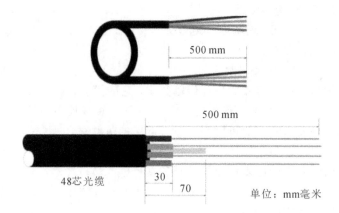

500 mm

500 mm

48芯光缆　30　70　　单位：mm毫米

图 5 - 17　光缆开缆长度要求图

第三步，在光缆的一端熔接 1 条 SC 尾纤，并且连接测试设备。

要求将两根光缆环形接续，将光缆按照光纤的色谱顺序依次熔接，连接串成一条通路，如图 5 - 18 所示。将熔接好的光纤整齐放在台面，不要放在熔接机托盘中。

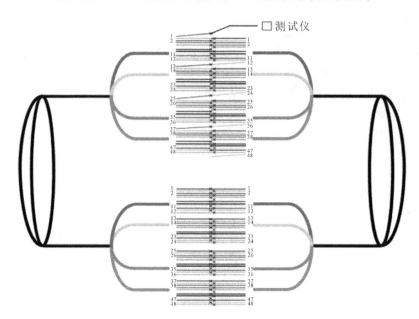

图 5 - 18　光纤熔接速度竞赛端接图

具体操作技术要求和注意事项如下：

（1）请按照光纤熔接机的操作说明书规定正确使用，用熔接机熔接光纤，并及时清洁熔接机，保证每次熔接合格。

（2）每个熔接点必须安装 1 个热收缩保护管，调整加热时间正确，套管收缩合格并且居中。

（3）必须去除光纤外皮和涂覆层，每芯光纤至少用酒精清洁 3 次。

（4）光纤剥线钳每次使用后必须及时清洁，去除剥线钳刀口上面粘留的树脂或杂物。

（5）正确使用和清洁光纤切割刀。

光纤色谱：

1	2	3	4	5	6	7	8	9	10	11	12
蓝	橙	绿	棕	灰	白	红	黑	黄	紫	粉红	青绿

（由于课时、实训材料的限制，可以让学生用尾纤和光纤直接熔接，培训学生的光纤熔接方法即可，参照课后光纤熔接评分表进行考核）

➡ **引导问题**

1. 什么情况下需要进行光纤熔接？情况 1：＿＿＿＿＿＿＿＿＿＿＿＿＿＿＿＿＿＿；情况 2＿＿＿＿＿＿＿＿＿＿＿＿＿＿＿＿＿。

2. 光纤熔接需要哪些工具和材料？

3. 光纤熔接操作主要分为以下几个步骤：＿＿＿＿＿＿＿＿、＿＿＿＿＿＿＿＿、＿＿＿＿＿＿＿＿、＿＿＿＿＿＿＿＿。

4. 光纤熔接的损耗值一般要求低于＿＿＿＿＿db，如果损耗值超标，需要＿＿＿＿＿。

任务指导及相关知识点

5.3.1 光纤熔接

当光缆敷设完成后，将光缆置于光纤配线架进行固定，需要将光缆中的光纤芯和光纤配线架中的尾纤连接起来；或者当光缆因意外断裂时，也需要将两段光缆中的光纤芯连接起来。这就需要使用光纤熔接技术。

光纤熔接是目前普遍采用的光纤接续方法。光纤熔接时采用光纤熔接机通过高压放电将光纤端面熔化后，再将两根光纤连接到一起形成一段完整的光纤。熔接后的光缆不会产生缝隙，因而不会引起反射损耗，并且可靠性高、接续损耗小。

光纤熔接操作主要分为四个步骤：开缆、切割、熔接、盘纤。

开缆是指剥离光缆的外护套和涂覆层的过程。由于不能损伤光缆，所以光缆开剥是一个非常精密的过程，不得使用刀片等简易工具，以防损伤纤芯。去除光缆涂覆层时要特别小心，不得损伤其他部位的涂覆层.以防在熔接盒内盘纤时折断纤芯。

光缆的末端需要进行切割，切割之前用酒精清洁光纤后，用专业的光纤切割刀切割光纤以使末端面平整，并使之与光纤的中心垂直。切割对于接续的质量十分重要，它可以减少接续损耗，任何未正确切割的表面都会引起由于末端的分离而产生的额外损耗。

在光纤熔接过程中应严格执行操作规程的要求，以确保光纤熔接的质量。

光纤熔接后要进行盘纤，科学的盘纤可以使光纤布局更加合理、附加损耗小、经得住时间和恶劣环境的考验，也可避免因挤压而造成的断纤现象。

下面具体介绍光纤熔接的方法和步骤。

1. 准备工作

熔接前首先做准备工作：需要用到的工具包括光缆开剥刀、米勒钳、光纤切割刀、熔接机等；需要用到的材料包括酒精棉、热缩套管等。

2. 光缆的开缆

在对光缆开缆时首先需要剥去光缆的外护套及钢丝。使用的工具为光缆开剥刀，如图 5-19 所示。开剥的长度一般为 0.6～0.8 m，开剥的方法包括纵向开缆和横向开缆。

纵向开缆方法是将光缆固定在开缆槽道内，根据光缆护套的厚度调节槽道内对称刀片的适用深度，摇动对称双手柄，带动工具在缆线上划行，通过内置刀片纵向对称划开缆线的护套，实现缆线护套的纵向开剥，如图 5-20 所示。

横向开缆方法是将缆线固定在开缆槽道内，根据缆线护套的厚度调节槽道内单面刀片的适用深度，单向 360°旋转开缆刀，实现对缆线护套的横向开剥，如图 5-21 所示。

图 5-19　光缆开剥刀　　　　图 5-20　纵向开缆　　　　图 5-21　横向开缆

开缆完成后去掉填充层（紧贴着光缆外护层的一层），用老虎钳剪掉钢丝，并用卫生纸或酒精脱脂棉擦去光纤外面的油膏。

3. 光纤熔接

（1）准备好光纤熔接机。当要进行光纤熔接时，先按下光纤熔接机操作面板上的电源按钮，等待光纤熔接机启动并出现工作界面。

（2）剥光纤。剥光纤即剥除光纤套管和涂覆层，一般使用米勒钳进行操作。米勒钳有 3 个孔，如图 5-22 所示，其中大孔用于剥离光纤尾纤的外护套、中孔用于剥离光纤芯的软胶保护层、小孔用于剥离光纤芯上的涂覆层。

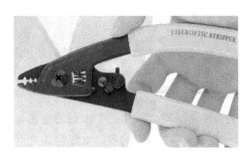

图 5-22　米勒钳

剥光纤时先将 3～4 cm 的外护套层及软胶保护层去掉，再剥离光纤涂覆层。操作时要按照平、稳、快三字剥纤法原则，掌握其技巧。"平"——要求持纤要平。左手拇指和食指捏紧光纤，使之成水平状；"稳"——要求剥纤钳要握得稳，不允许打战、晃动；"快"——要求剥纤要快，剥纤钳应与光纤垂直，用钳口轻轻卡住光纤，右手随之用力顺光纤轴向外推出，整个过程要一气呵成，尽量一次剥除彻底。

（3）清洁光纤。清洁裸纤，首先要观察光纤剥除部分的涂覆层是否全部剥除，若有残留，应重新剥除。若有极少量不易剥除的涂覆层，可用棉球蘸适量酒精，一边浸渍，一边逐步擦除。用酒精棉清洁光纤表面至少 3 次，达到无附着物状态。

（4）切割光纤——裸纤端面切割。裸纤切割的目的是制作整齐的端面，以便于下一步将两个光纤端面进行熔接。首先将热缩套管穿入光纤，然后将光纤放入切割刀的槽位中；之后将夹具和盖板压下固定光纤；切割时，动作要自然平稳、不急不缓，保证切割的质量，如图 5-23 所示。需要注意的是：裸纤的清洁、切割和熔接的时间应紧密衔接，不可间隔过长。

图 5-23　光纤切割刀

端面切割的好坏将直接影响到熔接质量，切割时应避免断纤、斜角、毛刺及裂痕等不良端面的产生，如图 5-24 所示。造成切割端面不良的原因主要包括：

① 光纤未水平放在切割刀上；

② 刀刃位置过高；

③ 光纤把持夹上残留异物；

④ 刀刃上残留灰尘或异物；

⑤ 光纤上沾有灰尘或异物等。

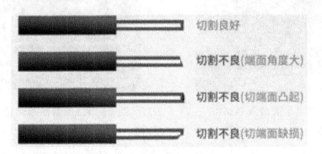

图 5-24　光纤切割端面质量

（5）熔接光纤。光纤熔接是将两根裸纤使用光纤熔接机通过高温熔接成一根裸纤的过程。

① 首先根据光纤的材料和类型，设置好熔接机的关键参数。然后将切割好的两根光纤分别放入熔接机的 V 型槽内，光纤端面尽量靠近电极且不能超过电极，而且两个光纤端面不要碰到一起，如图 5-25 所示。

② 按下压板，盖上防尘罩，然后按下熔接按钮，熔接机就开始熔接，通过显示屏可以观察光纤熔接是否正常，如图 5-26 所示。正常的损耗值范围为：单模光纤（SM）不高于 0.03 dB，多模光纤（MM）不高于 0.02 dB，如果损耗值超标，需要重新熔接。

图 5-25　光纤熔接机固定光纤　　　　图 5-26　光纤熔接机熔接光纤

③ 熔接成功后掀开防尘罩，依次打开左右光纤压板，取出光纤并将热缩套管移动到熔接点，确保热缩套管两端包住光纤涂覆层，如图 5-27 所示。

图 5-27　热缩套管放置在熔接点

④ 将套上热缩套管的光纤放入熔接机的加热炉内，如图 5-28 所示，再盖上加热炉盖板，同时加热指示灯点亮，机器将自动开始加热热缩套管。当加热指示灯熄灭，则热缩完成。然后冷却 10 秒钟，掀开加热炉盖板，移出已热缩好的光纤，并检查热缩管内有无气泡杂质，如有气泡和杂质，则需要重新热缩，如图 5-29 所示。

 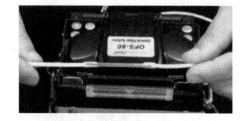

图 5-28　热缩套管放入加热炉　　　　图 5-29　检查热缩套管是否完成热缩

熔接过程中还应及时清洁熔接机的"V"形槽、电极、物镜、熔接室等，随时观察熔接中有无气泡、过细、过粗、虚熔、分离等不良现象。注意测试仪表跟踪监测结果，及时分析产生上述不良现象的原因，采取相应的改进措施。如多次出现虚熔现象，应检查熔接的两根光纤的材料、型号是否匹配，切割刀和熔接机是否被灰尘污染，并检查电极的氧化状况，若均无问题则应适当提高熔接电流。

5.3.2　光纤盘纤

盘纤是指熔接后将尾纤盘绕并固定在光纤配线架或者终端盒内的过程，如图 5-30 所示。好的盘纤方法可使光纤布局合理、附加损耗小、经得住时间和恶劣环境的考验，可避免因挤压造成的断纤现象。

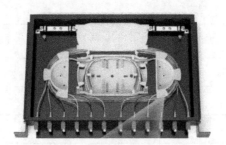

图 5－30　盘纤

盘纤的方法主要有以下 3 种:

(1) 按先中间后两边的顺序盘纤,即先将热缩后的套管逐个放置于固定槽中,然后再处理两侧余纤,这样有利于保护光纤接点,避免盘纤可能造成的损害。在光纤预留盘空间小、光纤不易盘绕和固定时,常用此种方法。

(2) 从一端开始盘纤,固定热缩管,然后再处理另一侧余纤。这样做的优点是可根据一侧余纤长度灵活选择光纤热缩管的安放位置,方便、快捷,也可避免出现急弯、小圈现象。

(3) 根据实际情况采用多种图形盘纤。按余纤的长度和预留空间大小,顺势自然盘绕,切不能生拉硬拽,应灵活地采用圆、椭圆、波浪形等多种图形盘纤。

无论采用哪种方法,均需注意光纤弯曲半径要大于 4 cm,尽可能最大限度地利用预留空间和有效降低因盘纤带来的附加损耗。

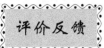

光纤熔接实训质量和评分要求如表 5－4 所示。

表 5－4　光纤熔接评分表(任务书)

序号	工作任务	分值	比例	得分	评判要点分值
1	熔接点 1	1			每个熔接点损耗合格 1 分,热缩套管不合格－0.5 分。
2	熔接点 2	1			同上
3	熔接点 3－10	8			同上
4	熔接点 11－20	10			同上
5	熔接点 21－30	10			同上
6	熔接点 31－40	10			同上
7	熔接点 41－50	10			同上
8	熔接点 51－60	10			同上
9	熔接点 61－70	10			同上
10	熔接点 71－80	10			同上

序号	工作任务	分值	比例	得分	评判要点分值
11	熔接点 81—90	10			同上
12	熔接点 91—95	5			同上
13	安全规范	5			安全规范 5 分
14	合　计	100			

实训报告

实训报告的具体格式见表 5-5，填不下可附页。

表 5-5　光纤熔接实训报告

课程名称		班级	
实训名称		学号	
实训时间		姓名	
实训目的	（1）熟悉和掌握光缆工具的用途、使用方法和技巧。 （2）熟悉和掌握光纤的熔接方法		
实训设备及材料			
实训过程或步骤			
工程经验总结 及心得体会			

任务 5.4　光纤冷接技术实训

➡ 引言

随着三网融合时代的到来，光纤入户已成为一种常见的布线方式。在光纤熔接技术中，最关键的设备是熔接机，其特点是精密度高、价格昂贵、操作费时，因此在光纤入户这种需要批量施工的情况下并不适用，而光纤冷接技术则较好地解决了这个难题。

➡ 学习目标

（1）了解光纤冷接的原理和应用场景。

（2）掌握光纤冷接的过程。

（3）理解光纤冷接和熔接的区别。

➡ 任务书

准备两个光纤快速连接器（冷接子），一段 50 cm 的皮线光缆，完成光纤跳线的制作。制作完成后利用红光笔进行通断性测试。

➡ 引导问题

1. 什么情况下需要进行光纤冷接？

2. 光线冷接用到的主要材料是＿＿＿＿＿＿＿＿＿＿。

3. 光纤冷接操作的主要步骤有＿＿＿＿＿＿、＿＿＿＿＿＿、＿＿＿＿＿＿、＿＿＿＿＿＿。

4. 冷接的衰减要比熔接＿＿＿＿＿＿＿＿＿＿＿＿＿（大/小），一般要求插入损耗值不高于＿＿＿＿＿＿＿＿＿＿＿＿dB。

任务指导及相关知识点

　　光纤冷接技术是把两根处理好端面的光纤固定在 V 型槽中，通过外径对准方式实现光纤纤芯的对接，同时利用密封在 V 型槽内的光纤匹配液填充光纤切割不平整的端面间隙，实现光纤的接续。这一过程是完全无源的过程，所以称之为光纤冷接。冷接所需的时间短、成本低，适用于皮线光缆或光纤尾纤的接续。

　　冷接用到的主要材料是冷接子，冷接子外观和结构如图 5-31 所示，它内部的主要部件是一个精密的 V 型槽，可以将两根裸纤的端面紧密对接，并且能够重复使用，主要用于光纤的接续。

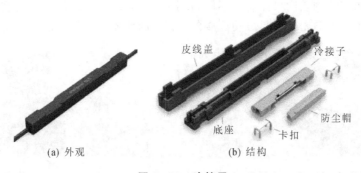

皮线盖　　冷接子

底座　　卡扣　　防尘帽

(a) 外观　　　　　(b) 结构

图 5-31　冷接子

光纤快速连接器(如图 5-32 所示),一般也叫作冷接子,主要分为两种,即直通型快速连接器和预埋型快速连接器。直通型快速连接器的内部不需要预置光纤,也无须匹配液,只需将切割好的光纤纤芯插入套管用紧固装置加固即可使用;预埋型快速连接器的 V 形槽内填充匹配液,插针内预埋一段研磨好的光纤与插入的光纤在 V 形槽内对接。一般市面上多为预埋型光纤快速连接器,其光纤端面可以满足行业标准的要求。

(a) 外观　　　　　　　　　　　　　　(b) 结构

图 5-32　光纤快速连接器

5.4.1　冷接子的制作

光纤冷接主要包含剥、切、接、测四个步骤。

1. 剥——光纤的剥覆和清洁

首先打开冷接子备用,如图 5-33 所示。使用皮线剥线钳剥去 40 mm 的皮线光缆外护套,如图 5-34 所示。如果是光纤尾纤,则使用米勒钳剥除护套。

图 5-33　打开的冷接子　　　　　　　图 5-34　剥覆光纤外层

使用米勒钳最小的孔径剥除涂覆层,如图 5-35 所示。然后用蘸有无水酒精的无纺布清洁裸纤。

2. 切——光纤定长切割

光纤定长切割和光纤熔接过程中的切割一样,也都是使用光纤切割刀垂直切割裸纤端面,如图 5-36 所示,此时需要定长切割光纤,切割后的光纤长度为 21 mm。(注意:不同品牌冷接子要求切割的长度可能有所不同)冷接子内部的主要部件就是精密的 V 形槽,冷接时两个光纤端面的紧密贴合是成功冷接的关键,因此光纤定长切割一定要准确。

图 5-35　剥除涂覆层　　　　　　　图 5-36　切割光纤

3. 接——使用冷接子对接

重复步骤 1.，2. 切割另一根光纤，将两根切割好的光纤依次穿入冷接子，直到光缆外皮切口紧贴在皮线坐阻挡位，如图 5-37 所示。当两侧光纤对顶产生弯曲，说明光缆接续正常，如图 5-38 所示。

图 5-37　将切割好的光纤穿入冷接子

图 5-38　端面在冷接子的中间位置贴合

最后按下卡扣，压下皮线盖，完成皮线的接续工作如图 5-39 所示。

4. 测——冷接质量测试

冷接完成后，应使用光功率计或红光笔来测试光纤的衰减，如图 5-40 所示。冷接的衰减要比熔接大一些，一般要求衰减值不大于 0.03 dB。

图 5-39　冷接子完成

图 5-40　光功率计和红光笔

5.4.2　光纤快速连接器的制作

光纤快速连接器的制作和冷接子类似，定长切割后光纤总长度为 28 mm，裸纤在 6~8 mm 的范围内，如图 5-41 所示。

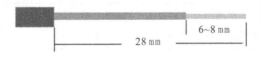

图 5-41　光纤切割长度

光纤快速连接器的制作如图 5-42 所示。

(a) 确保开关向下完全打开, 插入光纤,
　　推至限位点到光纤略有弯曲

(b) 保持光纤弯曲, 切勿拉直,
　　拧紧螺帽

(c) 上拨开关　　　　　　(d) 套上蓝色护套,组装完成

图 5-42　光纤快速连接器的制作图示

评价反馈

光纤冷接实训质量和评分要求如表 5-6 所示。

表 5-6　光纤冷接评分表(任务书)

序号	评 分 细 则	分值	得分	总分
1	跳线长度合格	15		
2	光纤外护套剥除长度合适	15		
2	红光笔测试有红光透过	30		
3	光纤损耗合格	30		
4	清洁工位	10		

实训报告

实训报告的具体格式见表 5-7,填不下可附页。

表 5-7　光纤冷接实训报告

课程名称		班级	
实训名称		学号	
实训时间		姓名	
实训目的	(1) 熟悉常见冷接子。 (2) 掌握光纤冷接的方法		
实训设备及材料			
实训过程或步骤			
工程经验总结及 心得体会			

任务 5.5　光纤链路搭建

➡ **引言**

在网络综合布线中，光缆施工比电缆施工要求严格，任何在施工中的疏忽都将可能造成光纤损耗增大，甚至断芯。在光纤链路搭建过程中，可能要用到光纤配线架、光纤终端盒、光缆接续盒、光纤跳线、光纤尾纤、光纤耦合器等光纤连接器件。不同的光纤连接器连接方法均不相同，熟悉并掌握不同的复杂光纤链路的搭建，是保证工程质量和文明施工的关键。

➡ **学习目标**

（1）认知光纤配线架、光纤终端盒、光缆接续盒、光纤跳线、光纤尾纤及各种光纤连接器，能够搭建复杂光纤链路。

（2）了解光纤施工规范。

（3）综合运用所学知识，完成光纤综合布线的项目规划、设计与施工。

➡ **任务书**

利用光纤端接实验仪和 SC 型光纤配线架，选择合适的光纤跳线，搭建复杂光纤链路，每个链路由 3 根光纤跳线组成，如图 5 - 43 所示。

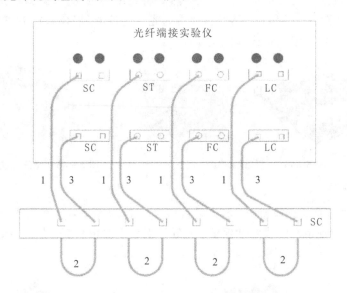

图 5 - 43　复杂光纤链路

这里要注意，光纤跳线的模式和接口必须要和光纤适配器接口类型相匹配。

链路 1：SC-SC 跳线 1、SC-SC 跳线 2、SC-SC 跳线 3

链路 2：ST-SC 跳线 1、SC-SC 跳线 2、SC-ST 跳线 3

链路 3：FC-SC 跳线 1、SC-SC 跳线 2、SC-FC 跳线 3

链路 4：LC-SC 跳线 1、SC-SC 跳线 2、SC-LC 跳线 3

➡ **引导问题**

1. 光纤配线架和光纤终端盒的作用是什么？有什么区别？

2. 光纤接续盒的作用是什么？和光纤终端盒有什么区别？

3. 光纤跳线根据传输模式分为_____和_____，根据传输速率分为千兆光纤跳线和_____，根据光纤连接器的接口类型又可以分为不同类型，常见的光纤连接器接口可分为_____、_____、_____、_____接口。

4. 光纤尾纤和光纤跳线有什么区别？

5. 光缆牵引的过程中有哪些注意事项？

╔═══════════════════════════════╗
任务指导及相关知识点
╚═══════════════════════════════╝

5.5.1　光纤连接器及光纤链路搭建

1. 光纤配线架

光纤配线架 ODF（Optical Distribution Frame）是为光纤通信机房设计的光纤配线设备，如图 5-44 所示。光纤配线架安装在网络机柜中，主要用于光缆的固定和保护、光纤与尾纤的熔接、光路的调节、多余尾纤的存储等。

光缆从光纤配线架的背部进入并固定，然后将光缆中的每一芯光纤分离，并和尾纤在熔纤盘中熔接，如图 5-45 所示。熔纤盘前端为光纤连接器（耦合器），这样就可以很方便地使用光纤跳线连接到网络设备或其他光缆。

图 5-44　光纤配线架　　　　　　　图 5-45　光纤配线架中的熔纤盘

2. 光纤终端盒

光纤终端盒（如图 5-46 所示）和光纤配线架的作用类似，主要用于光缆终端的固定、光纤与尾纤的熔接及余纤的收容和保护。光纤终端盒主要由外壳、熔纤盘、光缆固定装置、连接器（耦合器）等组成，如图 5-47 所示。

图 5-46　光纤终端盒外观　　　　　图 5-47　光纤终端盒结构

光纤配线架与光纤终端盒的区别是：光纤配线架通常安装在标准网络机柜里，可以熔接较多数量的光纤芯，如图 5-44 所示的光纤配线架的熔纤盘最多可以熔接 12 芯的光纤；

而光纤终端盒一般不固定在网络机柜中，可以放置于桌面，并且只能熔接较少数量的光纤，如图 5-46 所示的光纤终端盒最多只能熔接 4 芯光纤。

3. 光缆接续盒

在光缆布线中有时需要将两根光缆连接起来，这时就要用到光缆接续盒，如图 5-48 所示，其内部结构如图 5-49 所示。光缆接续盒的功能就是将两段光缆熔接起来，并进行固定，同时可以防水防压，常用于地下光缆线路和架空光缆线路的接续。

图 5-48　光缆接续盒外观　　　图 5-49　光缆接续盒的内部结构

光缆接续盒和光纤配线架、光纤终端盒的区别是：光缆接续盒用于连接两条光缆，而光纤配线架以及光纤终端盒用于光缆线芯和光纤尾纤的熔接。

4. 光纤尾纤

只有一端带有连接器的光纤称为尾纤，如图 5-50 所示。市面上没有尾纤出售，需要时可以将光纤跳线从中切断作为两根光纤尾纤使用。光纤尾纤主要用于在光纤配线架或者光纤终端盒中熔接光纤，如图 5-51 所示。

图 5-50　光纤尾纤　　　图 5-51　光纤配线架中的尾纤

5. 光纤跳线

光纤跳线是两端带有光纤连接器、有保护层的光纤软线。光纤跳线种类繁多，根据长度来分常见的有 0.5 m、1 m、2 m、3 m、5 m、定制长度等；根据传输模式分为单模光纤跳线（如图 5-52 所示）和多模光纤跳线（如图 5-53 所示）；根据传输速率分为千兆光纤跳线和万兆光纤跳线。光纤跳线也可根据连接器的不同进行区分，如图 5-54 所示。不同的连接器有相应的耦合器与之匹配，如图 5-55 所示，光纤跳线两端的连接器可以相同也可以不同。

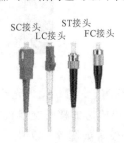

SC接头　ST接头
LC接头　　FC接头

图 5-52　单模跳线（黄色）　　图 5-53　多模跳线（橙色）　　图 5-54　光纤连接器

SC型耦合器　　　　　LC型耦合器　　　　　ST型耦合器　　　　　FC型耦合器

图 5 - 55　光纤耦合器

光纤跳线主要用于光纤配线架到网络设备的连接(如图 5 - 56 所示)、光纤配线架的互联(如图 5 - 57 所示)和网络设备的互联(如图 5 - 58 所示)。选购和使用光纤跳线时，要了解预埋光缆的类型是单模还是多模、光缆终端盒的接口类型、网络设备的光接口类型、光缆终端盒和设备之间的距离等，以选购到长度合适、接口类型一致的光纤跳线。

图 5 - 56　光纤跳线连接配线架和设备　　**图 5 - 57　光纤跳线用于配线架互联**

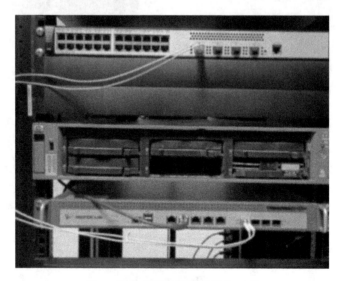

图 5 - 58　光纤跳线用于设备互联

【**案例 5 - 2**】　设计光纤布线系统完成以下功能：学校的网络中心机房位于 A 楼的 1 层，中心机房的核心交换机需要与 B 楼的 3 层、C 楼的 3 层电信间的接入交换机连接，楼宇及管井位置如图 5 - 59 所示。

图示：▢ 弱电井 ━━ 弱电管道

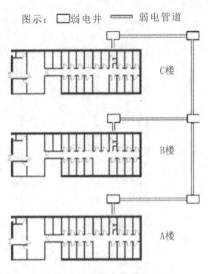

图 5 - 59 楼宇及电信管井图

1）敷设光缆

根据项目需求，可以从 A 楼分别向 B 楼、C 楼敷设光缆，也可以从 A 楼向 B 楼、B 楼向 C 楼敷设光缆。考虑到光缆的长短，从节约成本角度出发采用后一种方案，即从 A 楼 1 层经地下管井向 B 楼 3 层、B 楼 3 层经地下管井向 C 楼 3 层敷设室外 8 芯光缆（本项目 A 到 B 段使用 4 芯、B 到 C 段使用 2 芯，其余光纤芯备用），如图 5 - 60 所示。

图示：▢ 弱电井 ━━ 弱电管道

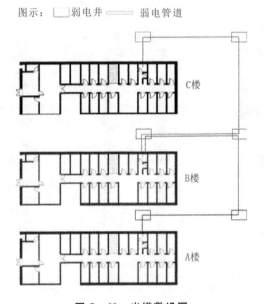

图 5 - 60 光缆敷设图

由于 A、B、C 三栋楼距离不到 2 km，因此既可以敷设多模光缆，也可以敷设单模光缆。如距离超过 2 km，则只能敷设单模光缆。注意在敷设光缆施工时需遵循相关的施工规范。

2）熔接光缆

将光缆两端进入到光纤配线架进行熔接，然后将光纤配线架安装在 A 楼设备间、B 楼电信间、C 楼电信间的机柜中，如图 5 - 61 所示。

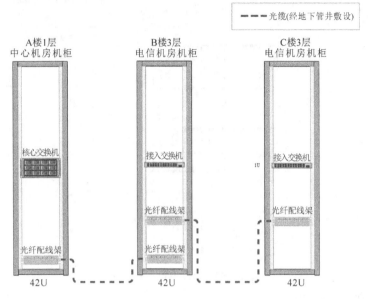

图 5 - 61　光纤配线架及机柜

3）使用光纤跳线连接

使用光纤跳线连接三个机柜中的设备和配线架，如图 5 - 62 所示，连接完成后实现 A 楼核心交换机和 B、C 楼接入交换机的互联。

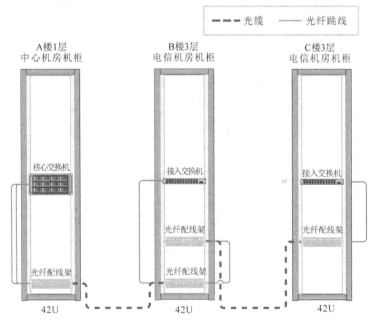

图 5 - 62　光纤跳线连接设计图

需要注意光纤跳线的模式和接口一定要和光缆、设备及配线架匹配，例如布放的是单模光纤、交换机是单模 LC 接口、光纤配线架是 SC 接口，则连接交换机和配线架就需使用单模 LC-SC 跳线，连接配线架和配线架就需使用单模 SC-SC 跳线。

4）测试

最后需打开设备电源进行测试，设备上光口的指示灯正常即可，否则需使用红光笔检查光路是否通畅或使用光功率计检查光路的衰减。

5.5.2　光缆施工规范

在网络综合布线中光缆施工比电缆施工要求严格，任何在施工中的疏忽都将可能造成光纤损耗增大，甚至断芯，因此必须严格遵守以下的施工规范：

（1）光缆弯曲时不能超过最小曲率半径。在静止状态下，容许的最小曲率半径应不小于光缆外径的 15 倍。在施工过程中，不应小于光缆外径的 20 倍。

（2）光缆敷设时的张力、扭转力均应符合规定。要求敷设光缆的牵引力应不超过光缆允许张力的 80%，瞬时最大牵引力不得超过光缆允许张力的 100%。如采用机械牵引光缆时，应用拉力计监测牵引力。光缆盘的转动速度应与光缆的布放速度同步，要求牵引的最大速度为 15 m/min，并保持恒定。一次牵引的长度不超过 1000 m，避免拉力过大。主要牵引力应加在光缆的加强构件上，光纤不应直接承受拉力。牵引过程中严禁生拉猛拽，以免光纤受力过大而被损坏。

（3）根据运输到施工现场的光缆情况，结合工程实际，合理配盘与光缆敷设顺序相结合。施工中应充分利用光缆的盘长，宜整盘敷设，不得任意切断光缆，以减少中间接头。室外管道光缆的接头应该放在竖井内，其位置应避开繁忙的路口或有碍于人们工作和生活的地方，直埋光缆的接头位置宜安排在地势平坦和地基稳固的地带。

（4）在敷设光缆的全过程中，应保证光缆外护套不受损伤、密封性能良好。光缆不论在建筑物内或建筑群间敷设，应单独占用管道管孔，如与电缆合用管道时，应在管孔中穿放塑料子管，塑料子管的内径应为光缆外径的 1.5 倍以上。在建筑物内，光缆与其他缆线平行敷设时，应按规定的间距分开敷设，并固定绑扎。光缆敷设后，要求敷设的预留长度必须符合设计要求，在设备端应预留 5～10 m。

（5）采用吹光纤技术布放光缆时，应根据穿放光缆的客观环境、光纤芯数、光纤长度、光纤弯曲次数及管径粗细等因素，确定空气压缩机的大小，并选用吹光纤机等相应的设备及施工方法。

评价反馈

光纤链路搭建实训质量和评分要求如表 5-8 所示。

表 5-8　光纤链路搭建评分表（任务书）

序号	评分细则	分值	得分	总　分
1	光纤跳线选择正确	20		
2	链路搭建正确、接头牢固	25		
3	链路测试通过，红光亮度高	25		
4	链路搭建速度快，熟悉度高	20		
5	清洁工位	10		

思考与练习

1. （　　　）是目前带宽最大的传输介质。

A. 同轴电缆　　　　　B. 双绞线　　　　　　　C. 电话线　　　　　D. 光纤

2. FTTH 的接入方式是指（　　　）。

A. 光纤到公司　　　　B. 光纤到楼宇　　　　　C. 光纤到家庭　　　　D. 光纤到交接箱

3. 剥离光纤芯上的涂覆层的设备是（　　　）。

A. 光纤切割刀　　　　B. 光缆开剥刀　　　　　C. 米勒钳　　　　　　D. 熔接机

4. 光缆熔接和冷接都会产生（　　　）。

A. 衰减　　　　　　　B. 误差　　　　　　　　C. 冗余　　　　　　　D. 断路

5. 光纤熔接使用的主要设备是（　　　）。

A. 光纤切割刀　　　　B. 光缆开剥刀　　　　　C. 米勒钳　　　　　　D. 熔接机

6. 光纤冷接使用的主要材料是（　　　）。

A. 热缩管　　　　　　B. 冷接子　　　　　　　C. 米勒钳　　　　　　D. 酒精棉

7. 和光纤配线架作用类似的是（　　　）。

A. 光纤终端盒　　　　B. 光缆接续盒　　　　　C. 光纤收发器　　　　D. 光模块

8. 光纤跳线接口类型不包括（　　　）。

A. ST　　　　　　　　B. LC　　　　　　　　　C. SC　　　　　　　　D. RX

项目 6　综合布线工程测试与验收

通信传输介质的正确端接及良好的传输性能，是网络系统正常运行的基础。综合布线系统施工完毕后，必须对系统进行测试，以确定传输介质的性能是否达到系统正常运行的要求。

从工程的角度可将综合布线测试分为两大类：验证测试和认证测试。

验证测试是指在施工的过程中由施工人员边施工边测试，以保证所完成的每一个动作的正确性。比如配线子系统的测试，就需要进行验证测试，这是因为配线子系统很大部分是埋在墙壁内或地板下的线管，一旦完工，用户很难接触到，所以要边施工边测试。电缆的验证测试就是电缆的基本安装情况测试，如电缆的断路、短路、长度以及双绞线的端接是否正确等一般性测试。验证测试并不测试电缆的电气指标。

认证测试是指电缆除了正确的连接以外，还要满足有关的标准，即电缆安装后的电气参数是否达到有关规定所要求的指标。该测试包括通断性测试和电气性能测试，前者主要用如图 6-1 所示的网线测线仪对链路进行简单的通断性判定；电气性能测试主要通过FLUKE 测试仪完成，如图 6-2 所示，主要测试缆线的性能指标，如衰减、近端串扰等。通常意义上所说的现场测试就指的是认证测试。

图 6-1　网线测线仪　　　　图 6-2　FLUKE 测试仪

任务 6.1　FLUKE 测试仪的使用及分析软件

➡ 引言

综合布线系统工程完工后，即将要进行竣工验收，在验收之前，必须要进行现场测试。为此，选用国际广泛使用的 FLUKE 测试仪作为综合布线性能的测试工具，并出具权威测试报告，这也是综合布线工程验收的基本依据。

➡ **学习目标**

（1）掌握 FLUKE 测试仪的配置方法。

（2）掌握使用 Link Ware 电缆测试管理软件管理测试数据并生成测试报告。

➡ **任务书**

（1）完成 FLUKE DTX－1800 系列测试仪的设置。

（2）下载 Link Ware 电缆测试管理软件并安装。

（3）结合某实际项目，使用 Link Ware 电缆测试管理软件管理测试数据并生成测试报告。

➡ **引导问题**

1. 目前国内综合布线系统工程中，常用的测试标准为＿＿＿＿＿＿＿＿＿＿＿

＿＿＿＿＿＿＿＿＿＿＿＿＿＿＿＿＿＿＿＿＿＿＿＿＿＿＿＿＿＿＿＿＿。

2. FLUKE 测试仪可以测试网络链路的电气性能，而简单的网线测试仪只能测试链路的＿＿＿＿＿＿性。

3. FLUKE 使用＿＿＿＿＿＿软件来管理测试数据并生成测试报告。

4. Link Ware 电缆测试管理软件有一项实用功能＿＿＿＿＿＿＿＿＿，当 FLUKE 和电脑连接时，可把测试仪显示屏的内容投影在电脑屏幕上。

5. 配置 FLUKE 时，需要把 FLUEK 测试仪的大旋钮转至＿＿＿＿＿＿挡位。

6. FLUKE 自校准时，主机需要接插＿＿＿＿＿＿＿适配器，辅机需要接插＿＿＿＿＿＿＿适配器，然后将＿＿＿＿＿＿＿适配器的末端插在＿＿＿＿＿＿＿适配器上。按下"TEST"键开始自校准，显示"设置基准已完成"说明自校准成功完成。

任务指导及相关知识点

福禄克网络（Fluke Networks）公司（总部位于美国华盛顿州的埃弗里特市，财富 100 强中有 96 家公司是它的用户）是全球领先的专业网络测试研发制造厂商，在全球 100 多个国家设有办事机构，目前在中国有五个办事处，分别设在北京、上海、广州、成都和西安，在沈阳、大连、武汉、南京、济南、乌鲁木齐、重庆和深圳设有联络处，中国维修中心设在北京，对全国范围内的 FLUKE 设备提供优质的维修和校准服务。

福禄克网络公司自 1994 年进入网络测试领域以来，该公司已经推出了多种在网络测试领域具有开创性的产品，并拥有多种测试专利。福禄克网络公司积极开展工程技术人员的培训，目前推出的认证有：铜缆测试工程师认证（CCTT）、光缆测试工程师认证（CFTT）、网络性能测试工程师认证（CNMT），真正从简单竞争发展到技术上的竞争。下面介绍经典网络测试设备 FLUKE DTX－1800 的操作方法及配套测试管理软件 Link Ware 的使用。

6.1.1　FLUKE 网络测试仪的使用

1. FLUKE DTX－1800 界面介绍

FLIKE DTX－1800 主机（近端）面板界面如图 6－3 所示，主要按键功能如下：

（1）测试适配器接口：对绞电缆接口适配器接口。

（2）显示屏：带有背光及可调整亮度的 LCD 显示屏幕。

（3）功能键（F1～F3）：三个功能键提供与当前屏幕画面有关的功能。

（4）测试键（TEST）：当两端测试仪连接好后，按测试键开始测试。

（5）存储键（SAVE）：将测试结果保存在指定的存储设备中。

（6）方向键（上下左右箭头）：可用于导览屏幕画面并递增或递减字母数字的值。

（7）输入键（ENTER）：可从菜单内选择选中的项目。

（8）功能旋钮：选择测试仪的模式。

（9）TALK 键：按下此键可使用耳机与链路另一端的用户对话。

（10）背景灯键：可在背景灯的明亮和暗淡之间切换。

（11）退出键（EXIT）：退出当前的屏幕画面而不保存更改。

图 6-3　FLUKE DTX-1800 主机（近端）面板

FLUKE DTX-1800 辅机（远端）面板上主要是一些指示灯和测试键、对话键、电源开关键，如图 6-4 所示。各指示灯含义如下：

（1）当测试通过时，“PASS”指示灯会亮。

（2）在进行缆线测试时，“TEST”指示灯会亮。

（3）当测试失败时，“FAIL”指示灯会亮。

（4）当远端处于对话模式时，“TALK”指示灯会亮。

（5）当按下“TEST”键但没有连接主测试仪时，“TONE”指示灯会亮，而且音频发生器会开启。

（6）当电池电量不足时，“LOW BATERY”指示灯会亮。

功能旋钮放大图如图 6-5 所示。

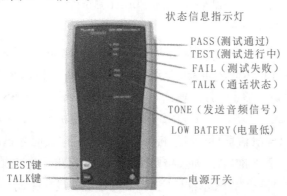

图 6-4　FLUKE DTX-1800 辅机（远端）面板

- MONITOR (监视)
- SINGLE TEST (单项测试)
- AUTOTEST (自动测试)
- SETUP (设置)
- SPECIAL FUNCTION (特殊功能)

图 6-5 功能旋钮

2. FLUKE DTX 操作步骤

FLUKE DTX 的操作步骤如下:

1) 初始化(如图 6-6 所示)

(1) 充电:将主机、辅机分别充电,直至电池显示灯转为绿色。

(2) 设置语言:将功能旋钮转至"SETUP"挡位,使用"↓"箭头,选中第六条"Instrument Settings"(仪器设置)按"ENTER"进入参数设置。首先使用"→"箭头,按一下;进入第二个选项卡页面,按"↓"箭头选择最后一项"Language"按"ENTER"进入;"↓"箭头选择"Simplified Chinese"按"ENTER"选择。将语言选择成简体中文后进行以下操作。

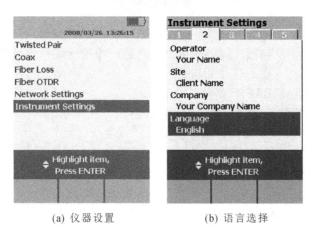

(a) 仪器设置   (b) 语言选择

图 6-6 设置 FLUKE 显示语言

2) 自校准(如图 6-7 所示)

将旋转按钮转至"SPECIAL FUNCTIONS"挡位,取 Cat6A/ClassEA 永久链路适配器装在主机上,辅机装上 Cat6A/ClassEA 通道适配器。然后将永久链路适配器末端插在 Cat6A/ClassEA 通道适配器上,打开辅机电源,辅机自检后,"PASS"灯亮后熄灭,显示辅机正常。仍然在"SPECIAL FUNCTIONS"挡位,打开主机电源,显示主机、辅机软件、硬件和测试标准的版本(辅机信息只有当辅机开机并和主机连接时才显示),自测后显示操作界面,选择第一项"设置基准"后(如选错则按"EXIT"退出,重复测试),按"ENTER"和"TEST"开始自校准,显示"设置基准已完成"说明自校准成功完成。

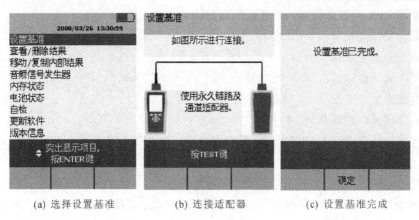

| (a) 选择设置基准 | (b) 连接适配器 | (c) 设置基准完成 |

图 6-7 自校准

3) 设置参数(如图 6-8 所示)

新机第一次使用时需要设置参数,以后不需更改(将旋钮转至"SETUP"挡位,使用 "↓"箭头;选中仪器设置值,按"ENTER"进入,首先进入的是第一个设置页面。如果返回上一级则按"EXIT")。

设置参数的具体步骤如下:

(1) 缆线标识码来源:通常使用自动递增,会使电缆标识的最后一个字符在每一次保存测试时递增,一般不用更改。

(2) 存储绘图数据:(否、标准、扩展)通常情况下选择"标准"。

(3) 当前文件夹:选择"DEFAULT",可以按"ENTER"进入建立新文件夹。

(4) 结果存放位置:使用默认值"内部存储器",假如有内存卡的话也可以选择"内存卡"。

(5) 按"→"进入第 2 个设置页面。操作员设置操作员名称,按"ENTER"进入。按 F3 键可删除原来的字符,按"←→↑↓"选择想要的字符,选好后按"ENTER"确定。

(6) 地点:测试的地点,按"ENTER"进入设置。

(7) 公司:公司的名称。

(8) 语言:默认是英文,这里设置为简体中文。

(9) 按"→"进入第 3 个设置页面。日期和时间:输入现在的日期和时间。

(10) 长度单位:通常情况下选择米(m)。

| (a) 设置页面1 | (b) 设置页面2 | (c) 设置页面3 |

图 6-8 仪器设置值

其余参数新机不需要设置，采用原机器默认的参数：

（1）电源关闭超时：默认 30 分钟。

（2）背光超时：默认 1 分钟。

（3）可听音：默认是。

（4）电源线频率：默认 50 Hz。

（5）数字格式：默认是 00.0。

（6）将旋钮转至"SET UP"挡位。选择双绞线，按"ENTER"进入"NVP"（额定传输速度），不用修改。

（7）光纤里面的设置，在测试双绞线时无须修改。

电缆测试时有些需要经常改动的参数，如测试极限、缆线类型等，此时，可将功能旋钮转至"SET UP"挡位，选择双绞线，按"ENTER"进入，如图 6-9 所示设置页面。

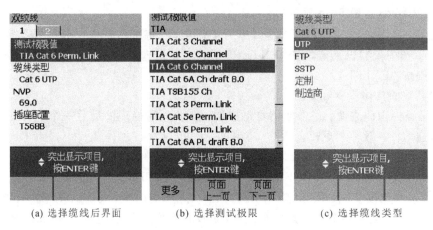

(a) 选择缆线后界面　　　　(b) 选择测试极限　　　　(c) 选择缆线类型

图 6-9　双绞线参数设置

（1）测试极限值：按"ENTER"进入后按"↑↓"键选择要测试的缆线类型相匹配的标准。

（2）缆线类型：按"ENTER"进入后按"↑↓"键选择要测试的缆线类型。例如，要测试 6 类非屏蔽双绞线，按"ENTER"进入设置页面后，选择"Cat 6 UTP"，按"↑↓"，选择"UTP"，再按"ENTER"后返回。

（3）NVP：不用修改，使用默认值 69.0。

（4）插座配置：按"ENTER"进入设置页面，通常使用的 RJ45 水晶头采用"T568B"标准。其他可以根据具体情况而定。可以按"↑↓"选择要测试的打线标准。

4）FLUKE DTX-1800 性能测试

（1）根据需求确定测试标准和电缆类型：测试时需要确定是通道测试还是永久链路测试，是 CAT5E 还是 CAT6 或者其他。

（2）关机后将测试标准对应的适配器安装在主机、辅机上。如选择"TIA Cat 5e Channel"通道测试标准时，主辅机需要安装"DTX-CHA001"通道适配器，如选择"TIA Cat 5e Perm. Link"永久链路测试标准时，主辅机需要各安装一个"DTX-PLA002"永久链路适配器，适配器末端加装 PM06 特征模块，如图 6-10 所示。只有合格的插座与匹配性能"最优化"的插头才可获得最佳的匹配效果，PM06 特征模块是一个可拆卸的模块，可以更换来为不同的插座配置适配器，在不同单元之间有着十分稳定的性能。

图 6-10 PM06 特征模块

（3）再次开机后，将旋钮转至"AUTO TEST"挡或"SINGLE TEST"挡。选择"AUTO TEST"是将所选测试标准的参数全部测试一遍后显示结果；"SINGLE TEST"是针对测试标准中的某个参数测试，将旋钮转至"SINGLE TEST"挡，按"↑↓"键，按"ENTER"选择某个参数后，再按"TEST"即可进行单个参数测试。经过一段时间后显示测试结果"PASS（通过）"或"FAIL（失败）"或"PASS∗/FALL∗"。

注意："PASS∗/FALL∗"的结果表示测得的数值在测试仪准确度的误差范围内通过∗及失败∗，且特定的测试标准要求"∗"标记。这些测试结果被视为勉强可用的，勉强通过及接近失败结果分别以蓝色及红色星号标注。"PASS∗"可视为测试结果通过；"FAIL∗"的测试结果应视为完全失败。

图 6-11 所示为双绞线链路的测试过程，图 6-11(c)所示的测试结果中，"√"表示测试结果通过；"i"表示参数已被测试，但选定的测试极限内没有通过/失败极限值；"×"表示结果失败；"∗"表示一个或一个以上的参数在测试仪准确度的不确定性范围内；PASS∗及 FAIL∗结果如图 6-12 所示。

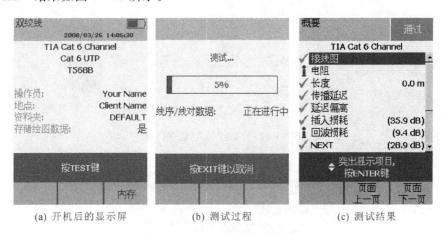

(a) 开机后的显示屏   (b) 测试过程   (c) 测试结果

图 6-11 双绞线链路的测试过程

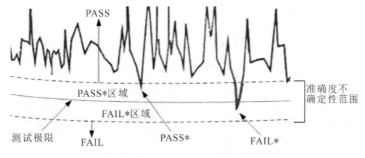

图 6-12 PASS∗及 FAIL∗结果

5）查看结果及故障检测

测试后，自动进入结果。使用"ENTER"键查看参数明细，按F2键到"上一页"，按F3键到"下一页"。测试后，结果如果为"FAIL"，如需检查故障，选择打"×"的项目查看具体情况。

6）保存测试结果

若保存测试结果，则按"SAVE"键。

6.1.2　Link Ware 软件的使用简介

使用 Link Ware 软件的操作步骤如下：

（1）安装 Link Ware 软件（在随机光盘中或网络下载）到计算机，利用数据线连接至USB 接口。

（2）运行 Link Ware 软件，将软件语言设置为中文。进入"Options"菜单，选择"Language"中的"Chinese(Simplified)"。然后进行软件语言转换：英文转成简体中文，如图 6-13 所示。

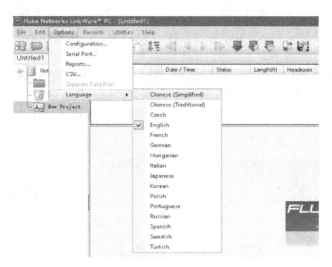

图 6-13　Link Ware 语言转换

（3）导入数据，如图 6-14～图 6-16 所示。

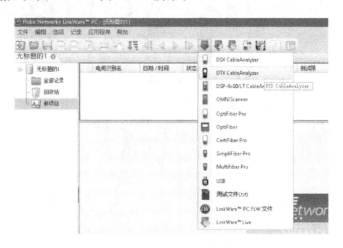

图 6-14　选择 DTX 缆线分析仪

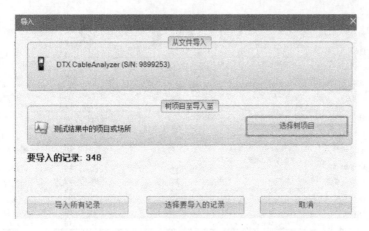

图 6-15 选择"导入所有记录"或"选择要导入的记录"

图 6-16 数据导入

（4）选择某一条记录，生成测试报告，打印出 PDF 或 TXT 文档，如图 6-17 所示。

（a）导出 PDF 格式文档

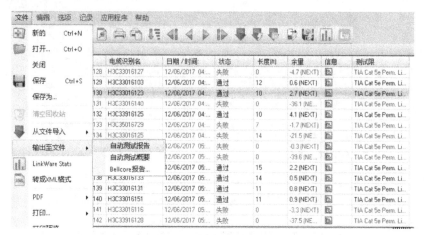

（b）导出 TXT 格式文档

图 6-17　生成测试报告

评价反馈

各小组委派 1 名代表展示并介绍任务的完成情况，然后完成评价反馈表 6-1。

表 6-1　评 价 反 馈 表

序号	评 价 项 目	自我评价	小组评价	教师评价	综合评价
1	学习准备				
2	引导问题填写				
3	考勤情况				
4	听课情况				
5	知识点掌握情况				
6	任务书完成质量				
7	参与讨论的主动性				
8	回答问题的准确度				
9	任务创新扩展情况				
10	材料（作业）上交情况				
	总　评				

注：评价档次统一采用 A（优秀）、B（良好）、C（合格）、D（努力）。

思考与练习

1. FLUKE DTX 测试仪若要进行自检，必须同时使用_____适配器和_____适配器。

2. 转动 FLUKE 测试仪的旋钮，调整至测试仪的_____位置，即进入设置模式。

3. 若想取得准确度最高的测试结果，每隔 30 天要进行_____设置。设置时需要将永久链路适配器和_____适配器进行连接，然后将旋钮开关转至"SPECIAL FUNCTION"，再开启智能远端。

4. 综合布线测试仪器一般可分为两大类，通断性测试类和性能测试类，例如，网线测试仪可进行简单的链路_____测试，FLUKE 测试仪可进行链路的_____测试。

5. 测试结果为"PASS"表示测试结果通过，"PASS＊"测试结果为_____；"FAIL＊"的测试结果为_____。

任务 6.2　链路认证测试实训

➡ 引言

为了完成综合布线的测试验收工作，施工方应先进行自我验收，对覆盖整栋大楼的所有信息点进行永久链路测试，再出具测试报告，对测试不通过的信息点链路进行故障分析并整改。测试时需使用 FLUKE 测试仪进行信息链路的测试。

➡ 学习目标

（1）掌握测试模型的选择。

（2）熟悉 FLUKE DTX 测试仪的使用方法。

（3）掌握使用 FLUKE DTX 测试仪进行电缆认证测试的方法及步骤。

（4）掌握常见的网络链路故障维修方法。

➡ 任务书

（1）完成实验室内所有信息点链路的认证测试（采用永久链路模型）。

（2）对测试失败的结果进行分析，记录故障类型和故障原因，并对该信息点所在的链路进行整改，直到通过为止。

➡ 引导问题

1. GB/T 50312—2016《综合布线系统工程验收规范》中规定综合布线工程测试模型有_____模型和_____模型。

2. FLUKE 自校准时，需要将_____适配器和_____适配器相连。

3. 中国综合布线测试验收标准为_____。

4. 从工程角度看，综合布线工程测试可以分为_____测试和_____测试。

5. 在 TIA/EIA 568B 标准中弃用了_____测试模型，重新定义了永久链路测试模型。

6. 要测试全部参数，可将 FLUKE 功能旋钮转至_____挡位。

7. FLUKE 参数设置好之后，按下_____键，即可进行测试。

任务指导及相关知识点

6.2.1　测试模型

在 1995 年以前，TIA/EIA 568A 标准并没有对现场安装的 5 类双绞线作出规定，为此 TIA 委员会于 1995 年 10 月公布了 TSB—67 标准，它是 TIA/EIA 568A 标准的一个附本，只适用于现场安装的 5 类双绞线(UTP5，STP5)的认证标准。在 TSB—67《现场测试非屏蔽对绞(UTP)电缆布线系统传输性能技术规范》中定义了基本链路和信道两种认证测试模型；在 TIA/EIA 568B《商业建筑物通用布线标准》中弃用了基本链路模型，重新定义了永久链路模型；GB/T 50312—2016《综合布线系统工程验收规范》中明确要求：各等级的布线系统应按照永久链路和信道进行测试。

1. 永久链路模型

永久链路性能测试连接模型应包括水平电缆及相关连接器件，如图 6-18 所示。对绞电缆两端的连接器件也可为配线架模块。

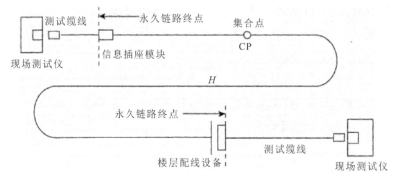

H—从信息插座至楼层配线设备(包括集合点)的水平电缆长度，H 不大于 90 m。

图 6-18　永久链路连接模型

2. 信道模型

信道性能测试连接模型应在永久链路连接模型的基础上包括工作区和电信间的设备电缆和跳线，如图 6-19 所示。图中，$B+C \leqslant 90$ m；$A+D+E \leqslant 10$ m。

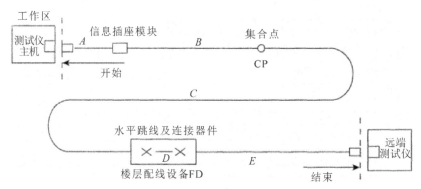

A—工作区终端设备电缆长度；B—CP缆线长度；C—水平缆线长度；D—配线设备连接跳线长度；E—配线设备

图 6-19　信道连接模型

6.2.2　认证测试

综合布线测试一般分为验证测试和认证测试两类。其中验证测试又叫随工测试,即边施工边测试,以便及时发现错误并纠正。认证测试又叫验收测试,是对布线系统的安装、电气特性、传输性能、选材及施工质量的全面检验。

下面使用 FLUKE DTX 电缆分析仪,选择 TIA/EIA 标准或选择 GB 50312 标准,测试 UTP CAT6 永久链路为例,介绍链路认证的测试过程。

1. 测试步骤

具体链路测试步骤如下:

(1) 连接被测链路。将测试仪主机和辅机连上被测链路,因为是永久链路测试,就必须用永久链路适配器连接,即选用永久链路模型,如图 6-20 所示。

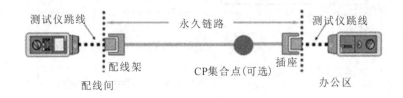

图 6-20　永久链路测试连接示意图

(2) 按电源键启动 FLUKE DTX。

(3) 选择对绞电缆、测试类型和标准。

① 将旋钮转至“SETUP”。

② 选择双绞线。

③ 选择缆线类型。

④ 选择“UTP”。

⑤ 选择“Cat6 UTP”。

⑥ 选择测试极限。

⑦ 选择“TIA Cat6 Perm. Link”。

(4) 按“TEST”键,启动自动测试。

(5) 在 DTX 系列测试仪中为测试结果命名。

(6) 保存测试结果。测试通过后,按“SAVE”键保存测试结果,结果可保存于内部存储器或存储卡中。

(7) 故障诊断。测试中出现“失败”时,要进行相应的故障诊断测试。按“错误信息”键(F1 键)直观显示故障信息并提示解决方法,排除故障后,重新进行自动测试,直至指标全部通过为止。

(8) 结果传送管理软件 Link Ware。当所有要测的信息点测试完成后,将存储卡上的结果传送到安装在计算机上的管理软件 Link Ware 进行管理分析。Link Ware 可将结果导出为 PDF 格式文件或 TXT 格式的文件。如图 6-21 所示为 PDF 格式的测试报告。

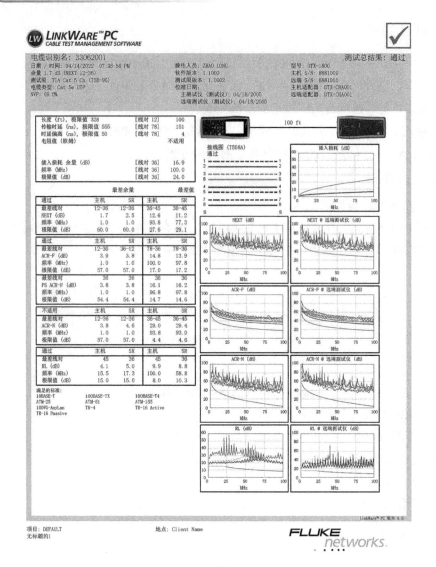

图 6-21　测试结果报告

（9）打印输出。

2. 故障诊断技术 HDTDX 和 HDTDR

HDTDX 是高精度时域串扰分析的英文缩写，是 FLUKE 公司的专利技术，用于解决与近端串扰（NEXT）有关的故障定位。其基本原理是在一对线上发信号，在另一对线上测量时域内的近端串扰幅度值。

HDTDR 是高精度时域反射分析的英文缩写，这是一种通用技术，用于解决与特性阻抗不匹配有关的故障定位。其具体的操作方法是通过在一对线上发信号，在同一对线上测量时域内的反射值，进而确定哪里发生特性阻抗不匹配的问题。

1）使用 HDTDX 诊断 NEXT（近端串扰）

（1）当缆线测试不通过时，先按"错误信息"键（F1 键），此时将直观显示故障信息并提示解决方法。

（2）深入评估 NEXT 的影响，按"EXIT"返回摘要屏幕。

（3）将 DTX 分析仪旋钮转至"SINGLE TEST"选择 HDTDX 分析仪进行诊断。如图 6-22 所示，3，6-4，5 线对间 NEXT 不合格，HDTDX 显示在 3 m 处连接器端接不良导致 NEXT 不合格。

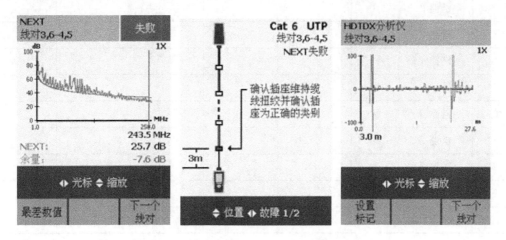

图 6-22　HDTDX 分析 NEXT 故障结果

2）使用 HDTDR 诊断 RL（回波损耗）

如图 6-23 所示，从图中发现 3，6 线对回波损耗不合格，有可能是缆线和设备不匹配所造成的失败。HDTDR 分析显示在 23.2 m 处特性阻抗有不连续现象，缆线应该是 3 类线。

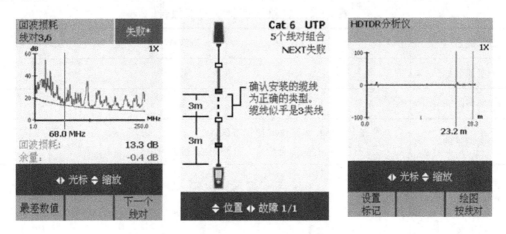

图 6-23　HDTDR 分析 RL 故障结果

除此之外，HDTDR 还可以进行其他方面的测试分析，比如连接器响应分析、缆线响应分析、缆线及连接器联合响应分析等。由于普通测试不涉及这一范畴，在这里就不做过多讨论了。

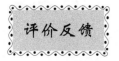

永久链路测试实训质量和评分要求如表 6-2 所示。

表 6-2　永久链路测试评分表

序号	链路名称	分值	测试结果	故障类型	故障简要分析	得分
1	链路 1	10				
2	链路 2	10				
3	链路 3	10				
4	链路 4	10				
5	链路 5	10				
6	链路 6	10				
7	链路 7	10				
8	链路 8	10				
9	链路 9	10				
10	链路 10	10				

实训报告

实训报告的具体格式见表 6-3，填不下可附页。

表 6-3　链路认证测试实训报告

课程名称		班级	
实训名称		学号	
实训时间		姓名	
实训目的	（1）掌握 FLUKE 测试仪的使用方法。 （2）会进行简单的故障分析，并排除布线链路故障		
实训设备及材料			
实训过程或步骤			
工程经验总结 及心得体会			

任务 6.3 测试参数分析

➡ **引言**

现场测试首先要确定测试时依据的国际标准或区域标准，这一点在 FLUKE 的设备上非常容易实现，只需要在测试之前选择一项标准即可，FLUKE 已经预先将常用的标准内置于其设备之中。为了确保现场测试的准确性和权威性，通常都要测试多项技术参数，只有这些技术参数都符合标准规定，才能给出相应的认证。常见的测试参数就有 10 多项，只有正确理解了这些参数的含义，才能对测试结果做出准确判断。

➡ **学习目标**

(1) 理解测试参数的含义。

(2) 对测试报告能做出正确分析。

➡ **任务书**

(1) 完成实验室内所有信息点链路的认证测试，简要叙述各个参数的含义。

(2) 根据测试报告，分析被测链路的性能并提出整改意见。

➡ **引导问题**

1. 认证测试最基本的参数是＿＿＿＿＿＿＿＿，如果该参数不通过，其他测试参数也就失去意义了。

2. TIA/EIA 568B 标准将参数"衰减"改名为＿＿＿＿＿＿＿。

3. 接线图故障主要有＿＿＿＿＿＿＿、短路、跨接和＿＿＿＿＿＿＿。

4. 长度测试的原理是＿＿＿。

5. 下列参数中＿＿＿＿＿＿是测试值越小越好的参数。

A. 衰减　　　　　 B. 近端串扰　　　　 C. 远端串扰　　　　 D. 衰减串扰比

6. 回波损耗测量反映的是电缆的＿＿＿＿＿＿参数。

A. 连通性　　　　 B. 抗干扰特性　　　 C. 物理长度　　　　 D. 阻抗一致性

7. 对绞电缆按照信道链路模型进行测试，理论长度最大不超过＿＿＿＿＿＿。

A. 90 m　　　　　 B. 94 m　　　　　　 C. 100 m　　　　　　 D. 105 m

8. 能体现布线系统信噪比的参数是＿＿＿＿＿＿。

A. 接线图　　　　 B. 近端串扰　　　　 C. 衰减　　　　　　　 D. 衰减串扰比

9. 不属于光纤链路测试的参数是＿＿＿＿＿＿。

A. 接线图　　　　 B. 近端串扰　　　　 C. 衰减　　　　　　　 D. 衰减串扰比

10. 同一线对的两端针位接反的故障属于＿＿＿＿＿＿故障。

A. 反接　　　　　 B. 跨接　　　　　　 C. 串对　　　　　　　 D. 错对

11. 下列有关近端串扰的描述中，不正确的是＿＿＿＿＿＿。

A. 近端串扰的 dB 值越高越好

B. 在测试近端串扰时，采用频率点步长法，步长越小，测试就越准确

C. 近端串扰表示在近端产生的串扰

D. 对于 4 对 UTP 电缆来说，近端串扰有 6 个测试值

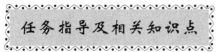

6.3.1　测试参数

综合布线双绞线链路测试中，常见的测试参数有如下 14 项，现场测试参数的具体参数种类和所需测试的参数与应用的测试标准有关。下面介绍几个比较重要的测试参数。

1. 接线图测试

接线图测试是为了测试所连通道或永久链路的双绞线其线序连接的正确性，图 6-24 所示为连接正确的接线图，从图中可以清楚地看出其两端线序的连接关系，这也是 FLUKE 设备能被广泛接受的原因。

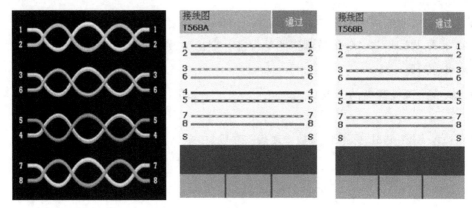

图 6-24　连接正确的接线图

接线图常见的错误类型：

（1）开路：双绞线中有个别线芯没有正确连接。图 6-25 显示第 8 芯断开，且断开处距一端 22.3 m，距另一端 10.5 m。

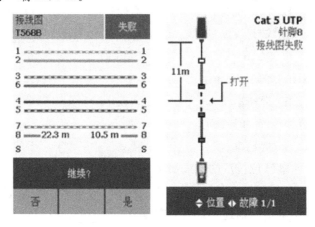

图 6-25　开路

（2）短路：个别线芯的铜芯直接接触，如图 6 - 26 中 3、6 芯短路所示。

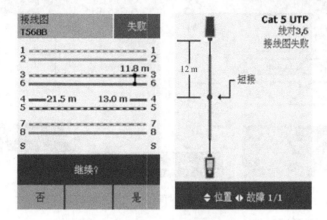

图 6 - 26　短路

（3）反接/交叉：同一线对的两端针位接反，如图 6 - 27 所示。

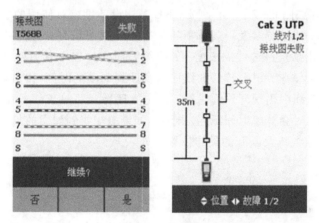

图 6 - 27　反接

（4）跨接/错对：不同线对的线序接错。如图 6 - 28 所示，1，3 和 2，6 两对线芯接错。

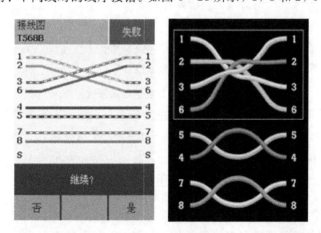

图 6 - 28　跨接

（5）串扰：不同线对的线芯发生交叉连接，从而形成不可识别的回路所引起的接线图错误，如图 6 - 29 所示。

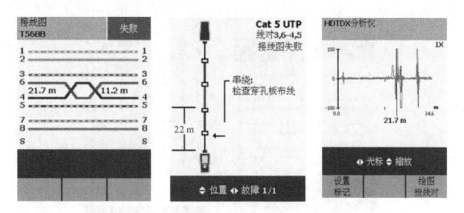

图 6-29　3,6 和 4,5 线对间串扰过大引起的接线图失败

2. 长度(Length)测试

长度测试用于精确测试被测线路的长度,其工作原理是基于时域反射技术(TDR)。时域反射 TDR 的原理如图 6-30 所示,FLUKE 测试设备是成对使用的,使用之前校准两端的时间和传输频率。从其源端发射扫描脉冲,如果该脉冲顺利到达另一端,则根据脉冲行走的时间可以计算出所经过缆线的长度。如果缆线制作过程中有短路现象,则脉冲会沿短路点经另一条线传回源端,根据传回的线序以及回到源端的时间可以确定短路的缆线及短路的具体位置;当缆线中出现开路问题时,首先要理解开路对于信号而言相当于完全反射的一堵墙,信号到达时会被弹射回源端。同样,如果源端收到弹回的信号,根据到达时间就可以确定具体的开路缆线及断开的具体位置。

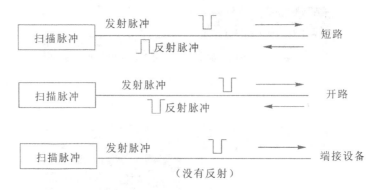

图 6-30　时域反射技术原理

进行长度测试时,需要在测试前校准并设定好一个特定的参数,即额定传输速度 NVP(Nominal Velocity of Propagation)。NVP 是指信号在电缆中传输的速度与光在真空中的速度的比值,其计算公式如下:

$$NVP = \frac{信号在电缆中的传输速度}{光在真空中的速度} \times 100\%$$

通常 NVP 的取值在 69% 左右。

注意:链路长度测试是被测双绞线的绕线的长度,并非物理距离。线对之间的长度可能有细微差别,其中允许的最大长度测量误差为 10%,长度的测试标准为通道不超过 100 m,永久链路不超过 90 m。

3. 传输时延(Propagation Delay)测试

传输时延在网络中的概念是一个站点从开始发送数据帧到数据帧发送完毕所需要的全部时间，即数据在传输介质中的传输时间，如图 6-31 所示。图中的传播延迟即指传输时延，是指同时出发的数据经过各双绞线到达对端的时间。

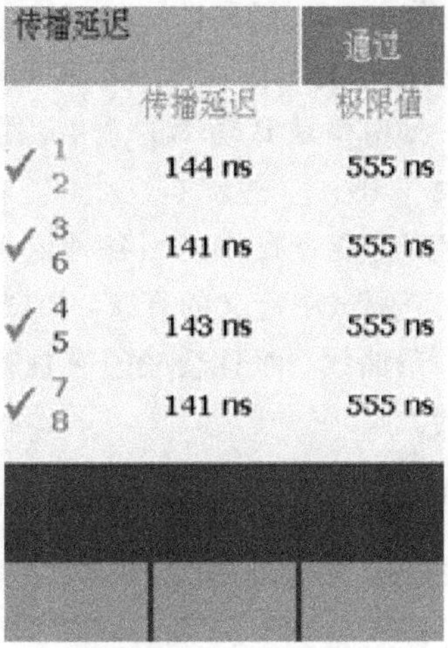

传播延迟		通过
	传播延迟	极限值
✓ 1 2	144 ns	555 ns
✓ 3 6	141 ns	555 ns
✓ 4 5	143 ns	555 ns
✓ 7 8	141 ns	555 ns

图 6-31　某线路传输时延测试结果

注意：传输时延测试结果能否通过，要看测试所选的标准及标准的规定值，小于极限值时为合格，越小越好，极限值要求不大于 555 ns。

4. 时延偏离(Delay Skew)测试

时延偏离(延迟偏离)是同一 UTP 电缆中传输速度最快的线对和传输速度最慢的线对的传输时延迟的差值，它以同一缆线中信号传输时延最小的线对的时延值作为参考，其余线对和参考线对都有时延差值。最大的时延差值即电缆的时延偏离。

时延偏离是从一端同时发出的信号经不同线对到达对端的时间差。存在一定的时差是可以的(或者说没有时差是可以的)，但时延偏离过大则不允许，一般标准的极限值是 50 ns，如图 6-32 所示。

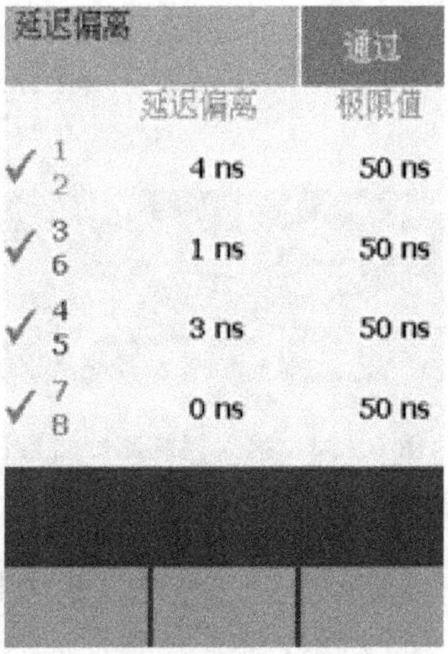

延迟偏离		通过
	延迟偏离	极限值
✓ 1 2	4 ns	50 ns
✓ 3 6	1 ns	50 ns
✓ 4 5	3 ns	50 ns
✓ 7 8	0 ns	50 ns

图 6-32　某线路时延偏离测试结果

如果线对间传输的时差过大接收端就会丢失数据，从而影响信号的完整性。

5．Insertion Loss 插入损耗/Attenuation 衰减

这是现场测试中最重要的参数之一。在测试后要进行一定的分析，因为衰减一般都是频率的函数，换句话说同样的线路或通道在传输不同频率的信号时其衰减的量不一样。该参数的衡量标准也比较特殊，用分贝（dB）标称。

dB 是功率增益的单位，表示一个相对值。当计算 A 的功率相比 B 大或小多少分贝时，可按公式 $10\lg A/B$ 计算。例如：A 功率是 B 功率的 2 倍，那么 $10\lg A/B = 10\lg 2 = 3$ dB。也就是说，A 的功率比 B 的功率大 3 dB。

在信息传输的过程中，会有部分能量在中途因各种原因损失，因此到达接收器时信号的幅度会比原来的小，这就是认证测试中定义的衰减，如图 6-33 所示。从图 6-34 中可以看出插入损耗测试值可表示为一条曲线，而且衰减值有规律地随着频率的升高而增大，这和传输介质的物理特性是相符的。

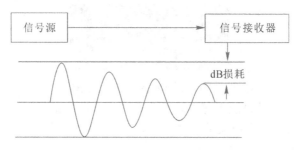

图 6-33　衰减示意图

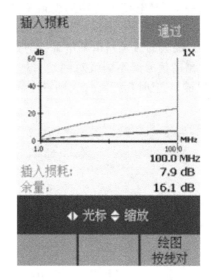

图 6-34　插入损耗测试结果

6．回波损耗（Return Loss）测试

回波损耗是衡量信道阻抗一致性的参数。如果信道所用缆线和相关连接件的阻抗不匹配，就会产生信号反射，如图 6-35 所示，被反射到发送端的一部分信号会形成干扰，导致信号失真，进而会降低布线系统的传输性能。回波损耗通常发生在接头和插座处。

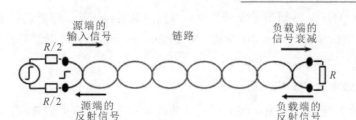

图 6-35 回波损耗的形成原理

回波损耗的计算公式为

$$回波损耗 = \frac{发射信号}{反射信号}$$

从公式也可看出,回波损耗越大,反射信号越小,表明通道采用的电缆和相关连接硬件阻抗一致性越好,传输信号就越完整,在通道上的噪声也越小,因此回波损耗越大越好。在回波损耗测试中有一个 3 dB 原则:当衰减小于 3 dB 时,可以忽略回波损耗。这一原则适用于 TIA 和 ISO 的标准。

7. 近端串扰(NEXT)

串扰是沿链路的信号耦合度量。当在对绞电缆的一对线上发送信号时,将会在另一对相邻的线上收到信号,这种现象叫作串扰或串音。

串扰分近端串扰(NEXT)和远端串扰(FEXT)两种。

近端串扰是指处于缆线一侧的某发送线对的信号对同侧的其他相邻线对所造成的信号耦合。近端串扰是在测量信号发送端出现的,它并不表示在近端产生的串扰,只表示近端测量值会随电缆长度变化,电缆越长,近端串扰值越小,实践证明在 40 m 外才能感受到串扰的影响。

近端串扰用近端串扰损耗值(单位为 dB)来度量。高的近端串扰值意味着只有很少的能量从发送线对耦合到同一电缆的其他线对中,也就是耦合时的信号损耗大。所以近端串扰损耗值越大,被测链路的信号传输性能越好。

测试 NEXT 值时,需要在每一对线间进行。所以对 4 对电缆来说,有 6 个测试值,即 A→B、A→C、A→D、B→C、B→D、C→D,如图 6-36 所示。

近端串扰是一个关键的性能指标,也是最难精确测量的一个指标。在测量近端串扰时,采用频率步长法,步长越小,测量越准确。近端串扰测试的最大频率步长见表 6-4。

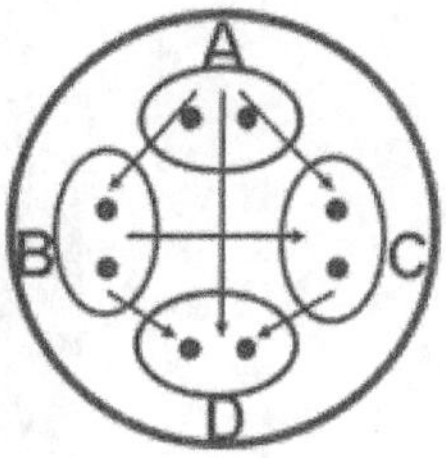

图 6-36 线对间的近端串扰测量

表 6-4 近端串扰测试的最大频率步长

频率段/MHz	最大频率步长/MHz
1~31.25	0.15
31.26~100	0.25
100~250	0.50

采用传统的测试方法,一定频率(如 1 MHz)的信号被送入一个线对,同时在其相邻线对上进行测量,然后增加频率(如增加到 1.15 MHz),重复刚才的测量。用这种方法使频率

一直增加到 100 MHz，分别测量 6 种组合，测完一对后再交换，需要进行 3500 多次。

在 NEXT 测试中有一个 4 dB 原则：当衰减小于 4 dB 时，可以忽略近端串扰。这一原则只适用于 ISO11801—2002 标准。

8. 综合近端串扰(PS NEXT)

综合近端串扰是一线对感应到的所有其他线对对其近端串扰的总和，即一线对感应到其他三线对的串扰影响，如图 6-37 所示。图 6-38 显示了综合近端串扰的测试结果，此结果和近端串扰的结果类似。

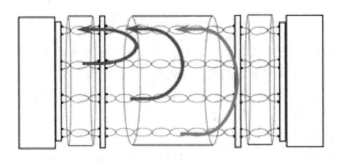

图 6-37　综合近端串扰产生过程

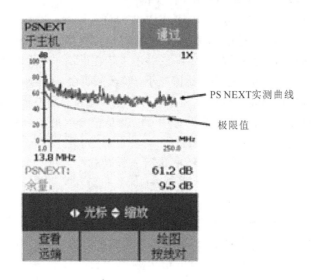

图 6-38　综合近端串扰测试结果

综合近端串扰只在 D、E、F 级布线系统中应用，信道每一线对的两端均应符合 PS NEXT 值的要求。

9. ACR 衰减串扰比

ACR 衰减与串扰的比率是在同一频率下信道的近端串扰损耗值与传输信号衰减(Attenuation)值的差值(单位为 dB)，可用于确定带宽，类似于信号噪声比。

其计算公式为

$$ACR(dB) = NEXT(dB) - Attenuation(dB)$$

从公式中也可以看出 ACR 的数值越大，被测链路的性能越好。

10. 远端串扰(FEXT)

远端串扰是在信号的接收端(远端)进行测量的。远端串扰 FEXT(dB)描述的是在各线对之间不希望出现的信号传输量,FEXT 被表征为在一个线对上所施加的信号和相邻线对远端接收信号之间的比率。FEXT 的串扰信号是在链路远端测量的,这就是其被称为"远端串扰"的原因。FEXT 的度量是通过在链路的一端加载测试信号而在另一端测量其响应的过程,串扰信号应该尽可能小并且衰减(损耗)也应该尽可能小。

11. 等效远端串扰(ELFEXT)

等效远端串扰(ELFEXT)损耗可以简单地认为是 FEXT 损耗和衰减损耗的差值,因而也是一种衰减串扰比(ACR),或者说是信噪比的一种。ELFEXT 损耗是当两个或多个线对在同一方向传输时的标准。1000Base-T 在所有四个线对上都携带两个方向的信号,因此对于一般线路而言,ELFEXT 损耗是和传输参数一样重要的参数。其计算公式为

$$ELFEXT(dB) = FEXT(dB) - Attenuation(dB)$$

12. 综合等效远端串扰(PSELFEXT)

综合等效远端串扰是一线对感应到其他线对的 ELFEXT 的总和。综合等效远端串扰是一个计算值,通常适用于 2 对或 2 对以上的线对同时在同一方向上传输数据(如 1000Base-T)。它是影响高性能网络传输的重要因素。如图 6-39 所示为 PSELFEXT 测试的结果。

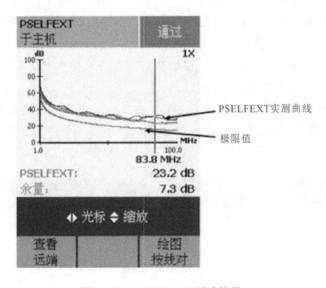

图 6-39 PSELFEXT 测试结果

6.3.2 测试结果分析

现场测试或者说认证测试完成仅仅是整个测试工作流程的一部分,另一个重要的工作是分析测试结果并给出测试报告。由 FLUKE 认证工程师完成的测试可以加盖 FLUKE 印章,这在业内具有权威性。因此作为一个 FLUKE 认证工程师,学会分析测试结果是相当重要和必需的。一个系统经过测试后有 4 种状态:PASS、PASS *、FAIL 和 FAIL *。

1. 测试报告中有关 PASS/FAIL 的规定

（1）PASS 和 PASS* 都是标准认可的测试通过。

（2）FAIL 和 FAIL* 都是测试失败，需要整改并重新测试。

（3）测试结果与评估结果的对应关系如表 6-5 所示。

表 6-5　测试结果与评估结果的对应关系

测试结果	评估结果
所有测试都 PASS	PASS
一项或多项 PASS*，所有其他测试都通过	PASS
一项或多项 FAIL*，所有其他测试都通过	FAIL
一项或多项测试是 FAIL	FAIL

2. 最差余量与最差值

余量是实际测试值与极限值的差值；最差余量是在测试通过时全频率量程范围内实际测试值与极限值最接近点处的差值（如果测试未通过，就是差值的绝对值最大值）；最差值是全频率量程范围内测量到的最差值。

以下给出几个实际测试的案例，请仔细阅读图中的数据，体会各数据的含义并给出分析结果，注意哪个地方的数据最不好。与极限值最接近的值就称为最差余量，关注最差余量就是关注系统中的瓶颈，找出其原因可以在后期提升系统性能时起到至关重要的作用。这也是关注最差余量和最差值的意义所在。

（1）测试通过时最差余量与最差值。图 6-40 所示为测试通过时的一种情况，从图中可以看出竖线标注处（两图分别为 58 MHz 和 100 MHz）所测的数据非常接近极限值。

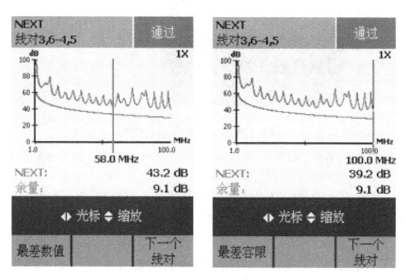

图 6-40　测试通过时的情况之一

（2）测试失败时的最差余量和最差值。图 6-41 所示为测试失败时的一种情况，从图中可以看出竖线标注处（两图分别为 131 MHz 和 220 MHz）所测的数据均已超过了极限值的限定。

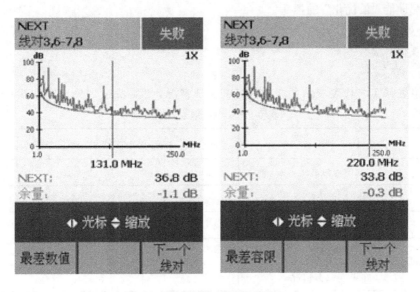

图 6-41　测试失败时的情况之一

3. 测试仪器的精度

测试结果中出现 ＊，表示该结果处于测试仪器的精度范围内，测试仪无法准确判断。测试仪的精度范围也被称作是"灰区"，精度越高，"灰区"越小，测试结果越可信。提高测试仪器的精度可有效减小"灰区"。

如图 6-42 所示为测试出现"灰区"时的情形，0.6 dB 和 -0.4 dB 分别小于测试仪在各自频点处的精度范围。

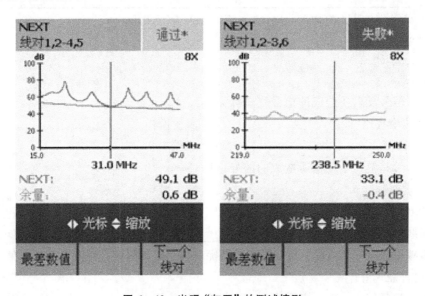

图 6-42　出现"灰区"的测试情形

精度高的测试仪给出的测试通过结果不但会减少返工的次数，而且可以确保测试结果的稳定性，确保安装或维护后的元件满足标准要求的性能。所以，测试时应该尽量采用精度更高的测试仪。影响测试结果精度的因素主要有：测试仪的精确性、高精度永久链路适配器和匹配性能"最优化"的插头。

评价反馈

各小组委派 1 名代表展示并介绍任务的完成情况，然后完成评价反馈表 6-6。

表 6-6　评　价　反　馈　表

序号	评 价 项 目	自我评价	小组评价	教师评价	综合评价
1	学习准备				
2	引导问题填写				
3	考勤情况				
4	听课情况				
5	知识点掌握情况				
6	任务书完成质量				
7	参与讨论的主动性				
8	回答问题的准确度				
9	任务创新扩展情况				
10	材料(作业)上交情况				
	总　评				

注：评价档次统一采用 A(优秀)、B(良好)、C(合格)、D(努力)。

思考与练习

1. 由于信号反射所造成的信号衰减称为(　　　)。

A. 衰减串扰比　　　　　　　　　　B. 回波损耗

C. 插入损耗　　　　　　　　　　　D. 近端串扰

2. (　　　)是链路中传输所造成的信号损耗。

A. 传输时延　　　　　　　　　　　B. 插入损耗

C. 串扰　　　　　　　　　　　　　D. 回波损耗

3. 缆线传输的近端串扰损耗(NEXT)_____，则串扰越低，链路性能越好。

4. 衰减串扰比(ACR)表示信号强度与串扰产生的噪声强度的相对大小，其值_____，缆线传输性能就越好。

5. 回波损耗越大，反射信号越小，说明回波损耗值_____，缆线传输性能就越好。

任务 6.4 综合布线工程验收

➡ **引言**

综合布线系统运行半个月后，若系统运行良好，没有出现任何问题，则可以向上级主管部门申请工程的竣工验收。竣工验收是由监理单位和建设单位分别确认竣工验收具备的条件，然后由建设单位组织监理、设计、运行等单位进行竣工验收。竣工验收后，由验收组确定结论，并给出竣工验收报告。

➡ **学习目标**

（1）了解综合布线工程的验收标准。

（2）掌握综合布线工程的验收内容。

（3）了解常用的综合布线技术竣工文档。

➡ **任务书**

（1）设计工程项目竣工验收申请单和验收报告单。

（2）以表格形式编制综合布线系统工程验收项目及内容。

➡ **引导问题**

1. 中国现行综合布线工程验收标准是《综合布线系统工程验收规范》，该标准代号为_____。

2. 工程技术文件、承包合同文件要求采用国际标准时，应按要求采用适用的国际标准验收，但不能低于_____的规定。

3. 综合布线工程验收内容主要包括：环境检查、器材及测试仪表工具检查、设备安装检验、缆线的敷设和保护方式验收、_____、工程电气测试验收、管理系统验收及竣工总验收 8 个方面。

4. 环境检查主要是对工作区、电信间、_____、进线间及入口设施的检查验收。

5. 设备安装验收主要包括：机柜、机架安装验收、信息插座模块安装验收、_____各类配线部件的安装验收等。

6. 缆线敷设验收应包括（　　）。

A. 缆线的型式、规格　　　　　　　B. 缆线的布放

C. 缆线的标记　　　　　　　　　　D. 缆线的预留

E. 缆线的弯曲半径　　　　　　　　F. 不同类型缆线的间距

7. 缆线敷设保护验收应包括（　　）。

A. 缆线的金属线槽保护　　　　　　B. 预埋暗管保护

C. 桥架内缆线敷设保护　　　　　　D. 架空活动地板缆线敷设保护

8. 缆线终接验收主要包括对绞电缆和光缆的终接验收，对于各类跳线终接规定：各类

跳线缆线和连接器件间接触应良好，接线无误，标志齐全。跳线选用类型应符合＿＿＿＿＿＿＿要求。

9. 缆线应有余量以适应终端端接、检测和变更。对绞电缆应预留长度：在工作区宜为3～6 cm，电信间宜为0.5～2 m，设备间宜为＿＿＿＿＿＿m；光缆布放路由宜盘留，预留长度宜为3～5 m，有特殊要求的应按设计要求预留长度。

10. 按照综合布线行业国际惯例，大中型综合布线系统工程的验收主要由中立的有资质的第三方认证服务提供商来提供测试验收服务。就我国目前情况而言，主要有3种验收组织形式：施工单位自己组织验收、施工监理机构组织验收和＿＿＿＿＿＿＿＿。

任务指导及相关知识点

6.4.1　综合布线工程验收标准

GB/T 50312—2016《综合布线系统工程验收规范》是现行国家标准，本规范为综合布线工程的质量检测和验收提供判断是否合格的标准，并提出切实可行的验收要求，从而起到确保综合布线系统工程质量的作用。本规范应与现行国家标准GB 50311—2016《综合布线系统工程设计规范》配套使用。

由于综合布线工程是一项系统工程，不同的项目会涉及电气、通信、机房、防雷、防火等问题，因此，综合布线工程验收还需符合国家现行的有关技术标准规定，如GB 50339《智能建筑工程质量验收规范》、GB 50374《通信管道工程施工及验收技术规范》等。

工程技术文件、承包合同文件要求采用国标标准时，应按要求采用适用的国际标准验收，但不应低于国家标准的规定。以下国标/国外标准可供参考：

ISO/IEC 11801　《用户建筑综合布线》
TIA/EIA 568　《商业建筑电信布线标准》
TIA/EIA 607　《商业建筑通信接地要求》
EN 50173　《信息系统通用布线标准》

6.4.2　验收组织

按照综合布线行业国际惯例，大中型综合布线系统工程的验收主要由中立的有资质的第三方认证服务提供商来提供测试验收服务。就我国目前的情况而言，综合布线系统工程的验收小组应包括工程双方单位的行政负责人、相关项目主管、主要工程项目监理人员、建筑设计施工单位的相关技术人员以及第三方验收机构或相关技术人员组成的专家组。验收组织形式主要有3种：

（1）施工单位自己组织验收。
（2）施工监理机构组织验收。

（3）第三方测试机构组织验收（分两种）：质量监察部门提供验收服务；第三方测试认证服务提供商提供验收服务。

6.4.3　验收程序

竣工验收是在施工单位提出工程项目竣工申请报告后，由监理单位和建设单位分别确认竣工验收具备的条件，然后由建设单位组织监理、设计、施工等单位进行竣工验收。竣工验收后，由验收组确定结论，并及时给出竣工验收报告。下面给出一份《工程项目竣工验收申请报告》的样表，见表 6-7。

表 6-7　工程项目竣工验收申请报告

工程名称		时　间	
竣工验收具备的条件： 			
施工单位意见： 签字： 盖章： 　　　　年　月　日	监理单位意见： 签字： 盖章： 　　　　年　月　日	建设单位意见： 签字： 盖章： 　　　　年　月　日	

备注：本表一式 4 份，使用单位、建设单位、监理单位、施工单位各一份。

竣工验收应按以下程序组织实施：

（1）施工单位的"自检"工作完成。

（2）施工单位整理完备工程所有竣工验收所要求的工程资料。

（3）由施工单位提前 7 天提出书面的工程项目竣工验收申请报告，并签证齐全。

（4）由监理单位确认竣工验收是否具备条件，并办理完所有应有监理工程师的签证。

（5）由建设单位确认竣工验收具备的条件，并办理完所有应有建设单位的签证。

（6）由建设单位成立竣工验收组，组织监理、设计、施工等单位进行竣工验收。

验收组应先组织召开竣工验收预备会，分为若干现场检查小组和资料核查小组，组织召开竣工验收总结会，提出竣工验收整改清单，并确定竣工验收的结论，出具竣工验收报告。参与竣工验收的各方负责人应在竣工验收报告上签字并盖单位公章。下面给出一份《工程项目竣工验收报告》样表，见表 6-8。

表 6-8 工程项目竣工验收报告单

验收组织部门		验收参与部门	
项目名称		合同编号	
项目负责人		合同价	( )万元
项目类别	□货物类 □服务类 □工程类	验收期限	□未超期 □超期( )天
验 收 报 告			
验收结论	□通过 □整改后通过 □不通过 组长(签名): 日期: 验收小组其他成员签名:		□已整改 □未整改 复核人(签名): 日期:

6.4.4 验收内容

按照 GB/T 50312—2016《综合布线系统工程验收规范》的要求,综合布线工程验收的内容主要包括环境检查、器材及测试仪表工具检查、设备安装检验、缆线的敷设和保护方式检验、缆线终接检验、工程电气测试验收、管理系统验收以及竣工总验收 8 个方面。

1. 环境检查

(1) 工作区、电信间、设备间等建筑环境检查应符合下列规定:

① 工作区、电信间、设备间及用户单元区域的土建工程应已全部竣工。房屋地面应平整、光洁,门的高度和宽度应符合设计文件要求。

② 房屋预埋槽盒、暗管、孔洞和竖井的位置、数量、尺寸均应符合设计文件要求。

③ 铺设活动地板的场所,活动地板防静电措施及接地应符合设计文件要求。

④ 暗装或明装在墙体或柱子上的信息插座盒底距地高度宜为 300 mm。

⑤ 安装在工作台侧隔板面及邻近墙面上的信息插座盒底距地面宜为 1000 mm。

⑥ CP 集合点箱体、多用户信息插座箱体宜安装在导管的引入侧及便于维护的柱子及承重墙上等处,箱体底边距地高度宜为 500 mm;当在墙体、柱子上部或吊顶内安装时,距地高度不宜小于 1800 mm。

⑦ 每个工作区宜配置不少于 2 个带保护接地的单相交流 220V/10A 电源插座盒。电源插座宜嵌墙暗装,高度应与信息插座一致。

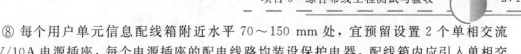

⑧ 每个用户单元信息配线箱附近水平 70～150 mm 处，宜预留设置 2 个单相交流 220V/10A 电源插座，每个电源插座的配电线路均装设保护电器，配线箱内应引入单相交流 220V 电源。电源插座宜嵌墙暗装，底部距地高度宜与信息配线箱一致。

⑨ 电信间、设备间和进线间应设置不少于 2 个单相交流 220V/10A 电源插座盒，每个电源插座的配电线路均装设保护器。设备供电电源应另行配置。电源插座宜嵌墙暗装，底部距地高度宜为 300 mm。

⑩ 电信间、设备间、进线间和弱电竖井应提供可靠的接地等电位联结端子板，接地电阻值及接地导线规格应符合设计要求。

⑪ 电信间、设备间、进线间的位置、面积、高度、通风、防火及环境温、湿度等因素应符合设计要求。

（2）建筑物进线间及入口设施的检查应符合下列规定：

① 引入管道的数量、组合排列以及与其他设施如电气、水、燃气、下水道等的位置及间距应符合设计文件要求。

② 引入缆线采用的敷设方法应符合设计文件要求。

③ 管线入口部位的处理应符合设计要求，并应采取排水及防止有害气体、水、虫等进入的措施。

（3）机柜、配线箱、管槽等设施的安装方式应符合抗震设计要求。

2. 器材及测试仪表工具检查

（1）器材检验应符合下列规定：

① 工程所用缆线和器材的品牌、型号、规格、数量以及质量应在施工前进行检查，应符合设计文件要求，并应具备相应的质量文件或证书，无出厂检验证明材料、质量文件或与设计不符者不得在工程中使用。

② 进口设备和材料应具有产地证明和商检证明。

③ 经检验的器材应做好记录，对不合格的器材应单独存放，以备核查与处理。

④ 工程中使用的缆线、器材应与订货合同或封存的产品样品在规格、型号、等级上相符。

⑤ 备品、备件及各类文件资料应齐全。

（2）测试仪表和工具的检验应符合下列规定：

① 应事先对工程中需要使用的仪表和工具进行测试或检查，缆线测试仪表应附有检测机构的证明文件。

② 测试仪表应能测试相应布线等级的各种电气性能及传输特性，其精度应符合相应要求。测试仪表的精度应按相应的鉴定规程和校准方法进行定期检查和校准，经过计量部门校验取得合格证后，方可在有效期内使用。

③ 施工前应对剥线器、光缆切割器、光纤熔接机、光纤磨光机、光纤显微镜、卡接工具等电缆或光缆的施工工具进行检查，合格后方可在工程中使用。

3. 设备安装检验

（1）机柜、配线箱等设备的规格、容量、位置应符合设计文件要求，安装应符合下列规定：

① 垂直偏差度不应大于 3 mm。

② 机柜上的各种零件不得脱落或碰坏，漆面不应有脱落及划痕，各种标志应完整、清晰。

③ 公共场所安装配线箱时，壁嵌式箱体底边距地不宜小于 1.5 m，墙挂式箱体底面距地不宜小于 1.8 m。

④ 门锁的启闭应灵活、可靠。

⑤ 机柜、配线箱及桥架等设备的安装应牢固，当有抗震要求时，应按抗震设计进行加固。

（2）各类配线部件的安装应符合下列规定：

① 各部件应完整，安装就位，标志齐全、清晰。

② 安装螺丝应拧紧，面板应保持在一个平面上。

（3）信息插座模块安装应符合下列规定：

① 信息插座底盒、多用户信息插座及集合点配线箱、用户单元信息配线箱的安装位置和高度应符合设计文件要求。

② 信息插座模块安装在活动地板内或地面上时，应固定在接线盒内，插座面板采用直立或水平等形式；接线盒盖可开启，并应具有防水、防尘、抗压功能，接线盒盖面应与地面齐平。

③ 信息插座底盒同时安装信息插座模块和电源插座时，间距及采取的防护措施应符合设计文件要求。

④ 信息插座底盒明装的固定方法应根据施工现场条件而定。

⑤ 固定信息插座底盒的螺丝应拧紧，不应产生松动现象。

⑥ 各种插座面板应有标识，以颜色、图形、文字表示所接终端设备的业务类型。

⑦ 工作区内终接光缆的光纤连接器件及适配器安装底盒应具有空间，并应符合设计文件要求。

（4）缆线桥架的安装应符合下列规定：

① 缆线桥架的安装位置应符合施工图要求，左右偏差不应超过 50 mm。

② 缆线桥架的安装水平度每米偏差不应超过 2 mm。

③ 缆线桥架的垂直安装应与地面保持垂直，垂直度偏差不应超过 3 mm。

④ 桥架截断处及拼接处应平滑、无毛刺。

⑤ 吊架和支架安装应保持垂直，整齐牢固，无歪斜现象。

⑥ 金属桥架及金属导管的各段之间应保持连接良好，安装牢固。

⑦ 采用垂直槽盒布放缆线时，支撑点宜避开地面沟槽和槽盒位置，支撑应牢固。

（5）安装机柜、配线箱、配线设备屏蔽层及金属导管、桥架使用的接地体应符合设计文件要求，就近接地，并应保持良好的电气连接。

4. 缆线的敷设和保护方式检验

1）缆线的敷设

缆线的敷设应满足下列要求：

（1）缆线的形式、规格应与设计规定相符。

（2）缆线在各种环境中的敷设方式、布放间距均应符合设计要求。

（3）缆线的布放应自然平直，不得产生扭绞、打圈、接头等现象，不应受到外力的挤压和损伤。

（4）缆线两端应贴有标签，标明编号，标签书写清晰、端正和正确。标签应选用不易损坏的材料。

（5）缆线应有余量以适应终接、检测和变更，有特殊要求的应按设计要求预留长度，并应符合下列规定：

对绞电缆在终接处，预留长度在工作区信息插座底盒内宜为 30～60 mm，电信间宜为 0.5～2 m，设备间宜为 3～5 m。

光缆布放路由宜盘留，预留长度宜为 3～5 m，光缆在配线柜预留长度应为 3～5 m，楼层配线箱处光纤预留长度应为 1～1.5 m，配线箱终接时预留长度不应小于 0.5 m。

（6）缆线的弯曲半径应符合设计规定。

（7）缆线间的最小净距应符合设计要求。

（8）屏蔽电缆的屏蔽层端到端应保持完好的导通性。

（9）预埋线槽和暗管敷设缆线应符合设计规定。

（10）设置缆线桥架和线槽敷设缆线应符合设计规定。

（11）采用吊顶支撑柱作为线槽在顶棚内敷设缆线时，每根支撑柱所辖范围内的缆线应分束绑扎，缆线应阻燃，其选用应符合设计要求。

（12）建筑群子系统采用架空、管道、直埋、墙壁及暗管敷设电、光缆的施工技术要求应按本地网通信线路工程验收的相关规定执行。

2）缆线的保护措施

干线子系统的缆线不得布放在电梯或供水、供气、供暖管道竖井中，也不应布放在强电竖井中。

配线子系统的缆线敷设保护应符合下列要求：

（1）预埋金属线槽保护要求：

在建筑物中预埋线槽，宜按单层设置，每一路由预埋线槽不应超过 3 根，线槽截面高度不宜超过 25 mm，总宽度不宜超过 300 mm。

线槽直埋长度超过 30 m 或在线槽路由交叉、转弯时，宜设置过线盒，以便于布放缆线和维修。过线盒盖应能开启，并与地面齐平，盒盖应具有防水功能。

（2）预埋暗管保护要求：

预埋在墙体中间的暗管的最大管径不宜超过 50 mm，楼板中暗管的最大管径不宜超过 25 mm。

直线布管每 30 m 处应设置过线盒装置。暗管的转弯角度应大于 90°，在路径上每根暗管不得多于 2 个转弯，并不应有 S 弯出现，有弯头的管段长度超过 20 m 时，应设置管线过线盒装置；若有 2 个弯时，不超过 15 m 就应设置过线盒。

暗管转弯的曲率半径不应小于该管外径的 6 倍，如暗管外径大于 50 mm 时，暗管转弯的曲率半径不应小于暗管外径的 10 倍。暗管管口应光滑，并加有护口保护，管口伸出部位宜为 25～50 mm。

（3）网络地板缆线敷设保护要求：

线槽之间应沟通；线槽盖板应可开启，并采用金属材料；主线槽的宽度由网络地板盖板的宽度而定，一般宜在 200 mm 左右，支线槽宽度不宜小于 70 mm。

在活动地板下敷设缆线时，地板内净空应为 150～300 mm。地板块应抗压、抗冲击和阻燃。

（4）设置缆线桥架和缆线线槽保护要求：

桥架、托盘水平敷设时，支撑间距为 1.5～3 m，垂直敷设时固定在建筑物构体上的间距小于 2 m，距地 1.8 m 以下部分应加金属盖板保护。

金属线槽敷设时，在下列情况下需设置支架或吊架：线槽接头处、每间隔 3 m 处、离开线槽两端出口 0.5 m 处以及转弯处。金属线槽、缆线桥架穿过墙体或楼板时，应有防火措施，接地应符合设计要求。

塑料线槽槽底固定点间距宜为 1 m。

当综合布线缆线与大楼弱电系统缆线采用同一槽盒或托盘敷设时，各子系统之间应采用金属板隔开，间距应符合设计文件要求。

5. 缆线终接验收

（1）缆线终接要求：

① 缆线在终接前，应核对缆线标识内容是否正确。

② 缆线终接处应牢固、接触良好。

③ 对绞电缆与连接器件连接应认准线号、线位色标，不得颠倒和错接。

（2）对绞电缆终接要求：

① 终接时，每对对绞线应保持扭绞状态，扭绞松开的长度对于 3 类电缆不应大于 75 mm；对于 5 类电缆松开的长度不应大于 13 mm；对于 6 类及以上类别的电缆松开的长度不应大于 6.4 mm。

② 对绞线与 8 位模块式通用插座相连时，应按色标和线对顺序进行卡接。在同一布线工程中 T568A 和 T568B 两种连接方式不应混合使用。

③ 4 对对绞电缆与非 RJ45 模块终接时，应按线序号和组成的线对进行卡接。

④ 屏蔽对绞电缆的屏蔽层与连接器件终接处屏蔽罩应通过紧固器件可靠接触，缆线屏蔽层应与连接器件屏蔽罩 360°圆周接触，接触长度不宜小于 10 mm。

⑤ 对不同的屏蔽电缆，屏蔽层应采用不同的端接方法，并应使编织层或金属箔与汇流导线进行有效的端接。

⑥ 信息插座底盒不宜兼做过线盒使用。

（3）光纤终接与接续应符合下列规定：

① 光纤与连接器件连接可采用尾纤熔接、现场研磨和机械连接方式。

② 光纤与光纤接续可采用熔接和冷接子(机械)连接方式。

③ 光纤熔接处应加以保护和固定。

（4）各类跳线的长度应符合设计要求；各类跳线和连接器件间应接触良好，接线无误，标志齐全；跳线选用类型应符合系统设计要求。

6. 工程电气测试验收

综合布线工程电气测试包括电缆系统电气性能测试和光纤系统性能测试。电缆系统电气性能测试项目应根据布线信道或链路的设计等级和布线系统的类别要求制定。各项测试结果应有详细记录作为竣工资料的一部分。

测试仪表应具有测试结果的保存功能并提供输出端口，可以将所有存储的测试数据输出到计算机和打印机，测试数据不得被修改，并要进行维护和文档管理。测试仪表应能提供所有的测试项目、概要和详细的报告，并且提供汉化的通用人机界面。

7. 管理系统验收

（1）布线管理系统宜按下列规定进行分级：

① 一级管理应针对单一电信间或设备间的系统。

② 二级管理应针对同一建筑物内多个电信间或设备间的系统。

③ 三级管理应针对同一建筑群内多栋建筑物的系统，并应包括建筑物的内部及外部系统。

④ 四级管理应针对多个建筑群的系统。

（2）综合布线管理系统宜符合下列规定：

① 管理系统级别的选择应符合设计要求。

② 需要管理的每个组成部分均应设置标签，并由唯一的标识符进行表示，标识符与标签的设置应符合设计要求。

③ 管理系统的记录文档应详细完整且汉化，并应包括每个标识符的相关信息、记录、报告、图纸等内容。

④ 不同级别的管理系统可采用通用电子表格、专用管理软件或智能配线系统进行维护管理。

（3）综合布线管理系统的标识符与标签的设置应符合下列规定：

① 标识符应包括安装场地、缆线终端位置、缆线管道、水平缆线、主干缆线、连接器件、接地等类型的专用标识，系统中每一组件应指定一个唯一标识符。

② 电信间、设备间、进线间所设置的配线设备及信息点处均应设置标签。

③ 每根缆线应指定专用标识符，标在缆线的护套上或在距离每一端护套 300 mm 内设置标签，缆线的成端点应设置标签标记指定的专用标识符。

④ 接地体和接地导线应指定专用标识符，标签应设置在靠近导线和接地体连接处的明显部位。

⑤ 根据设置的部位不同，可使用粘贴型、插入型或其他类型标签。标签表示的内容应清晰，材质应符合工程应用环境要求，具有耐磨、抗恶劣环境、附着力强等性能。

⑥ 成端色标应符合缆线的布放要求，缆线两端成端点的色标颜色应一致。

（4）综合布线系统各个组成部分的管理信息记录和报告应符合下列规定：

① 管理信息记录应包括管道、缆线、连接器件及连接位置、接地等内容，各部分记录中应包括相应的标识符、类型、状态、位置等信息。

② 管理信息报告应包括管道、安装场地、缆线、接地系统等内容，各部分报告中应包括相应的记录。

（5）综合布线系统工程当采用布线工程管理软件和电子配线设备组成的智能配线系统进行管理和维护工作时，应按专项系统工程进行验收。

8. 竣工总验收

综合布线工程竣工总验收的项目包括竣工技术文件和工程验收评价，即清点交接技术文件、考核工程质量和确认验收结果。

综合布线系统工程验收项目汇总表如表 6-9 所示。

表 6-9　综合布线系统工程验收项目汇总

阶段	验收项目	验 收 内 容	验收方式
施工前检查	1. 施工前准备资料	(1) 已批准的施工图； (2) 施工组织计划； (3) 施工技术措施	施工前检查
	2. 环境要求	(1) 土建施工情况：地面、墙面、门、电源插座及接地装置； (2) 土建工艺：机房面积、预留孔洞； (3) 施工电源； (4) 地板铺设	施工前检查
	3. 设备材料检验	(1) 外观检查； (2) 形式、规格、数量； (3) 电缆电气性能测试； (4) 光纤特性测试	施工前检查
	4. 安全、防火要求	(1) 消防器材； (2) 危险物的堆放； (3) 预留孔洞防火措施	施工前检查
设备安装	1. 电信间、设备间、设备机柜及机架	(1) 规格、外观； (2) 安装垂直、水平度； (3) 油漆不得脱落，标志完整齐全； (4) 各种螺丝必须紧固； (5) 接地措施	随工检验
	2. 配线部件及 8 位模块式通用插座	(1) 规格、位置、质量； (2) 各种螺丝必须拧紧； (3) 标志齐全； (4) 安装符合工艺要求； (5) 屏蔽层可靠连接	随工检验
缆线布放（楼内）	1. 电缆桥架及线槽布放	(1) 安装位置正确； (2) 安装符合工艺要求； (3) 符合布放缆线工艺要求； (4) 接地措施	随工检验
	2. 缆线暗敷（包括暗管、线槽、地板等方式）	(1) 缆线规格、路由、位置； (2) 符合布放缆线工艺要求； (3) 接地措施	随工检验，隐蔽工程签证
缆线布放（楼间）	1. 架空缆线	(1) 吊线规格、架设位置、装设规格； (2) 吊线垂度； (3) 缆线规格； (4) 卡、挂间隔； (5) 缆线的引入符合工艺要求	随工检验
	2. 管道缆线	(1) 使用管孔孔位； (2) 缆线规范； (3) 缆线走向； (4) 缆线防护设施的设置质量	随工检验，隐蔽工程签证

阶 段	验收项目	验 收 内 容	验收方式
缆线布放（楼间）	3. 埋式缆线	(1) 缆线规格； (2) 敷设位置、深度； (3) 缆线防护设施的设置质量； (4) 回土夯实质量	随工检验，隐蔽工程签证
	4. 通道缆线	(1) 缆线规格； (2) 安装位置、路由； (3) 土建设计符合工艺要求	随工检验，隐蔽工程签证
	5. 其他	(1) 通信线路与其他设施的间距； (2) 进线室安装、施工质量	随工检验，隐蔽工程签证
缆线终接	1. RJ45、非 RJ45 通用插座	符合工艺要求	随工检验
	2. 配线模块		
	3. 光纤连接器件	符合工艺要求	随工检验
	4. 各类跳线		
系统测试	1. 工程电气性能测试	(1) 接线图； (2) 长度； (3) 衰减； (4) 近端串扰(两端都应测试)； (5) 设计中特殊规定的测试内容	竣工检验
	2. 光纤特性测试	(1) 衰减； (2) 长度	
管理系统	1. 管理系统级别	符合设计要求	竣工检验
	2. 标识符与标签设置	(1) 专用标识符类型及组成； (2) 标签设置； (3) 标签材质及色标	
	3. 记录和报告	(1) 记录信息； (2) 报告； (3) 工程图纸	
竣工总验收	1. 竣工技术文件	清点、交接技术文件	竣工检验
	2. 工程验收评价	考核工程质量、确认验收结果	

评价反馈

各小组委派 1 名代表展示并介绍任务的完成情况，然后完成评价反馈表 6-10。

表 6 - 10　评 价 反 馈 表

序号	评 价 项 目	自我评价	小组评价	教师评价	综合评价
1	学习准备				
2	引导问题填写				
3	考勤情况				
4	听课情况				
5	知识点掌握情况				
6	任务书完成质量				
7	参与讨论的主动性				
8	回答问题的准确度				
9	任务创新扩展情况				
10	材料(作业)上交情况				
	总　评				

注：评价档次统一采用 A(优秀)、B(良好)、C(合格)、D(努力)。

思考与练习

1. ( )是我国现行的综合布线系统工程验收国家标准，适用于新建、扩建、改建的建筑与建筑群综合布线工程的验收。

A. TSB - 67
B. GB/T 50312—2016
C. GB 50311—2016
D. TIA/EIA 568B

2. 综合布线系统工程的验收内容中，验收项目( )不属于隐蔽工程的验收。

A. 管道缆线
B. 架空缆线
C. 地埋缆线
D. 隧道缆线

3. 综合布线工程验收的内容包括( )。

A. 环境检查
B. 设备安装验收
C. 缆线敷设和保护方式验收
D. 缆线终接验收

4. 综合布线系统工程的验收内容中验收项目( )是环境要求的验收内容。

A. 电缆电气性能测试
B. 隐蔽工程签证
C. 外观检查
D. 地板铺设

5. 综合布线系统工程的竣工技术资料应包括( )。

A. 设备、材料明细表
B. 竣工图纸
C. 测试记录
D. 随工验收记录

参 考 文 献

[1]　中华人民共和国工业和信息化部. 综合布线系统工程设计规范[S]. 北京：中国计划出版社，2016.

[2]　中华人民共和国工业和信息化部. 综合布线系统工程验收规范[S]. 北京：中国计划出版社，2016.

[3]　王公儒. 综合布线工程实用技术[M]. 2版. 北京：中国铁道出版社，2015.

[4]　王公儒. 网络综合布线系统工程技术实训教程[M]. 2版. 北京：机械工业出版社，2012.

[5]　王公儒，蔡永亮. 综合布线实训指导书[M]. 北京：机械工业出版社，2012.

[6]　张麦玲. 综合布线项目化教程[M]. 北京：人民邮电出版社，2016.

[7]　禹禄君，张治元，金富秋. 综合布线技术项目教程[M]. 3版. 北京：人民邮电出版社，2016.

[8]　刘彦舫，褚建立. 网络综合布线实用技术[M]. 2版. 北京：清华大学出版社，2010.

[9]　贺平，余明辉. 网络综合布线技术[M]. 北京：人民邮电出版社，2006.

[10]　范荣. 网络综合布线设计与实施[M]. 2版. 大连：大连理工大学出版社，2014.

[11]　胡云，童均. 综合布线工程项目教程[M]. 北京：中国水利水电出版社，2013.

[12]　王磊，顾丽瑾. 网络综合布线实训教程[M]. 3版. 北京：中国铁道出版社，2012.

[13]　林梦圆. 网络与综合布线系统工程技术[M]. 北京：北京邮电大学出版社，2014.

[14]　张霁芬，杨海勇. AutoCAD建筑制图基础教程(2016版)[M]. 北京：清华大学出版社，2017.

[15]　王芳，李井永. AutoCAD 2010建筑制图实例教程[M]. 北京：北京交通大学出版社，2010.